Arthur Grabner | Sibylle Kiris

Tiermedizinische Fachangestellte in der Prüfung

2., überarbeitete Auflage

schlütersche

Autoren
Arthur Grabner, Prof. Dr. med. vet.
Kirchheim

Sibylle Kiris, Tierärztin, Oberstudienrätin
Hattersheim

Bibliografische Information der Deutschen Nationalbibliothek
Die Deutsche Nationalbibliothek verzeichnet diese Publikation in der Deutschen Nationalbibliografie; detaillierte bibliografische Daten sind im Internet über http://dnb.de abrufbar.

ISBN 978-3-89993-693-3 (Print)
ISBN 978-3-8426-8867-4 (PDF)

Reihengestaltung: Groothuis, Lohfert, Consorten | glcons.de
Gesamtherstellung: Schlütersche Verlagsgesellschaft mbH & Co. KG, Hannover
Druck und Bindung: FINIDR, s.r.o., Český Těšín, Tschechische Republik

INHALT

Vorwort ... 5

Teil I: Fragen und Antworten für die Prüfungsvorbereitung ... 7

Zwischenprüfung ... 8

1 **Durchführen von Hygienemaßnahmen** ... 8
Praxispflege und Hygiene ... 8
Desinfektion und Sterilisation ... 12

2 **Schutzmaßnahmen vor Infektionskrankheiten und Tierseuchen** ... 18
Immunsystem ... 18
Infektionskrankheiten ... 20
Viren und Viruskrankheiten ... 26
Bakterien und bakterielle Infektionskrankheiten ... 28
Pilze und Pilzkrankheiten (Mykosen) ... 30
Parasiten und parasitäre Erkrankungen ... 32
Zoonosen ... 34
Tiergesundheitsgesetz ... 34

3 **Erste Hilfe beim Menschen** ... 36
Umgang mit Tierbesitzer und Patient und Erste Hilfe beim Menschen ... 36

4 **Materialbeschaffung** ... 38

5 **Information und Datenschutz** ... 38

Abschlussprüfung ... 40

6 **Behandlungsassistenz** ... 40
Einteilung des Tierkörpers und der Körperregionen ... 40
Zell- und Gewebelehre ... 44
Allgemeine Krankheitslehre ... 46
Bewegungsapparat ... 54
Physikalische Behandlungsmethoden ... 60
Atmungsorgane ... 62
Kreislaufsystem ... 66
Elektrokardiografie ... 82
Blut ... 84
Lymphsystem und Milz ... 88
Äußere Haut ... 90
Schleimhaut und Körperhöhlen ... 94

	Verdauungsorgane	96
	Leber und Pankreas	106
	Ernährung und Stoffwechsel	110
	Harnorgane	114
	Geschlechtsorgane	116
	Nervensystem	122
	Endokrines System	126
	Sinnesorgane	130
	Klinische Untersuchungsmethoden	134
	Endoskopie und Ultraschall	138
	Anästhesie	140
	Operative Eingriffe	144
	Verbandlehre	146
	Notfallpatient	148
	Instrumente	150
	Arzneimittel und Betäubungsmittel	158
	Mikroskopie	168
	Probengewinnung und Aufbereitung	170
	Laborgegenstände und Laborgeräte	172
	Qualitätssicherung	174
	Blutuntersuchungen	176
	Harnuntersuchungen	180
	Kotuntersuchungen	184
	Hautuntersuchungen	186
	Spezielle Laboruntersuchungen	188
	Einsendung von Untersuchungsmaterial	190
7	**Betriebsorganisation und -verwaltung**	190
	Tierärztliche Abrechnung	190
8	**Infektionskrankheiten und Seuchenschutz**	194
	Spezielle Viruserkrankungen	194
	Spezielle bakterielle Infektionskrankheiten	200
	Pilze und Pilzkrankheiten (Mykosen)	206
9	**Strahlenschutz in der Tierheilkunde**	208
	Physikalische Grundlagen	208
	Röntgendiagnostik	212
	Strahlenschutz	218
10	**Wirtschafts- und Sozialkunde**	222
Teil II: Medizinisches Wörterbuch		225

VORWORT

Durch die Neuordnung der Berufsausbildung für Tiermedizinische Fachangestellte sind auch die Prüfungsbestimmungen der Ausbildungsordnung neu festgelegt worden. Das Prüfungsgebiet aus Theorie und Praxis ist umfangreich, und eine gute Prüfungsvorbereitung ist wichtig! Die Fragensammlung konzentriert sich bewusst auf die Fachkundeprüfung. Für die Vorbereitung auf die Prüfungsgebiete Materialbeschaffung und-verwaltung, Information und Datenschutz, Betriebsorganisation und -verwaltung sowie Wirtschafts- und Sozialkunde sollten weitere Fachbücher hinzugezogen werden.

Die Zusammenstellung der Fragen wurde so gewählt, dass die Lernenden bei eigener Kontrolle des Wissensstandes einen guten Überblick über die gesamte Fachkunde bekommen können. Der erste Teil des Buches umfasst mehr als 1400 Fragen und Aufgaben, die nach den Prüfungsbereichen der Zwischenprüfung und der Abschlussprüfung zusammengefasst sind. Die Struktur des handlungsorientierten Unterrichts bringt es mit sich, dass Überschneidungen einzelner Themengebiete möglich sind. So können einzelne Prüfungsbereiche, die im Buch der Abschlussprüfung zugeordnet sind, auch schon in einer Zwischenprüfung gefragt werden. Es empfiehlt sich in jedem Fall, Besonderheiten der Prüfungspraxis des jeweiligen Prüfungsgebietes zu berücksichtigen.

Die Themen orientieren sich am Lehrbuch »Tiermedizinische Fachangestellte in Schule und Beruf«, und eine Vertiefung des jeweiligen Lerngebietes anhand des Buches ist leicht möglich.

Ein wichtiger Teil der Ausbildung ist auch das Beherrschen des medizinischen Fachvokabulars. Im zweiten Teil des Buches finden die Leser daher ein medizinisches Wörterbuch mit über 2600 Fachausdrücken, das häufig verwendete Begriffe beinhaltet und zum Verständnis der medizinischen Fachsprache beitragen soll.

Wir hoffen, dass die nun in der 2., überarbeiteten Auflage vorliegende Sammlung von Fragen und Aufgaben und das medizinische Wörterbuch für die Erarbeitung und Überprüfung der eigenen Kenntnisse und für die Prüfungsvorbereitung hilfreich sind.

Im November 2016 **Arthur Grabner und Sibylle Kiris**

TEIL I: FRAGEN UND ANTWORTEN FÜR DIE PRÜFUNGSVORBEREITUNG

ZWISCHENPRÜFUNG

1 Durchführen von Hygienemaßnahmen

Praxispflege und Hygiene

1. Was versteht man unter Hygiene?

2. Welche Grundprinzipien der Praxispflege müssen beachtet werden?

3. Für die Praxis ist die Aufstellung eines Hygieneplanes ratsam. Was verstehen Sie darunter?

4. Was ist mit dem Begriff Ordnung gemeint?

5. Was versteht man unter dem Begriff Sauberkeit?

6. Definieren Sie die Begriffe Desinfektion und Sterilisation.

7. Welches Ziel haben die Desinfektion und die Sterilisation?

8. Was ist mit dem Begriff Gebrauchsfertigkeit gemeint?

9. Aus welchen Gründen dürfen nur technisch einwandfreie Geräte verwendet werden?

10. Was ist im Medizinproduktegesetz geregelt und welchem Zweck dient es?

1 Durchführen von Hygienemaßnahmen

Praxispflege und Hygiene

1. Hygiene ist die Lehre von der Gesunderhaltung des Menschen und seiner Umwelt. In der tiermedizinischen Praxis betrifft dies die Praxispflege und die persönliche Hygiene sowie alle weiteren Maßnahmen, die Menschen und Tiere vor gesundheitlichen Schäden durch Krankheitserreger schützen.
2. Die Grundprinzipien der Praxispflege sind Ordnung, Sauberkeit, Desinfektion und Sterilisation, Gebrauchsfertigkeit, Vorratshaltung und Abfallentsorgung.
3. Ein Hygieneplan ist eine Aufstellung darüber, was wann womit desinfiziert, gereinigt und sterilisiert wird. Er gilt für Flächen (Räume, Mobiliar), Instrumente, Geräte, Hände, die Praxiswäsche einschließlich der vorhandenen Schutzkleidung und die Haut des Patienten.
4. Ordnung herrscht dort, wo sich theoretisch jeder Mitarbeiter im Dunkeln bewegen kann und alle Gegenstände, ohne suchen zu müssen, findet. Es befinden sich keine Gegenstände an Plätzen, die nicht für jene vorgesehen sind. Dafür ist es notwendig, für alle Dinge festgelegte Plätze zu haben, die jeder Mitarbeiter kennt.
5. Sauberkeit findet man dort, wo keine sichtbaren Verschmutzungen vorhanden sind. Dies betrifft in der Praxis nicht nur die Arbeitsflächen und -geräte, sondern die gesamten Räumlichkeiten und Einrichtungsgegenstände.
6. Unter Desinfektion versteht man das Abtöten pathogener, also krankheiterregender Keime, sodass der betroffene Gegenstand (dies können auch beispielsweise die menschliche Haut oder Laborproben sein) nicht mehr infektionsfähig ist. Sterilisation beinhaltet das Abtöten aller vorhandenen Keime.
7. Mit der Desinfektion erreicht man einen Zustand der Antisepsis (Keimarmut), während die Sterilisation Asepsis (Keimfreiheit) zum Ziel hat.
8. Jedes Gerät und Instrument muss jederzeit für den entsprechenden Gebrauch einsatzbereit sein. Deshalb müssen alle Geräte sofort nach Gebrauch wieder in einen Zustand verbracht werden, in dem sie wieder benutzt werden können. Die regelmäßige Pflege und Wartung, auch unabhängig von der Häufigkeit des Gebrauchs, gehören ebenfalls dazu.
9. Die Gründe sind Arbeitsschutz und Unfallverhütung, die Gewährleistung der Ergebnisgenauigkeit (z. B. bei Laborgeräten) und Erzielung des jeweils erforderlichen Ergebnisses (z. B. beim Röntgengerät und bei Therapiegeräten).
10. Im Medizinproduktegesetz ist der Verkehr mit Medizinprodukten geregelt. Die Umsetzung des Gesetzes hat zum Ziel, „die Sicherheit, Eignung und Leistung der Medizinprodukte sowie die Gesundheit und den erforderlichen Schutz der Patienten, Anwender und Dritter“ (§2 MPG) zu gewährleisten.

11. Welche Vorschriften enthält die Medizinproduktebetreiberverordnung?

12. Was ist ein aktives Medizinprodukt?

13. Was ist ein Wartungsvertrag für Geräte?

14. Wer nimmt die Wartung von Geräten vor?

15. Wozu dienen das Gerätebestandsverzeichnis und das Medizinproduktebuch?

16. Was ist bei der Vorratshaltung zu beachten?

17. Wie häufig sollte der Praxisabfall beseitigt werden?

18. Wie muss ein Abfallbehälter grundsätzlich beschaffen sein?

19. Wie werden Abfälle aus dem medizinischen Bereich eingeteilt?

11. Neben anderen Vorschriften ist in der Medizinproduktebetreiberverordnung vorgeschrieben, dass der Betreiber von medizinischen Geräten (z. B. zur Diagnostik) ein Medizinproduktebuch sowie ein Bestandsverzeichnis führen muss. Das Medizinproduktebuch muss auch nach der Verwendung des entsprechenden Gerätes noch fünf Jahre lang aufgehoben werden. Die Gebrauchsanweisungen für die in Betrieb befindlichen Geräte müssen so aufbewahrt werden, dass jeder Anwender jederzeit darauf zugreifen kann.
12. Ein aktives Medizinprodukt ist ein Medizinprodukt, dessen Betrieb von einer Strom- oder anderen Energiequelle abhängig ist.
13. Es handelt sich um eine vertraglich zugesicherte regelmäßige sicherheitstechnische Überprüfung des Gerätes.
14. Nur dafür ausgebildete und von den Herstellerfirmen autorisierte Techniker nehmen die Wartung vor.
15. In Medizinproduktebuch und Gerätebestandsverzeichnis werden alle Geräte, die zum Bestand der Praxis gehören, aufgeführt. Die Geräte werden hier eindeutig identifiziert, und ihre Funktion wird einschließlich eventueller Störungen dokumentiert. Das Bestandsverzeichnis ist ein Bestandteil des Qualitätssicherungssystems der Praxis. Hier werden der jeweilige Gerätetyp, der Herstellername, das Anschaffungsjahr sowie Wartungs- und mögliche Reparaturdaten vermerkt. Auch vorgeschriebene Erstabnahmen und Mitarbeitereinweisungen (z. B. bei einem Röntgengerät) werden hier dokumentiert.
16. Das Ziel ist es, stets ausreichende Mengen an Verbrauchsgütern vorrätig zu haben, sodass kein Engpass entsteht oder gar benötigtes Material oder Arzneimittel nicht zur Verfügung stehen. Die Schnelligkeit des Verbrauchs, häufigste Abgabe einer bestimmten Verpackungsgröße und die Haltbarkeitsdauer bestimmen die Nachbestellung unter Berücksichtigung der Mengenrabatte und Staffelpreise.
17. Grundsätzlich sollte der angefallene Abfall mindestens täglich aus den Praxisräumen beseitigt werden.
18. Für alle Abfälle gilt, dass sie in verschließbaren, geruchsdichten, feuchtigkeitsbeständigen und transportfesten Einwegbehältnissen die Praxisräume verlassen. Da z. B. Kanülen und Skalpellklingen die Abfalltüte beschädigen können, müssen scharfe und spitze Gegenstände in festen (Kunststoff-) Behältern gesammelt und gut verschlossen in den Hausmüll gegeben werden.
19. Abfälle aus dem medizinischen Bereich werden nach der Verordnung über das Europäische Abfallverzeichnis (Abfallverzeichnis-Verordnung AVV) dem Abfallschlüssel 18 zugeordnet. Diese Abfälle aus der humanmedizinischen oder tierärztlichen Versorgung und Forschung haben einen sechsstelligen Abfallschlüssel. Man unterscheidet nach dem Abfallschlüssel 18 02 01 bis 18 02 08.

20. Wie werden die verschiedenen Abfälle beseitigt?

21. Wie werden Tierkörper von verendeten Tieren entsorgt?

22. Was versteht man unter persönlicher Hygiene?

23. Warum ist persönliche Körperhygiene für die in der Praxis arbeitenden TFA notwendig?

24. Durch welche sogenannten leblosen Vermittler ist in der Praxis eine indirekte Übertragung von Krankheitskeimen möglich?

Desinfektion und Sterilisation

1. Erläutern Sie die Begriffe Asepsis und Antisepsis.

2. Geben Sie den Unterschied zwischen Desinfektion und Sterilisation an.

20. Spitze und scharfe Gegenstände wie Kanülen und Skalpelle müssen in stich- und bruchfesten Einwegbehältnissen gesammelt, fest verschlossen, sicher vor unbefugtem Zugriff gelagert, transportiert und entsorgt werden.
    - Tierkörper, Tierkörperteile, Blut, Körpersekrete oder Exkrete von erkrankten Tieren, d. h. wenn aus der tiermedizinischen Erfahrung heraus eine Kontamination mit Infektionserregern zu erwarten ist, müssen direkt in reißfesten, feuchtigkeitsbeständigen und dichten Behältnissen gelagert werden. Die Behälter müssen mit dem Biohazard-Symbol gekennzeichnet werden.

    - Ist keine Kontamination zu erwarten, können solche Abfälle in dichten und verschlossenen Behältnissen über den Hausmüll entsorgt werden.
    - Chemikalien sind je nach Gefährlichkeit unterschiedlich zu entsorgen.
    - Infektiöses Material (z. B. Bakterien- und Pilzkulturen) muss vor der Entsorgung desinfiziert werden.
21. Die Tierkörper werden von Abholdiensten oder den Praxismitarbeitern selbst in Tierkörperbeseitigungsanstalten (TBA) gebracht. Es existieren auch Sammelstellen, die ihrerseits die gesammelten Tierkörper der TBA zuführen. Bis zur Abholung oder zum Transport müssen die Tierkörper oder deren Teile so aufbewahrt werden, dass ein Kontakt von Unbefugten oder anderen Tieren mit den Tierkörpern ausgeschlossen ist.
22. Persönliche Hygiene umfasst Maßnahmen wie tägliches Waschen, Zähneputzen, Haar- und Nagelpflege und das Tragen frischer, sauberer Kleidung. Auch der Lebenswandel spielt eine Rolle für die persönliche Hygiene.
23. Die persönliche Körperhygiene dient in erster Linie der eigenen Gesunderhaltung. Zudem entsteht ein gepflegter Eindruck, der für das Image und damit die Vertrauensbasis zwischen Klienten und Praxis wichtig ist. Auch die Geruchsbelästigung von Klienten durch mangelhafte Körperhygiene der Praxismitarbeiter ist zu vermeiden.
24. Dazu gehören kontaminierte Gegenstände der Praxis, Futter- und Wassernäpfe, Stallgeräte, Putzzeug, Decken etc.

Desinfektion und Sterilisation

1. Asepsis sind alle Maßnahmen, die die Keimfreiheit, also einen Zustand, in dem alle Keime beseitigt sind, zum Ziel haben. Antisepsis umfasst alle Maßnahmen, deren Ziel die Keimarmut, also das Fehlen von krankmachenden (pathogenen) Keimen ist.
2. Die Desinfektion ist die Beseitigung aller pathogenen Keime; Sterilisation ist die Beseitigung aller vorhandenen Mikroorganismen.

3. In welchen drei Arbeitsgängen werden tierärztliche Instrumente keimfrei gemacht? Beachten Sie bitte die Reihenfolge!

4. Nennen Sie vier wirksame Bestandteile der Desinfektionsmittel.

5. Welche Bedingungen sind für den Erfolg der Desinfektion mit chemischen Mitteln maßgebend?
6. Was ist bei der Verwendung von Desinfektionsmitteln zu beachten, um den vollen Erfolg der Desinfektion zu gewährleisten?

7. Welche Methoden der Desinfektion gibt es?
8. Nennen Sie einige Gegenstände der Praxisräume, die mittels Flächendesinfektion keimarm gemacht werden müssen.
9. Wie viel Desinfektionsmittelkonzentrat benötigt man für die Herstellung von 10 Litern einer 1%igen Gebrauchslösung?
10. Es werden 800 ml einer 90%igen Desinfektionsmittellösung benötigt. Wie viel Liter destilliertes Wasser muss man hinzugeben, wenn 96%ige Desinfektionsmittellösung zur Verfügung steht?

3. Nach dem Gebrauch werden die Instrumente zunächst desinfiziert und erst anschließend gereinigt. Es sind auch Lösungen in Gebrauch, die gleichzeitig eine desinfizierende und reinigende Wirkung haben und in die die benutzten Instrumente eingelegt werden. Im Anschluss an die Reinigung und Trocknung der Instrumente werden diese sterilisiert.
4. In Desinfektionsmitteln sind z. B. Alkohol, Formaldehyd, Jod, Wasserstoffperoxid, Natronlauge oder Farbstoffe als wirksame Bestandteile enthalten.
5. Es sind dies die Art des Mittels, Konzentration und Temperatur der Lösung, Einwirkzeit und Oberflächenbeschaffenheit des zu desinfizierenden Gegenstandes.
6. Das Mittel muss immer gemäß den Gebrauchsanweisungen, insbesondere was die Menge des Mittels, die Einwirkzeit und die Oberflächenbeschaffenheit des Gegenstandes betrifft, verwendet werden.
7. Man unterscheidet die Flächen-, Instrumenten-, Hände- und Hautdesinfektion.
8. Fußböden, abwaschbare Wände, Türklinken, Behandlungs- und Operationstische, Tierboxen.
9. 100,0 ml.

10. **A Mischungsverhältnis bestimmen**

Konzentrationen der vorhandenen Sorten und der gewünschten Mischung	Differenzen zwischen den Sorten und der Mischung bestimmen	Vorzeichen ignorieren	Mischungskreuz: Differenzen umgekehrt als Bruch darstellen und auf möglichst kleine natürliche Zahlen kürzen	Ergebnis: Mischungsverhältnis
Sorte 1: 96 %	90 – 96 = –6	6		
Mischung: 90 %			$\frac{90}{6} = \frac{15}{1}$	15 : 1 von Sorte 1 braucht man 15 Teile; von Sorte 2 braucht man 1 Teil
Sorte 2: 0 %	90 – 0 = 90	90		

B Dreisatz zur Ermittlung der Menge(n)

Vorgegebene Menge durch die Anzahl Teile dividieren, die dieser Menge entspricht → 800 ml (Gesamtmenge der Mischung) geteilt durch 16 Teile (15 + 1 Teile = Gesamtanzahl der Teile); danach mit der Anzahl Teile der gesuchten Menge multiplizieren → 1 Teil

800 ml : 16 T × 1 T = 50 ml

C Antwortsatz

Es werden 50 ml = 0,05 l destilliertes Wasser benötigt.

11. Was versteht man unter einer hygienischen Händedesinfektion?

12. Was ist eine chirurgische Händedesinfektion?

13. Was versteht man unter einer Hautdesinfektion?

14. Beschreiben Sie den Vorgang einer gründlichen Reinigung von Operationsbesteck.

15. Welche Methoden der Sterilisation gibt es, und für welche Gegenstände sind sie jeweils geeignet?

16. Wie wird die Sterilisation von Instrumenten des täglichen Praxisbedarfs durchgeführt?

17. Beschreiben Sie kurz ein Verfahren zur Sterilisation von Instrumenten.

18. Bei welcher Temperatur und wie lange werden Gummi- und Kunststoffgegenstände dampfsterilisiert?

11. Bei der hygienischen Händedesinfektion wird das Desinfektionsmittel derart auf den Händen verteilt, dass diese komplett benetzt werden. Um keine Bereiche der Hände auszulassen, hat man standardisierte Methoden entwickelt. Danach beginnt die hygienische Händedesinfektion mit der Verteilung eines alkoholischen Händedesinfektionsmittels in den Handflächen durch Aufeinanderreiben. Anschließend wird das Mittel auf der Handfläche der jeweils einen Hand auf dem Handrücken der anderen Hand verteilt. Nun werden die Handflächen mit gespreizten verschränkten Fingern aufeinander gerieben. Es folgt der sogenannte Hakengriff, bei dem die Finger der einen Hand mit denen der anderen Hand umschlossen werden. Anschließend werden die Daumen in der geschlossenen Handfläche der jeweils anderen Hand gerieben. Schließlich reibt man die Fingerkuppen durch kreisende Bewegungen in der jeweils anderen Handfläche. Die Hände müssen bei dem gesamten Vorgang mit Desinfektionsmittel benetzt sein. Trocknet das Mittel vorher, nimmt man einen weiteren Hub aus dem Desinfektionsmittelspender.
12. Die chirurgische Händedesinfektion beginnt mit dem Händewaschen. Sind keine groben Verschmutzungen zu sehen, wird auf die Anwendung einer Bürste verzichtet. Ansonsten verwendet man eine sterile Bürste oder einen anderen sterilen Nagelreiniger. Die Waschung geht bis zu den Ellbogen. Danach wird die Haut mit einem Einmaltuch gut abgetrocknet, und anschließend wird eine hygienische Händedesinfektion durchgeführt. Diese soll mindestens eine bis drei Minuten andauern. Sofern nötig, wird die Haut zum Schluss luftgetrocknet, bevor sterile Handschuhe angelegt werden.
13. Hier ist die Haut des Patienten gemeint. Sie wird durchgeführt bei der Desinfektion der Haut vor Injektionen, Punktionen und Operationen, aber auch bei Hautverletzungen, die vor Infektionen geschützt werden müssen.
14. Nach dem Desinfektionsbad werden alle Rillen und Scharniere der Instrumente mittels Bürste von Schmutzresten befreit, die Instrumente mit klarem Wasser abgespült und anschließend abgetrocknet.
15. Heißluftsterilisation: Instrumente aus Metall, Gegenstände aus Glas oder Porzellan; Dampfsterilisation: Gummi- und Kunststoffgegenstände, Wäsche, Gaze, Mulltupfer; Gassterilisation: empfindliche Geräte wie Ultraschallköpfe, Endoskope.
16. Instrumente des täglichen Gebrauchs werden meist erst nach der Sprechstunde dem Desinfektionsbad entnommen. Nach der Reinigung ist für die Sterilisation eine Sortierung notwendig: Instrumente aus Metall und Glas für den Heißluftsterilisator oder zusammen mit den Gegenständen aus Kunststoff oder Gummi für den Autoklaven. Ein Einschweißen wie beim Operationsbesteck ist nicht notwendig.
17. Nach Desinfektionsbad, gründlicher Reinigung und Trocknung wird das Operationsinstrumentarium in einen Metallkasten gelegt oder in Folie eingeschweißt in den Heißluftsterilisator gelegt. Der Sterilisator wird auf eine Temperatur von 180 °C und eine Sterilisierzeit von 30 Minuten eingestellt.
18. Die Dampfsterilisation im Autoklaven wird mit einem Druck von 1 bar bei 120 °C ca. 45 Minuten lang durchgeführt.

19. Ist die Heißluftsterilisation für Stoff- und Kunststoffartikel geeignet?
20. Sie haben ein Instrument, das aus Metall, Glas und Kunststoff besteht. Wie würden Sie es sterilisieren?
21. Lassen sich optische Geräte, z. B. Endoskope, sterilisieren?

2 Schutzmaßnahmen vor Infektionskrankheiten und Tierseuchen

Immunsystem

1. Welche Funktion hat das Immunsystem?
2. Welche Organe und Strukturen gehören zum Immunsystem?
3. Welche Funktion haben das Blut und die Lymphe in diesem Zusammenhang?
4. Welche Formen der Abwehr unterscheidet man?
5. Welche Strukturen sind an der unspezifischen Abwehr beteiligt?
6. Auf welche Weise bietet die Haut einen Schutz vor Krankheitserregern?
7. Welche Bezeichnungen für die Granulozyten und die Monozyten sind gebräuchlich?
8. Welche spezielle Eigenschaft haben Mikro- und Makrophagen?
9. Was bedeutet Phagozytose?
10. Was bedeutet Migration?
11. Wie bekämpfen Granulozyten Fremdstoffe?

19. Nein, diese Artikel müssen autoklaviert werden.
20. Im Autoklaven. Bestehen Gegenstände aus verschiedenen Materialien, richtet sich die Art der Sterilisation immer nach dem hitzeempfindlichsten Material.
21. Ja, mittels der Gassterilisation, die aber in der Praxis kaum üblich ist.

2 Schutzmaßnahmen vor Infektionskrankheiten und Tierseuchen

Immunsystem

1. Das Immunsystem gewährleistet die körpereigene Abwehr von Krankheiten.
2. Das Immunsystem besteht aus dem Knochenmark, dem Thymus, der Milz, den Lymphknoten und den Mandeln (Tonsillen).
3. Eine sehr wichtige Rolle spielen das Blut und die Lymphe, da hier die Abwehrzellen und -stoffe im ganzen Körper verteilt bzw. zu bestimmten Regionen des Organismus transportiert werden. Auch der Abtransport von abgestorbenem Gewebe und den Stoffen, die dort frei werden, geschieht hauptsächlich über die Lymphe.
4. Man unterscheidet die unspezifische und die spezifische Abwehr.
5. An der unspezifischen Abwehr sind die Haut und die Schleimhaut als physikalische und chemische Barrieren, außerdem die lymphatischen Organe im Rachenraum (Mandeln) sowie die Granulozyten und die Monozyten beteiligt.
6. Die Haut besitzt einen Säureschutzmantel, d.h. der pH-Wert auf der Haut ist deutlich niedriger als im übrigen Körper (etwa pH7,4 im Körper und pH5,5 auf der Haut). In diesem sauren Milieu könne viele Krankheiterreger nicht überleben. Die Haut selbst ist zusätzlich eine mechanische Barriere, denn Erreger können durch die Hornschicht der Haut nicht einfach hindurchtreten.
7. Die Granulozyten heißen auch Mikrophagen (kleine Fresszellen), während die Monozyten Makrophagen (große Fresszellen) genannt werden.
8. Die Mikro- und Makrophagen sind zur Phagozytose und zur Migration befähigt.
9. Phagozytose ist der Vorgang, bei dem kleine Teilchen (z.B. Bakterien oder Fremdeiweiß) in die Zelle aufgenommen und dort verdaut werden.
10. Migration bedeutet Wanderung und beschreibt die Fähigkeit von Zellen, sich selbstständig an einen anderen Ort im Organismus zu begeben. Diese Fähigkeit ist wichtig, damit z.B. eindringende Krankheitserreger bereits an der Eintrittspforte in den Körper abgefangen und bekämpft werden können.
11. Sie phagozytieren sie. Bei massenhaft abgestorbenen Fresszellen und Gewebstrümmern, die nicht schnell genug abtransportiert werden können, kommt es zur Bildung von Eiter.

12. Welche Aufgaben haben die Monozyten?

13. Welche Strukturen sind an der spezifischen Abwehr beteiligt?

14. Was ist ein Antigen?

15. Was ist ein Antikörper?

16. Auf welche Weise gehen die T-Lymphozyten gegen Antigene vor?

17. Auf welche Weise gehen die B-Lymphozyten gegen Antigene vor?

18. Was bedeuten die Begriffe Resistenz und Immunität?

19. Was versteht man unter einer Allergie?

20. Was versteht man unter Anaphylaxie?

21. Wie werden Allergien unterschieden?

Infektionskrankheiten

1. Was versteht man unter einer Infektion?

2. Nennen Sie je zwei Erreger von Infektionskrankheiten bei Pferd, Rind, Hund und Katze.

3. Welcher Abschnitt der Infektion wird Inkubationszeit genannt?

12. Die Makrophagen phagozytieren ebenfalls Krankheitserreger und Fremdstoffe. Sie geben außerdem die Information über die Zusammensetzung der Antigene weiter an die Lymphozyten.
13. An der spezifischen Abwehr sind in erster Linie die T- und die B-Lymphozyten beteiligt. Die B-Lymphozyten wandeln sich nach einer entsprechenden Information durch die Monozyten in Plasmazellen um. Diese Plasmazellen produzieren spezifische Antikörper gegen das Antigen.
14. Ein Antigen ist ein Stoff, der im Organismus eine spezifische Immunantwort auslöst.
15. Ein Antikörper ist ein Eiweißstoff (Immunglobulin), welcher auf ein bestimmtes Antigen spezialisiert ist und dieses binden und damit unschädlich machen kann.
16. T-Lymphozyten binden das Antigen nach dem Schlüssel-Schloss-Prinzip. Sie haben vorher ihre Oberflächenstruktur nach der Information durch die Monozyten derart verändert, dass genau dieses Antigen sich an diese Oberfläche bindet.
17. B-Lymphozyten entwickeln sich zu Plasmazellen, die jeweils spezifische Antikörper in großer Zahl produzieren und an das Blut abgeben.
18. Die Resistenz resultiert aus der unspezifischen Abwehr und beschreibt die allgemeine Widerstandsfähigkeit des Organismus. Die Immunität ist die Folge der spezifischen Abwehrmechanismen und beschreibt die spezifische Reaktionsfähigkeit auf das Auftreten eines bestimmten Antigens.
19. Eine Allergie ist eine überschießende spezifische Reaktion des Immunsystems eines Organismus auf ein Antigen. Dieses Antigen nennt man dann auch Allergen. Die Allergie führt immer zu Krankheissymptomen.
20. Anaphylaxie ist eine allergische Reaktion, die sofort nach Kontakt mit dem Allergen mit deutlichen Symptomen auftritt und schnell zum sogenannten anaphylaktischen Schock führen kann. Die anaphylaktische Reaktion (z. B. auf einen Arznei- oder Futtermittelbestandteil) ist akut lebensbedrohlich und muss deshalb als absoluter Notfall behandelt werden.
21. Je nach Eintrittspforte des Allergens unterscheidet man die Kontaktallergie (allergische Dermatitis), die Inhalationsallergie (Atemwegserkrankungen) und die Futtermittelallergie (Magen-Darm-Störungen).

Infektionskrankheiten

1. Unter einer Infektion versteht man das Eindringen, Haften und das Vermehren von Krankheitserregern im Körper.
2. Pferd: Virus der infektiösen Anämie, Tetanusbakterium; Rind: Maul- und Klauenseuchevirus, Leukosevirus; Hund: Parvovirosevirus, Leptospirosebakterium; Katze: Leukosevirus, Tuberkulosebakterium.
3. Die Inkubationszeit ist die Zeitspanne von der Aufnahme des Erregers bis zum Auftreten der ersten Symptome.

4. Wann spricht man von einer Sekundärinfektion?

5. Durch welche Eintrittspforten kann ein Krankheitserreger in den Körper gelangen?

6. Welche Übertragungsmöglichkeiten von Krankheitserregern gibt es?

7. Welche Möglichkeiten der direkten Übertragung gibt es?

8. Welche Möglichkeiten der indirekten Übertragung gibt es?

9. Nennen Sie vier verschiedene Arten (Spezies) von Krankheitserregern (Mikroorganismen).
10. Geben Sie die wichtigsten Unterschiede zwischen Viren und Bakterien an.

11. Welche Organe und Vorgänge der Abwehr stehen dem Organismus zur Verfügung?
12. Übersetzen Sie die Begriffe Resistenz, Infektion, Pathogenität und Immunität.

13. Was versteht man unter einer Tröpfcheninfektion?

14. Welchen zeitlichen Verlauf können (Infektions-)krankheiten haben?

4. Eine Sekundärinfektion ist die weitere Infektion eines bereits infizierten Organismus mit einem anderen Erreger.
5. Eintrittspforten für Krankheitserreger sind die intakte Haut sowie Wunden, die Konjunktiva, die Nasen-, Mund-, Vaginal- und Präputialschleimhaut mit den von ihnen umgebenen Körperöffnungen, der Strichkanal der Milchdrüse und die Urethra.
6. Die Übertragungsmöglichkeiten von Erregern sind der direkte Kontakt mit erkrankten Tieren und deren Ausscheidungen und der indirekte Kontakt durch Zwischenträger, z. B. nicht desinfizierte Stallgeräte, Futternäpfe, Stallungen, Boxen, also durch unzureichende Hygiene, oder durch Zwischenwirte wie Fliegen, Flöhe, Zecken.
7. Die direkte Übertragung durch Kontakt erfolgt über das Beschnuppern, Belecken und Berühren. Außerdem kann sie beim Säugling über die Muttermilch oder intrauterin über die Plazenta (diaplazentar) stattfinden. Auch eine Übertragung bei der Paarung (venerisch) ist möglich.
8. Indirekt können Krankheitserreger über belebte Vektoren wie Mücken, Flöhe, Mäuse und andere Tiere oder über unbelebte Vektoren wie Decken, Futternäpfe, Sattel- und Zaumzeug, Bürsten oder auch die Kleidung oder tierärztliches Instrumentarium übertragen werden.
9. Viren, Bakterien, Pilze, Einzeller

10. Viren sind keine Zellen, sie haben keinen eigenen Stoffwechsel, vermehren sich nur in lebenden Zellen und lassen sich nur in Zellkulturen züchten. Bakterien sind Zellen mit eigenem Stoffwechsel, vermehren sich durch Zellteilung und lassen sich auf Agarnährböden züchten.
11. Intakte Haut und Schleimhaut, Tonsillen und Lymphknoten, Lymphozyten mit Antikörperbildung, Phagozytose durch Leukozyten.
12. Resistenz: Widerstandsfähigkeit, Schutzmechanismus des Körpers; Infektion: das Eindringen von Erregern in den Körper, ihre Ansiedlung und Vermehrung; Pathogenität: die Eigenschaft von Erregern, im Organismus Krankheiten hervorzurufen; Immunität: spezifische Bekämpfung von Antigenen durch Bildung von Antikörpern. Dieses führt zu einem Ausbleiben bzw. Abschwächen von klinischen Symptomen.
13. Bei einer Tröpfcheninfektion werden die Erreger, die an feinste Wasser- oder Schmutzpartikel gebunden sind, inhaliert.
14. (Infektions-)krankheiten verlaufen perakut (bis 24 Stunden), akut (1 bis 7 Tage), subakut (1 bis 3 Wochen) oder chronisch (> 3 Wochen). Kommen immer wieder Rückfälle vor, verläuft die Krankheit (chronisch) rezidivierend. Bei der latenten, verborgenen Infektion lösen die Erreger keine Symptome aus, sie können aber dauernd ausgeschieden werden. Die betroffenen Tiere werden Dauerausscheider genannt.

15. Auf welchen Wegen können Krankheitserreger ausgeschieden werden?

16. Was sind Viren- und Bakterienausscheider?

17. Wie bezeichnet man die schnelle Ausbreitung einer Infektionskrankheit?
18. Was ist eine Endemie und was eine Epidemie?

19. Was ist unter einer Septikämie zu verstehen?

20. Nennen Sie fünf Abwehrmöglichkeiten des Organismus beim Eindringen von Krankheitserregern.
21. Geben Sie die Zellen an, die durch Phagozytose zur Infektabwehr beitragen.
22. Beschreiben Sie kurz die biologische Leukozytenkurve nach Schilling.

23. Was versteht man unter einer Antigen-Antikörper-Reaktion?

24. Was sind Antikörper?

25. Erläutern Sie den Begriff Immunität.

26. Was ist eine Immunschwäche?

27. Welche Bedeutung hat das Fieber für den Organismus?

28. Was versteht man unter der Virulenz eines Erregers?

29. Zur Vermeidung von Infektionskrankheiten gibt es verschiedene Prophylaxemaßnahmen. Geben Sie Beispiele an.
30. Was versteht man unter Prophylaxe?

31. Was versteht man unter der Konstitution und der Kondition?

32. Was ist eine Quarantäne?

15. Die Ausscheidung von Krankheitserregern erfolgt über den Kot und die Sekrete des Körpers, z. B. Speichel, Nasenschleim, Milch, Wundsekret oder Harn.
16. Als Viren- oder Bakterienausscheider werden Tiere bezeichnet, die durch eine latente Infektion ständig Erreger ausscheiden und damit andere, noch nicht erkrankte Tiere infizieren können.
17. Diese Form der Ausbreitung wird Seuche genannt.
18. Die Endemie ist eine zeitlich unbegrenzte, an ein bestimmtes Gebiet gebundene Infektionskrankheit. Unter Epidemie versteht man einen Seuchenzug, also die schnelle Ausbreitung einer seuchenhaften Infektionskrankheit.
19. Septikämie: Sepsis, Blutvergiftung; von einem Krankheitsherd ausgehende Streuung von Erregern oder deren Toxinen in die Blutbahn.
20. Gute Körperkondition, gesunde Haut und Schleimhaut, Filterung durch Lymphknoten, Phagozytose der Mikro- und Makrophagen des Blutes, Antikörperbildung.
21. Neutrophile und eosinophile Granulozyten, Monozyten.
22. Die biologische Leukozytenkurve verläuft in drei Phasen. Nach anfänglicher Leukopenie steigt die Zahl der neutrophilen Leukozyten steil an (neutrophile Kampfphase), dann nimmt ihre Zahl im peripheren Blut wieder ab, dafür ist eine Zunahme der Monozyten zu beobachten (monozytäre Überwindungsphase), bis schließlich, bei Annäherung der Kurve an die Normalwerte der Leukozyten, eine Zunahme der Lymphozyten (lymphozytäre Heilphase) festzustellen ist.
23. Die Antigen-Antikörper-Reaktion ist die Verbindung eines Antigens mit einem spezifischen, gegen dieses Antigen gerichteten Antikörper.
24. Antikörper sind spezifische Eiweißkörper (Gammaglobuline), die von B-Lymphozyten gebildet werden.
25. Unter Immunität versteht man die spezifische spezifische Bekämpfung von Erregern durch Bildung spezifischer Antikörper.
26. Eine Immunschwäche zeigt sich durch eine ungenügende Ausbildung von spezifischen Antikörpern z. B. durch Lymphozyten zerstörende Viren.
27. Das Fieber entsteht durch toxische Reizung des Wärmezentrums, ausgelöst durch Viren, Bakterien oder ihre Zerfallsprodukte.
28. Die Virulenz ist die Infektionskraft, Vermehrungsfähigkeit und toxische Wirkung eines Erregers.
29. Wahrung der körperlichen Kondition, Hygienemaßnahmen, Impfungen, Quarantäne.
30. Prophylaxe = Vorbeugung; vorsorgliche Maßnahmen zur Verhütung einer Krankheit.
31. Die Konstitution ist die Gesamtverfassung des Körpers. Die Kondition spiegelt die augenblickliche Verfassung des Körpers wieder.
32. Quarantäne ist die Absonderung von Tieren oder Menschen, die an einer Seuche erkrankt oder ihrer verdächtig sind.

33. Erklären Sie den Unterschied zwischen aktiver und passiver Immunisierung.

34. Worauf beziehen sich die Begriffe aktiv und passiv bei der Immunisierung?

35. Wie nennt man das Mittel, das bei der passiven Immunisierung appliziert wird?
36. Wie nennt man das Mittel, das bei der aktiven Immunisierung appliziert wird?
37. Erklären Sie den Begriff Schutzimpfung.

38. Erklären Sie den Begriff Heilimpfung.

39. Erklären Sie den Begriff Notimpfung.

40. Warum sollte für die erste Immunisierung eines Jungtieres ein bestimmtes Lebensalter abgewartet werden?

41. Weshalb ist die Aufstellung eines Impfplanes vorteilhaft?

42. Warum müssen sogenannte Auffrischungsimpfungen vorgenommen werden?

Viren und Viruskrankheiten

1. Was sind Viren?

2. Nennen Sie fünf durch Viren hervorgerufene Infektionskrankheiten bei verschiedenen Tierarten.

33. Bei der aktiven Immunisierung wird ein Antigen in abgeschwächter Form (Lebendimpfstoff) oder als Totimpfstoff appliziert. Daraufhin bildet der Organismus selbstständig spezifische Antikörper gegen den Erreger. Dieser Vorgang dauert einige Tage bis Wochen. Allerdings werden auf diese Weise auch Gedächtniszellen produziert, die bei einem erneuten Kontakt mit dem Antigen dieses erkennen. Die Reaktion auf das Antigen kann also auch beim nächsten Kontakt mit dem Erreger sofort erfolgen. Das Tier ist immun gegen diesen Erreger. Bei der passiven Immunisierung werden Antikörper aus dem Serum immunisierter Tiere appliziert. Diese Antikörper stehen dem Organismus sofort zur Verfügung. Allerdings werden keine Gedächtniszellen gebildet, und so ist der Patient nach einigen Tagen nicht mehr immun und kann sich erneut infizieren.
34. Die Begriffe beziehen sich auf das Immunsystem des Patienten. Bei der passiven Immunisierung bleibt das Immunsystem passiv, während es bei der aktiven Immunisierung aktiv wird und Antikörper produziert.
35. Dieses Mittel heißt Serum oder Immunserum.
36. Dieses Mittel nennt man Vakzine.
37. Die Schutzimpfung ruft eine aktive Immunisierung des Organismus hervor. Sie dient dem Schutz vor Infektionskrankheiten und bleibt oft über Jahre wirksam. Die Schutzimpfung ist geeignet für gesunde Tiere in nicht verseuchter Umgebung.
38. Die Heilimpfung immunisiert den Organismus passiv. Sie wird angewendet bei Patienten, die bereits erkrankt sind und deren Immunsystem durch die Krankheit schon geschwächt ist.
39. Eine Notimpfung empfiehlt sich bei allen noch gesunden Tieren in einem verseuchten Gebiet. Die Notimpfung wird entweder passiv mit Gammaglobulinen (Serum) oder simultan mit Vakzinen und Gammaglobulinen vorgenommen.
40. Erst ab einem bestimmten Lebensalter des Jungtieres haben die maternalen (mütterlichen) Antikörper so weit abgenommen, dass das Tier ausreichend eigene Antikörper bilden kann. Erst dann ist eine Grundimmunisierung Erfolg versprechend.
41. Mit dem Impfplan werden die Impftermine, bezogen auf das Lebensalter des Tieres, festgelegt. Bei Einhaltung der Termine wird eine belastungsfähige Immunität erreicht.
42. Die Auffrischungsimpfungen sind notwendig, um eine belastungsfähige Dauerimmunität zu erreichen.

Viren und Viruskrankheiten

1. Viren sind kleinste Krankheitserreger, die aus Nukleinsäure und Eiweiß bestehen, jedoch keine echten Zellen darstellen. Für ihre Vermehrung sind sie auf die lebenden Körperzellen angewiesen.
2. Viruskrankheiten sind z. B. Tollwut, Maul- und Klauenseuche, Parvovirose, Myxomatose und Leukose.

3. Haben Viren einen eigenen Zellstoffwechsel?
4. Geben Sie drei Viruskrankheiten von Hund und Katze an, gegen die auch geimpft werden kann.
5. Wie heißt die gefährliche Virusinfektion, die als Zoonose bei fast allen Säugetieren und beim Menschen vorkommen kann?
6. Was versteht man unter einer Organspezifität von Viren? Geben Sie auch Beispiele an.
7. Zu welchen Zellveränderungen im Organismus kann es durch eine Viruskrankheit kommen?
8. Wie können Viruserkrankungen behandelt werden?
9. Welches sind die wichtigsten Bekämpfungsmaßnahmen bei Viruskrankheiten?
10. Was wird im Fall einer Tierseuche staatlicherseits angeordnet?

Bakterien und bakterielle Infektionskrankheiten

1. Was sind Bakterien?
2. Welche Formen können Bakterien aufweisen?
3. Geben Sie fünf Eigenschaften der Bakterien an.
4. Haben Bakterien einen eigenen Zellstoffwechsel?
5. Ordnen Sie folgende Bakterien den bekannten Formen (Kokken, Stäbchen, Bazillen, Spirochäten) zu: Salmonellen, Tuberkelbakterien, Streptokokken, Leptospiren und Clostridien.
6. Was besagen die Begriffe grampositiv und gramnegativ zur Bezeichnung von Bakterien?
7. Was versteht man unter säurefesten Stäbchen?
8. Bakterien können auf Nährböden gezüchtet werden. Was ist damit gemeint?

3. Nein, Viren sind auf den Stoffwechsel der Wirtszelle angewiesen.
4. Hund: Staupe, Hepatitis contagiosa canis, Parvovirose; Katze: Leukose, Katzenseuche, Katzenschnupfen.
5. Tollwut.

6. Organspezifität der Viren bedeutet, dass sie sich vorzugsweise in bestimmten Organen ansiedeln; z. B. siedelt sich Tollwutvirus im Gehirn, Hcc-Viren in der Leber und Pockenviren in der Haut an.
7. Es kann zur Zerstörung der virusbefallenen Körperzellen oder zu Tumorbildungen kommen.
8. Die Therapie besteht in der Gabe von Immunseren (Heilimpfung) und Interferonen sowie einer symptomatischen Behandlung.
9. Bei anzeigepflichtigen Seuchen werden staatliche Seuchenbekämpfungsmaßnahmen ergriffen. Bei nicht anzeigepflichtigen Viruskrankheiten kommt vor allem die Immunprophylaxe und der passive Gammaglobulinschutz bei Verdacht oder Erkrankung der Tiere zum Einsatz.
10. Anzeigepflicht, Quarantäne, Tötung der erkrankten oder der Seuche verdächtigen Tiere, Sperrung des Stalles, hygienische Maßnahmen, Impfmaßnahmen.

Bakterien und bakterielle Infektionskrankheiten

1. Bakterien sind Mikroorganismen, die aus einer Zelle mit Zellplasma und kernähnlichem Gebilde bestehen. Sie sind größer als Viren und nach Anfärbung im Lichtmikroskop sichtbar.
2. Bakterien kommen als Kokken, Stäbchen, Bazillen oder Spirochäten vor.
3. Bakterien haben einen eigenen Zellstoffwechsel, sind beweglich, ihre Zellteilung ist amitotisch und sie können auf Nährböden angezüchtet und angefärbt werden.
4. Ja, Nährstoffe werden über die Zellwand aufgenommen.
5. Salmonellen: Stäbchen; Tuberkelbakterien: Stäbchen; Streptokokken: Kokken; Leptospiren: Spirochäten; Clostridien: Bazillen.

6. Bakterien können nach GRAM angefärbt werden. Je nachdem, welchen Farbstoff der Mischung sie annehmen, werden sie als grampositive (blaue Anfärbung) oder gramnegative (rote Anfärbung) Bakterien klassifiziert.
7. Säurefeste Stäbchen sind Bakterien, die sich nach der Färbung mit Karbolfuchsin einer Entfärbung durch Salzsäure-Alkohol widersetzen.
8. Eine Nährbodenzüchtung von Bakterien wird für die Differenzierung benötigt; dabei werden die unterschiedlichen Eigenschaften der Bakterien auf Nährböden ausgewertet.

9. Wodurch lassen sich Bakterien auf dem Nährboden unterscheiden?

10. Sind Bakterien nach entsprechender Vorbereitung im Lichtmikroskop nachweisbar?
11. Beschreiben Sie kurz die Anfertigung eines Bakterienausstrichs zur mikroskopischen Untersuchung.

12. Welche Merkmale werden für die Unterscheidung von Bakterien herangezogen?

13. Nennen Sie je zwei bakterielle Infektionskrankheiten bei Pferd, Rind und Hund.

14. Ist eine ursächliche Behandlung von bakteriellen Infektionskrankheiten möglich?
15. Wie wird das zur Therapie geeignete Medikament bei bakteriellen Infektionskrankheiten ermittelt?

16. Kann gegen bakterielle Infektionskrankheiten geimpft werden?

Pilze und Pilzkrankheiten (Mykosen)

1. Sind Pilze Lebewesen des Tierreiches?
2. Welche Fortpflanzungsmöglichkeiten haben Pilze?
3. Wie können Pilze nachgewiesen werden?

4. Beschreiben Sie kurz die Gewinnung von Material zur mykologischen Untersuchung.

5. Was ist eine Woodsche Lampe, und wozu dient sie?

6. Geben Sie drei krankmachende Pilzgattungen an.
7. Was sind Mykosen?

8. Erläutern Sie die Begriffe Trichophytie und Mikrosporie.

9. Das Unterscheidungsmerkmal ist die Art des Wachstums der Kolonien. Es werden die Farbe, Form und Größe, die Schleimbildung und eine eventuelle Hämolyse auf Blutagar zur Unterscheidung herangezogen.
10. Ja, da sie größer als 1 Mikrometer sind.

11. Bakterienhaltiges Material wird mit einer abgeflammten Drahtöse auf einen Objektträger dünn ausgestrichen. Der luftgetrocknete, hitzefixierte Ausstrich wird anschließend gefärbt.
12. Die Unterscheidung der Bakterien erfolgt auf dem Nährboden nach Wachstum der Kolonien, Sporen- und Fadenbildung und unter dem Mikroskop nach Anfärbung, Größe und Form. Die Artenbestimmung der Bakterien wird durch weitere serologische und biochemische Untersuchungen ermöglicht.
13. Pferd: Tetanus, Druse;
    Rind: Tuberkulose, Brucellose;
    Hund: Leptospirose, Tetanus.
14. Ja, mithilfe von Antibiotika oder Sulfonamiden.
15. Ein Antibiogramm (Resistenzbestimmung) wird durch Auflegen von Testringen oder -blättchen auf beimpfte Nährböden und anschließende Bebrütung erstellt. Ein Hemmhof um die Testblättchen gibt die therapeutisch wirksame Substanz an.
16. Ja, mit Vakzinen oder Toxoiden (entgiftetes Toxin mit erhaltener Antigenwirkung).

Pilze und Pilzkrankheiten (Mykosen)

1. Pilze gehören zum Pflanzenreich.
2. Die Pilze pflanzen sich durch Sporen- und Hyphenbildung im Myzel fort.
3. Der Pilznachweis gelingt durch Anzüchtung auf Nährböden oder Anfärbung von befallenem Haarmaterial auf dem Objektträger. Bei Mikrosporie ist ein Nachweis mit der Woodschen Lampe möglich.
4. Bei Verdacht einer Hautmykose wird mit einer sterilen Pinzette Haarmaterial aus den Randbezirken einer Hautveränderung entnommen (nach Desinfektion mit Alkohol) und in ein steriles Probenröhrchen verbracht.
5. Die Woodsche Lampe ist eine UV-Lampe mit vorgelagertem Nickeloxidglas und wird für den Nachweis von Mikrosporum eingesetzt.
6. Trichophyton, Candida, Aspergillus.
7. Mykosen sind durch verschiedene Pilzarten verursachte Krankheiten, die auf der Haut oder im Körper auftreten können, z. B. Dermatomykosen, Pneumomykosen, Enteromykosen.
8. Trichophytie: durch Trichophytonarten verursachte Hauterkrankung besonders bei Pferd, Rind, Meerschweinchen. Mikrosporie: Hauterkrankung durch Mikrosporumarten; besonders betroffen sind Hund und Katze. Beide Mykosen sind Zoonosen.

9. Erläutern Sie die Begriffe Aspergillose und Mykotoxikose.

10. Was ist mit dem Sammelbegriff Dermatomykose gemeint?
11. Lassen sich Mykosen ursächlich behandeln?

Parasiten und parasitäre Erkrankungen

1. Erläutern Sie den Begriff Parasitismus.

2. Wie nennt man Lebewesen, die auf Kosten anderer leben?
3. Nennen Sie die verschiedenen Parasitengruppen, die teils dem Pflanzen-, teils dem Tierreich zugeordnet werden.
4. Welcher Unterschied besteht zwischen Endoparasiten und Ektoparasiten?

5. Nennen Sie die vier wichtigsten Klassen der Einzeller (Protozoen), die als Parasiten bei Mensch und Tier vorkommen können.
6. Geben Sie zwei verschiedene Infektionskrankheiten des Hundes durch Protozoen an.
7. Wie heißt die durch Protozoen verursachte Zoonose?
8. Was bedeutet der Begriff Helminthen, und welche Parasiten gehören dazu?

9. Geben Sie die deutschen Bezeichnungen für die Begriffe Zestoden, Trematoden und Nematoden an.
10. Erläutern Sie den Begriff Präpatentperiode.

11. Bei welchen Parasiten gibt es ein Larvenstadium?
12. Wie nennt man das bedeutende Larvenstadium bei den Bandwürmern?
13. In welche Organe können Finnen eindringen und zu schweren Krankheiten führen?
14. Nennen Sie drei Unterscheidungsmerkmale zwischen Zestoden und Nematoden.

15. Geben Sie eine Protozoenart an, die zu den Blutparasiten gehört.
16. Was unterscheidet Spinnentiere von Insekten?
17. Geben Sie die Fachausdrücke für folgende Milbenarten an: Ohrmilbe, Grabmilbe, Saugmilbe, Nagemilbe, Haarbalgmilbe.
18. Nennen Sie flügellose Insekten, die häufig als Hautparasiten nachzuweisen sind.

9. Aspergillose: Pneumomykose (auch Luftsackmykose bei Vögeln) durch Aspergillusarten. Mykotoxikose: Erkrankung durch Pilzstoffwechselprodukte (Pilzgifte).
10. Dermatomykose: Hautpilzerkrankung durch verschiedene Hautpilzgattungen.
11. Ja, mithilfe von Antimykotika.

Parasiten und parasitäre Erkrankungen

1. Unter Parasitismus versteht man die Lebensweise eines Schmarotzers, der sich auf Kosten des Wirtsorganismus ernährt, wobei nicht unbedingt Krankheitserscheinungen auftreten müssen.
2. Parasiten – Schmarotzer.
3. Viren und Bakterien, pflanzliche Parasiten (Pilze), tierische Parasiten (Protozoen, Würmer, Gliederfüßer).
4. Ektoparasiten leben auf oder in der Haut, Endoparasiten im Inneren des Wirtsorganismus.
5. Geißeltierchen, Wurzelfüßer, Sporentierchen, Piroplasmen.
6. Kokzidiose, Toxoplasmose, Babesiose.
7. Toxoplasmose.
8. Helminthen sind parasitierende Würmer im Tier oder Menschen. Zu den Helminthen gehören Platt- und Rundwürmer.
9. Zestoden: Bandwürmer; Trematoden: Saugwürmer; Nematoden: Rundwürmer.
10. Die Präpatentperiode ist die Zeitspanne von der Aufnahme infektiöser Parasitenstadien bis zum Auftreten von Eiern oder Larven, nachweisbar in Trachealschleim, Blut, Harn oder Kot.
11. Larvenstadien gibt es bei Würmern und Gliederfüßern.
12. Eine Bandwurmlarve nennt man Finne.
13. Finnen dringen in Gehirn, Lunge und/oder Leber ein.
14. Zestoden sind platt, bestehen aus dem Kopf mit Saugnäpfen und Gliedern (Proglottiden) mit männlichen und weiblichen Geschlechtsorganen. Für die Entwicklung der Zestoden ist immer ein Zwischenwirt notwendig. Nematoden sind rund, spindelförmig, getrenntgeschlechtlich. Zwischenwirte sind für die Entwicklung nicht immer notwendig.
15. Zu den Blutparasiten gehören z. B. die Babesien.
16. Spinnentiere sind achtbeinig, Insekten dagegen sechsbeinig.
17. Ohrmilbe: Otodectes; Grabmilbe: Sarkoptes; Saugmilbe: Psoroptes; Nagemilbe: Chorioptes; Haarbalgmilbe: Demodex.
18. Flöhe, Läuse, Haarlinge, Federlinge.

Zoonosen

1. Definieren Sie den Begriff Zoonosen.
2. Welche Übertragungsmöglichkeiten vom Tier auf den Menschen gibt es bei den Zoonosen?
3. Nennen Sie drei bedeutende Zoonosen, verursacht durch Endoparasiten.
4. Nennen Sie zwei Zoonosen, deren Erreger zu den sogenannten Zwischenformen gehören.
5. Eine wichtige Ausbreitungsmöglichkeit der Zoonosen ist die sogenannte Infektkette. Was ist damit gemeint?
6. Geben Sie jeweils eine Zoonose an, die durch Viren, Bakterien, Pilze, Protozoen und Würmer verursacht sein kann.
7. Welche Berufsgruppen sind hinsichtlich der Ansteckungsgefahr bei Zoonosen besonders gefährdet?
8. Welches Gesetz dient mit seinen Bestimmungen zum Schutz des Menschen vor Zoonosen?
9. Auf welche Weise findet ein Schutz des Menschen vor Zoonosen statt?

Tiergesundheitsgesetz*

1. Welchem Zweck dient das Tiergesundheitsgesetz?
2. Welcher Unterschied besteht zwischen Meldepflicht und Anzeigepflicht einer Seuche nach dem Tiergesundheitsgesetz?
3. An wen sind Seuchenmeldungen zu richten, und wann wird eine Seuche gemeldet?
4. Wem und von wem sind Seuchen anzuzeigen?

* Am 01.05.2014 ist das TierGesG in Kraft getreten und hat das bis dahin geltende Tierseuchengesetz abgelöst. Das Gesetz wurde in diesem Zuge insbesondere im Hinblick auf Prävention überarbeitet.

Zoonosen

1. Zoonosen sind vom Tier auf den Menschen übertragbare Krankheiten.
2. Übertragungsmöglichkeiten sind der direkte Kontakt mit dem erkrankten Tier oder seinen Ausscheidungen, der Genuss von Milch, Milchprodukten oder Eiern und der Verzehr von rohem Fleisch. Indirekt können Zoonosen über kontaminierte Gegenstände wie z. B. Geräte, Decken, Geschirr und Zaumzeug übertragen werden.
3. Echinokokkose, Trichinose, Toxocariasis.
4. Ornithose (Psittakose), Q-Fieber.

5. Die Infektkette bezeichnet die Übertragung des Erregers von einem Wirtsorganismus auf den nächsten und auf weitere Tiere, und, wenn es sich um Zoonoseerreger handelt, auch auf den Menschen.
6. Viren: Tollwut; Bakterien: Brucellose; Pilze: Mikrosporie; Protozoen: Toxoplasmose; Würmer: Echinokokkose.
7. Besonders gefährdet sind Tierzüchter, Tierpfleger, Melker, Tierärzte, Tiermedizinische Fachangestellte und Laborpersonal.
8. Infektionsschutzgesetz (früher Bundesseuchengesetz).

9. Zum Schutz des Menschen besteht nach dem Infektionsschutzgesetz eine Meldepflicht an das jeweilige Gesundheitsamt bei Verdacht, Erkrankung oder Todesfall durch eine Zoonose. Außerdem findet eine Überwachung der Salmonellenausscheider statt, und es gibt Quarantänebestimmungen und Schutzimpfungen.

Tiergesundheitsgesetz*

1. Das Tiergesundheitsgesetz dient der Vorbeugung einer Seucheneinschleppung (z. B. Einfuhr- und Einreisebestimmungen) und der Beseitigung schon vorhandener Seuchenherde.
2. Meldepflicht: Es werden nur eindeutig nachgewiesene Seuchen gemeldet, die nicht anzeigepflichtig sind. Die Meldung dient zur Erfassung des Seuchenverlaufs und der Seuchenausbreitung. Anzeigepflicht: Es muss jede der im Gesetz aufgeführten Seuchen angezeigt werden, wenn sie ausgebrochen ist oder auch nur der Verdacht der Erkrankung oder Ansteckung besteht.
3. Meldepflichtige Seuchen sind bei eindeutigem Nachweis der Krankheit dem Veterinärreferat der Bezirksregierung zu melden.
4. Anzeigepflichtige Seuchen müssen von den Personen, die beruflichen Umgang mit den Tieren haben oder Tierbesitzer sind, beim zuständigen Amtstierarzt, Veterinäramt oder bei der Kreisverwaltung angezeigt werden.

5. Geben Sie drei amtliche Maßregeln an, die in einem wildtollwutgefährdeten Bezirk bezüglich der Hundehaltung beachtet werden müssen.*

6. Woran erkennt man einen wildtollwutgefährdeten Bezirk?*

7. Wann besteht eine Anzeigepflicht nach dem Tiergesundheitsgesetz?

8. Nennen Sie fünf anzeigepflichtige Tierseuchen.

9. Was verstehen Sie unter Meldepflicht nach dem Infektionsschutzgesetz, und welche Gruppen von Krankheiten werden dabei unterschieden?

3 Erste Hilfe beim Menschen

Umgang mit Tierbesitzer und Patient und Erste Hilfe beim Menschen

1. Welches Verhalten sollten Tiermedizinische Fachangestellte beim ersten Kontakt mit dem Klienten zeigen?
2. Welche telefonischen Auskünfte können TFA erst nach Rücksprache mit dem Tierarzt geben?
3. Was sollte bei der Betreuung des Klienten im Wartezimmer beachtet werden?

4. Welche körperlichen Funktionsänderungen treten am Tier durch die Bändigung auf?
5. Wie sollten TFA auf das Tier einwirken, um sich auch vor einem Angriff des Tieres zu schützen?
6. Welche Bändigungsmöglichkeiten gibt es für Pferde, Hunde, Katzen?

7. Sie wollen sich einem Pferd in fremder Umgebung nähern. Was ist zu beachten?
8. Welche Erste-Hilfe-Leistungen können TFA am Klienten erbringen?

9. Dürfen TFA an einen Klienten Medikamente zur persönlichen Verwendung abgeben?
10. Was ist die stabile Seitenlage?

Hinweis zu Fragen 5 und 6:

Tollwut kommt in Deutschland nicht mehr vor, sie ist aber nach wie vor eine anzeigepflichtige Tierseuche.

5. Im umzäunten Gelände dürfen Hunde unbeaufsichtigt gehalten werden. Im freien Gelände müssen sie, wenn sie nicht angeleint sind, sofort auf Zuruf gehorchen. Im Wald dürfen sie sich nur in unmittelbarer Nähe des Hundehalters bewegen.
6. Die Kennzeichnung geschieht mittels Beschilderung des Bezirks mit rechteckigen Schildern mit weißer Schrift auf rotem Grund.
7. In jedem Fall der Erkrankung, des Verdachts des Seuchenausbruchs und des Verdachts der Ansteckung mit einer anzeigepflichtigen Seuche besteht Anzeigepflicht.
8. Tollwut, Psittakose, Leukose der Rinder, ansteckende Blutarmut der Einhufer, Aujeszkysche Krankheit, Schweinepest.
9. Die Meldepflicht nach dem Infektionsschutzgesetz umfasst drei Gruppen von Krankheiten: 1. Meldung bei Verdacht, Erkrankung und Todesfall; 2. Meldung bei Erkrankung und Tod; 3. Meldung bei Tod.

3 Erste Hilfe beim Menschen

Umgang mit Tierbesitzer und Patient und Erste Hilfe beim Menschen

1. TFA sollten freundlich, höflich und geduldig sein. Sie sollten sich in ihr Gegenüber hineinversetzen und auf seine Bedürfnisse eingehen.
2. Untersuchungsergebnisse, Laborbefunde, Diagnosen, Behandlungserfolge, Prognosen, Entlassungstermine für stationäre Patienten.
3. Es sollten für jeden Wartenden ein Sitzplatz und Lektüre vorhanden sein. Das Wartezimmer sollte regelmäßig gelüftet werden. Unruhe bei den Patienten untereinander sollte vermieden werden.
4. Es kann zu leichter Temperaturerhöhung, Pulsbeschleunigung, Mydriasis und Zittern kommen.
5. Sie sollten sich vorsichtig und ruhig nähern, das Tier ansprechen, beruhigen und mit sicherem Griff halten.
6. Pferde: Aufheben eines Vorderfußes, Nasenbremse; Hunde: Zuhalten oder Zubinden der Schnauze; Katzen: Griff ins Nackenfell, Katzentuch.
7. Zuerst ansprechen, ruhig und langsam nähern; von hinten nie ohne Zuruf nähern.
8. Das Tier abnehmen, für frische Luft sorgen, ein Glas Trinkwasser reichen, bei Ohnmachts- oder Schockzustand auf eine Notliege legen, zudecken und den Notarzt rufen.
9. Nein.

10. Lagerung der Person auf seiner rechten Seite mit angezogenem linken Bein und unter den Kopf geschobenem linken Unterarm; dadurch Verhinderung der Aspiration von Erbrochenem und Änderung der Körperlage.

4 Materialbeschaffung

Siehe spezielle Lehrbücher

5 Information und Datenschutz

Siehe spezielle Lehrbücher

4 Materialbeschaffung

Siehe spezielle Lehrbücher

5 Information und Datenschutz

Siehe spezielle Lehrbücher

ABSCHLUSSPRÜFUNG

6 Behandlungsassistenz

Einteilung des Tierkörpers und der Körperregionen

1. Geben Sie in Abb. 1 die verschiedenen Lage- und Richtungsbezeichnungen an.

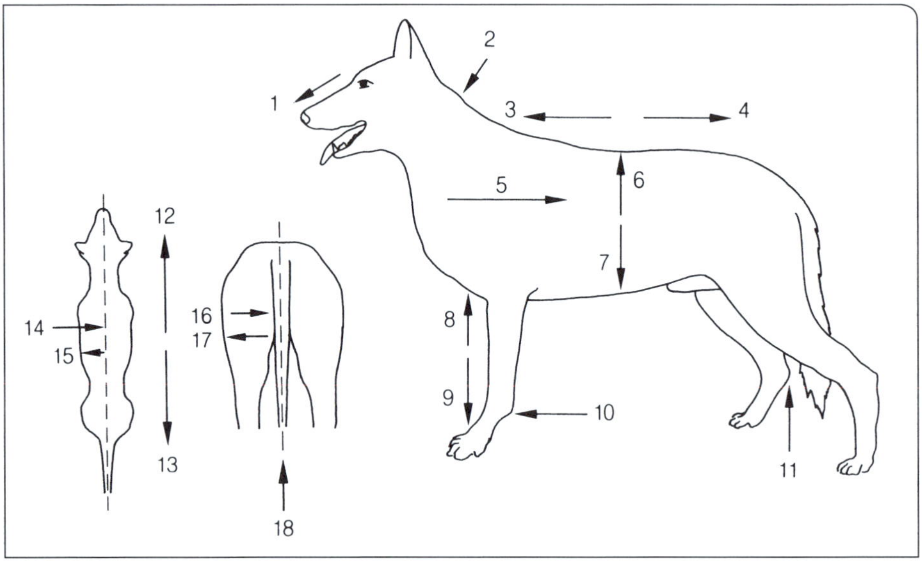

Abb. 1: Lage- und Richtungsbezeichnungen.

2. Übersetzen Sie die Begriffe rostral, ventral, kranial, dorsal.

3. Übersetzen Sie die Begriffe vertikal, palmar, median, lateral.

4. Übersetzen Sie die Begriffe medial, plantar, horizontal, kaudal.

5. Was ist der Kamm und was die Kruppe des Tieres?

6. Wie heißen die drei Hauptteile (-abschnitte) des Körpers?

6 Behandlungsassistenz

Einteilung des Tierkörpers und der Körperregionen

1. **Abbildung 1:**

1	rostral	7	ventral	13	kaudal
2	zervikal	8	proximal	14	medial
3	kranial	9	distal	15	lateral
4	kaudal	10	palmar	16	medial
5	thorakal	11	plantar	17	lateral
6	dorsal	12	kranial	18	median

2. Rostral – nasenwärts, ventral – bauchwärts, kranial – kopfwärts, dorsal – rückenwärts.
3. Vertikal – senkrecht, palmar – die Handfläche betreffend, median – in der Mittellinie des Körpers, lateral – seitwärts.
4. Medial – zur Körpermitte hin, plantar – die Fußsohle betreffend, horizontal – waagerecht, kaudal – schwanzwärts.
5. Kamm – dorsale Halsgegend (beim Pferd die Mähnengegend), Kruppe – Kreuz- und Gesäßgegend.
6. Kopf, Stamm, Gliedmaßen.

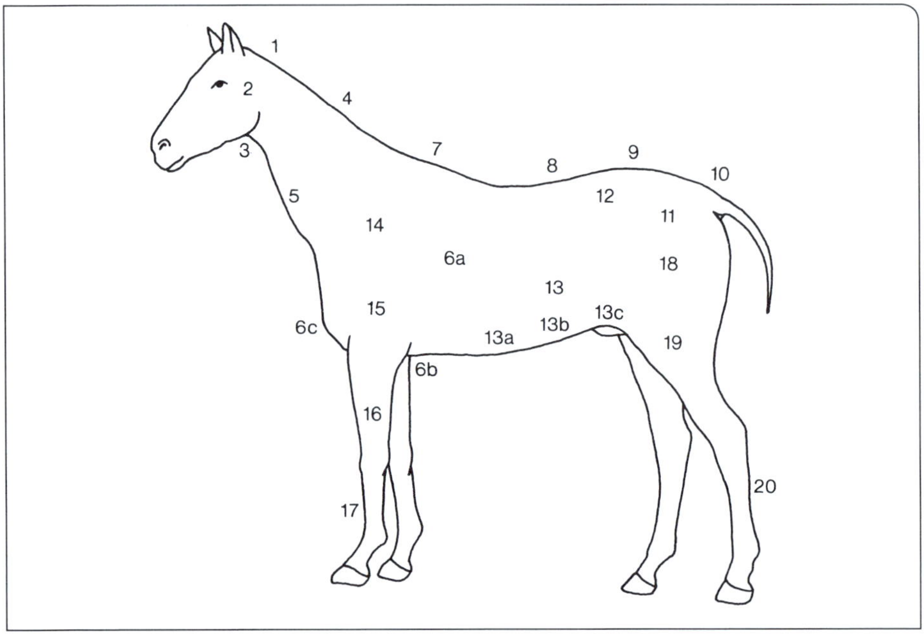

Abb. 2: Körperregionen.

7. Geben Sie entsprechend der Abb. 2 die Widerrist-, Lenden-, Oberarmgegend an.
8. In welche Abschnitte (Abb. 2) kann das Abdomen unterteilt werden?

9. Geben Sie die verschiedenen Regionen des Halses und der Schultergliedmaßen an (Abb. 2).
10. Beschreiben Sie die Lage der Drosselrinne (Abb. 2).
11. Was ist der Stamm des Tierkörpers?
12. Wie lautet der Fachausdruck für die Dammgegend des Tieres?
13. Geben Sie entsprechend der Abb. 2 die Unterarm- und Unterschenkelgegend an.
14. Wie wird der Mittelfußknochen beim Pferd genannt?
15. Welche Bezeichnungen haben die Phalangen I bis III beim Pferd?
16. An welchen Körperabschnitten können die Begriffe proximal und distal verwendet werden?
17. Wie heißen die drei verschiedenen Fußungsarten der Säugetiere? Geben Sie hierzu Tiere als entsprechende Beispiele an.

Abbildung 2:

1	Genickregion	7	Widerristregion	13c	kaudales Abdomen
2	Parotisregion	8	Lendenregion	14	Schulterregion
3	Kehlkopfregion	9	Kreuzregion	15	Oberarmregion
4	Kamm	10	Schweifansatz	16	Unterarmregion
5	Drosselrinne	11	Gesäßregion	17	Mittelfußregion (Vorderfuß)
6	Brust (Thorax)	12	Hüfthöcker		
6a	Seitenbrust	13	Bauch (Abdomen)	18	Oberschenkelregion
6b	Unterbrust	13a	kraniales Abdomen	19	Unterschenkelregion
6c	Vorderbrust	13b	mediales Abdomen	20	Hinterfuß

7. In Abbildung 2: 7 Widerristgegend, 8 Lendengegend, 15 Oberarmgegend.
8. In Abbildung 2: 13a kraniales Abdomen, 13b mediales Abdomen, 13c kaudales Abdomen.
9. In Abbildung 2: 1 Genickregion, 3 Kehlkopfregion, 4 Kammregion, 5 Drosselrinne, 14 Schulterregion, 15 Oberarmregion, 16 Unterarmregion, 17 Mittelfußregion.
10. Die Drosselrinne liegt beiderseits im ventralen Halsbereich.
11. Stamm: Hals, Rumpf und Schwanz des Tierkörpers.
12. Perineum (Mittelfleischgegend zwischen After und äußeren Geschlechtsorganen).
13. In Abbildung 2: 16 Unterarmgegend, 19 Unterschenkelgegend.
14. Röhrbein.
15. Fesselbein, Kronbein, Hufbein.
16. Die gesamte Gliedmaße oder auch die einzelnen Röhrenknochen der Gliedmaße betreffend.
17. Sohlengänger: z. B. Mensch, Affe, Bär; Zehengänger: z. B. Hund, Katze; Zehenspitzengänger: z. B. Wiederkäuer, Schwein, Pferd.

Zell- und Gewebelehre*

1. Erklären Sie kurz die Begriffe Anatomie, Physiologie und Histologie.

2. Definieren Sie die Begriffe Zelle und Gewebe.

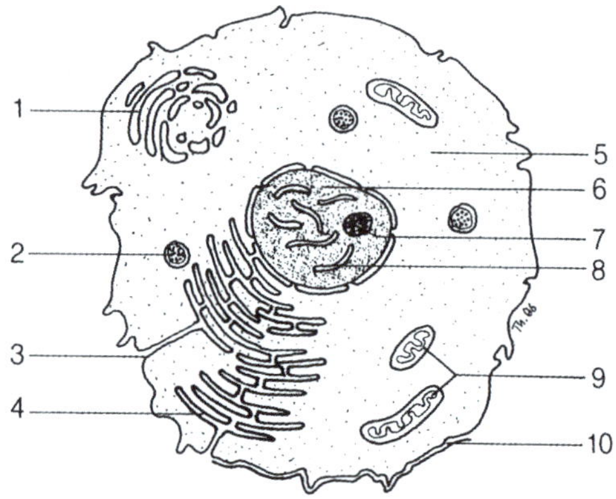

Abb. 3: Aufbau einer tierischen Zelle.

3. Wie ist eine Zelle (Abb. 3) aufgebaut?

4. Nennen Sie die Zellorganellen für den Stoffwechsel, die Eiweißsynthese und den Abbau von Stoffen in der Zelle.
5. Welche Aufgaben hat der Zellstoffwechsel?

6. In welcher Beziehung stehen Funktion und Zellform der verschiedenen Gewebearten?

7. Nennen Sie die wichtigsten Lebensvorgänge der Zelle.
8. Was wird als innere Atmung bezeichnet?

9. Erläutern Sie die Begriffe Mitose, Amitose, Meiose.

* Die Zytologie und Histologie werden in der Prüfung nicht mehr explizit abgefragt; es empfiehlt sich jedoch für das medizinische Grundverständnis, sich Basiswissen über die genannten Themen anzueignen.

Zell- und Gewebelehre*

1. Anatomie – Lehre vom Bau des Körpers; Physiologie – Lehre von den Lebensvorgängen des Körpers; Histologie – Lehre vom Feinbau der Gewebe.
2. Zelle: kleinste lebensfähige Bau- und Funktionseinheit des Organismus; Gewebe: Verband gleichartiger Zellen mit einheitlicher Funktion innerhalb einer Gewebeart.

Abbildung 3:

1 Golgi-Apparat
2 Lysosom
3 Zellmembran mit Einstülpung
4 Endoplasmatisches Retikulum
5 Zellplasma
6 Zellkern (Nukleus)
7 Kernkörperchen (Nukleolus)
8 Chromosom (nur in der Mitose sichtbar)
9 Mitochondrien
10 Zellmembran

3. Die Zelle wird von der Zellmembran (Nr. 3 in Abb. 3) umschlossen. Die Hauptmasse der Zelle stellt das Zellplasma (5) dar, das von einem Netzwerk, dem endoplasmatischen Retikulum (4) durchzogen ist. Der Zellkern (6) umschließt Kernkörperchen (7) und Chromosomen (8). Im Zellplasma befinden sich verschiedene Organellen: Golgiapparat (1), Lysosomen (2) und Mitochondrien (9).
4. Mitochondrien: Zellstoffwechsel; endoplasmatisches Retikulum mit Ribosomen: Eiweißsynthese; Lysosomen: Abbau von Stoffen.
5. Die Aufgaben des Zellstoffwechsels bestehen in der Aufnahme von Stoffen, ihrer Verwertung durch die Bildung von neuen, für den Körper wichtigen Stoffen sowie von Schlackenstoffen und ihre Abgabe.
6. Zellform und -größe der verschiedenen Gewebe sind weitgehend von der Funktion abhängig; z. B. sind Zellen mit Speicherfunktion runder und größer (Fettzellen), Zellen mit Leitungsfunktion haben lange Fortsätze (Nervenzellen), stoffwechselaktive Zellen sind größer (Leberzellen).
7. Stoffwechsel, Bewegung, Reizbarkeit, Wachstum, Vermehrung.
8. Innere Atmung: Austausch von Kohlendioxid und Sauerstoff zwischen Zellen und Kapillarblut.
9. Mitose: indirekte Zellteilung mit vorheriger Chromosomenverdoppelung und identischer Verteilung auf die beiden Tochterzellen. Amitose: direkte Kernteilung durch einfache Durchschnürung des Zellkerns; führt zur Mehrkernigkeit der Zelle. Meiose: Reduktions- oder Reifeteilung bei den Geschlechtszellen; sie haben jeweils nur einen einfachen (haploiden) Chromosomensatz.

10. Welchen Sinn hat die Zellvermehrung im Organismus?

11. Was versteht man unter dem Alterungsprozess einer Zelle?

12. Welche Gewebearten des Organismus unterscheidet man?

13. Nennen Sie die vier hauptsächlichen Gewebearten des Körpers.
14. Welche Gewebearten gehören zum Stütz- und Bindegewebe?

15. Nennen Sie drei Bindegewebe mit netzartigem Grundgerüst.
16. Welche Arten von Epithelgewebe gibt es? Geben Sie auch entsprechende Organbeispiele an.

17. Geben Sie vier Organe vor, die Drüsenepithel aufweisen.
18. Wie heißen die Zellen der Kittsubstanz des Nervensystems, und welche Aufgabe erfüllen sie?
19. Was versteht man unter einem Parenchym?

20. Nennen Sie fünf verschiedene Gewebs- und Körpergrundflüssigkeiten.
21. Was sind Synovia, Liquor cerebrospinalis und Lymphe?

Allgemeine Krankheitslehre

1. Was bedeutet der Begriff Pathologie?
2. Was ist eine Diagnose?
3. Erklären Sie den Begriff Prognose.
4. Beschreiben Sie den Unterschied zwischen angeborenen und erworbenen Krankheiten, und geben Sie Beispiele an.

10. Notwendig während der Wachstumsperiode des Organismus, als Ersatz bei Verlust (z. B. Blutverlust) oder Zerstörung von Zellen (z. B. durch Verletzungen), zur Erneuerung und Ergänzung der Zellzahl bei kurzlebigen Zellarten (Blut- und Epithelzellen).
11. Das Ende der Lebensdauer einer Zelle beginnt mit der Vermehrung der Liposomen und einer Wasserarmut des Zytoplasmas. Daraus resultiert eine Minderung und Störung des Zellstoffwechsels. Es folgt die Auflösung des Kerns und schließlich die Degeneration der Zelle.
12. Drüsenepithel, Sinnes- oder Neuroepithel, Deckepithel, Bindegewebe, Knochen- und Knorpelgewebe, Muskelgewebe, Nervengewebe.
13. Epithelgewebe, Binde- und Stützgewebe, Muskelgewebe, Nervengewebe.
14. Retikuläres Bindegewebe, faseriges Bindegewebe, Knorpelgewebe, Knochengewebe.
15. Hämoretikuläres, lymphoretikuläres Bindegewebe und Fettgewebe.
16. Deckepithel: z. B. Haut, kutane Schleimhaut, Serosa; Drüsenepithel: z. B. Schweiß-, Talg-und Speicheldrüsen; Sinnesepithel: z. B. Netzhaut, Riechschleimhaut, Geschmacksknospen.
17. Leber, Uterus, Pankreas, Darm.
18. Die Gliazellen bilden das interstitielle Gewebe des Nervensystems und haben Nähr- und Stützfunktion.
19. Man versteht darunter das spezifische Gewebe eines Organes. Beispielsweise besteht das Parenchym eines Muskels aus Muskelzellen; in der Leber oder Niere ist damit das Gewebe gemeint, welches ausschließlich im betreffenden Organ vorkommt und dort die speziellen Eigenschaften des Organes ermöglicht. (Solche Organe nennt man parenchymatöse Organe.)
20. Gewebsflüssigkeit, Blut, Lymphe, Liquor cerebrospinalis, Synovia.
21. Synovia: »Gelenkschmiere«; Liquor cerebrospinalis: Gehirn- und Rückenmarksflüssigkeit; Lymphe: eiweiß- und fetthaltiges Gewebswasser, abgeleitet über die Lymphbahnen.

Allgemeine Krankheitslehre

1. Die Pathologie ist die Lehre von den Krankheiten und ihren Ursachen.
2. Unter Diagnose versteht man die Erkennung und Benennung einer Krankheit.
3. Die Prognose ist die Vorhersage über Verlauf und Ausgang einer Krankheit.
4. Angeborene Krankheiten treten vor der Geburt auf. Sie können ererbt oder während der Embryonalzeit verursacht sein. Beispiele hierfür sind Missbildungen durch Viren, Umwelteinflüsse oder Erbanlagen. Erworbene Krankheiten treten erst nach der Geburt auf und haben ihre Ursachen in äußeren und inneren Faktoren. Beispiele sind Infektionskrankheiten, Vergiftungen und Vitaminmangelkrankheiten.

5. Was bezeichnet man als innere Krankheitsursachen?

6. Geben Sie zwei Beispiele für Krankheiten mit innerer Ursache.

7. Was versteht man unter einer (Krankheits-)Disposition?

8. Welche Dispositionen kann man unterscheiden?
9. Geben Sie ein Beispiel für eine Rassedisposition an.

10. Geben Sie ein Beispiel für eine Geschlechtsdisposition an.

11. Nennen Sie jeweils zwei chemische, physikalische, stoffwechselbedingte und durch Lebewesen bedingte Krankheitsursachen.

12. Was bezeichnet man als äußere Krankheitsursache?

13. Geben Sie Beispiele für von äußeren Ursachen hervorgerufene Krankheiten an.

14. Was bedeutet der Begriff Entzündung?

15. Es gibt fünf Krankheitszeichen, die für eine Entzündung sprechen. Welche sind das?

16. Wie kommt es zu den beschriebenen Symptomen?

5. Innere Krankheitsursachen sind im Körper selbst, ohne ersichtlichen Einfluss von außen, zu suchen; z. B. Stoffwechselstörungen, Organfunktionsstörungen.
6. Diabetes mellitus: Hyperglykämie infolge Insulinmangels; Eklampsie: Krampfzustände in der Laktationszeit infolge Kalziummangels.
7. Unter Disposition versteht man die Bereitschaft (»Anfälligkeit«) eines Tieres, eine bestimmte Krankheit zu bekommen.
8. Man unterscheidet Art-, Rasse-, Geschlechts- und Altersdisposition.
9. Eine Rassedisposition für die Hüftgelenksdysplasie (HD) haben vor allem große, schnellwüchsige Hunderassen wie z. B. der Deutsche Schäferhund.
10. Es gibt eine Geschlechtsdisposition für die Bildung von Harnsteinen (Urolithiasis) für männliche Tiere.
11. Chemische Krankheitsursachen: z. B. aufgenommenes Rattengift, Ätzkali auf der Haut; physikalische Ursachen: mechanische Einwirkungen, z. B. Stoß, Schlag, Fall, oder thermische Einwirkungen durch intensive Sonnenbestrahlung, Röntgenstrahlen; stoffwechselbedingte Ursachen: verminderte Harnsäureausscheidung, verminderte oder fehlende Pankreasfermentbildung; lebende Ursachen: Viren, Bakterien, Parasiten.
12. Äußere Krankheitsursachen wirken von außen auf den Körper ein; z. B. Aufnahme von Fremdstoffen oder Erregern über die Atmungs- oder Verdauungswege, physikalische oder chemische Einwirkungen auf den Körper.
13. Ein Sturz kann zu einer Fraktur führen. Verbrennungen entstehen durch Feuer, heiße Luft oder Flüssigkeit oder Strahlung. Schwere Beeinträchtigungen des Nervensystems sind z. B. die Folge von elektrischem Strom. Hochenergetische Strahlung wie UV- und Röntgenstrahlung kann zu malignen Tumoren oder Gewebsnekrosen führen.
14. Eine Entzündung ist die Reaktion des Körpers auf einen schädigenden Reiz. Dieser Reiz kann z. B. eine Verletzung sein. Auch Krankheitserreger oder Strahleneinwirkung kommen als Ursachen in Betracht. Das Entzündungsgeschehen läuft in seiner Form und zeitlich nach einem bestimmten Muster ab.
15. Die Kardinalsymptome einer Entzündung sind: Rötung (Rubor), vermehrte Wärme (Calor), Schwellung (Tumor), Schmerz (Dolor) und gestörte Funktion (Functio laesa).
16. Der schädigende Reiz bewirkt, dass das betroffene Gebiet verstärkt durchblutet wird. Dazu weiten sich die Blutgefäße. Dieser Vorgang führt zu der Rötung und der vermehrten Wärme. Eine Steigerung des Stoffwechsels führt ebenfalls zu einer Erhöhung der Temperatur. Durch den Austritt von Flüssigkeit aus dem Blut- und Lymphgefäßsystem kommt es zu einer Schwellung. Die Schwellung selbst sowie die eingewanderten Stoffe und Abwehrzellen führen zum Schmerz. Eine Entzündung schädigt immer auch das Gewebe; daher kommt es zumindest vorübergehend zu einer gestörten Funktion des betroffenen Gewebes.

17. Welche Stadien der Entzündung unterscheidet man?

18. Welcher Unterschied besteht zwischen einem Empyem, einem Abszess und einer Phlegmone?

19. Welche Endung bei der Krankheitsbezeichnung verwendet man meistens bei einer Entzündung?
20. Nennen Sie zwei Beispiele für die Bildung der lateinischen Fachbegriffe für Entzündungen.

21. Welche Entzündungen enden nicht auf »-itis«?

22. Beschreiben Sie den Unterschied zwischen Entzündung und Degeneration.

23. Welche Krankheitsbezeichnungen tragen die Endung »-ose«?
24. Welche Formen des kontrollierten Wachstums kennen Sie?
25. Beschreiben Sie das Anpassungswachstum.

26. Beschreiben Sie das Ersatzwachstum.

27. Die Narbenbildung ist eine Folge welcher vorausgegangenen Gewebsveränderung?

28. Was versteht man unter einem Tumor?

29. Wie werden Tumoren eingeteilt?

17. Man unterscheidet die Alteration (Gewebsschädigung), die Exsudation (Austritt von Flüssigkeit aus dem Blut- oder Lymphgefäßsystem) und die Proliferation (Vermehrung von Gewebe im Zuge der Reparation).
18. Empyem, Abszess und Phlegmone sind Begriffe der eitrigen Entzündung. Beim Empyem sammelt sich Eiter in einer natürlichen Körperhöhle. Beim Abszess bildet sich ein eitergefüllter Gewebshohlraum (Verkapselung). Phlegmone bedeutet eine flächige Eiterverteilung im Gewebe.
19. Man verwendet die Endung »-itis«.

20. Die Bezeichnung für eine Hautentzündung (Haut = Derma) setzt man aus »Derma«, einem Füllbuchstaben und der Endung zusammen: Derma-t-itis. Eine Lidbindehautentzündung ist eine Konjunktiv-itis (Konjunktiva = Bindehaut).
21. Lungenentzündung = Pneumonie; Zehen- oder Klauenentzündung = Panaritium; Eiteransammlung in der Gebärmutter = Pyometra.
22. Eine Entzündung verläuft mit den typischen örtlichen Symptomen, evtl. auch mit Fieber. Im Gewebe kommt es zur Einwanderung von Leukozyten. Bei der Degeneration eines Gewebes tritt eine Stoffwechselstörung der Zellen mit Entartung der Zellstruktur auf. Die normale Funktion ist aufgehoben, es kommt zur Ablagerung von zellfremdem Material, wie Fett oder Kalksalzen, oder zu Bindegewebszuwachs mit Verhärtung des Gewebes, z.B. bei der Arteriosklerose.
23. Degenerative Krankheitsbilder tragen die Endung »-ose«.
24. Man unterscheidet das Anpassungswachstum und das Ersatzwachstum.
25. Das Anpassungswachstum tritt auf, wenn ein Organ mit erhöhten Belastungen fertig werden muss. Es kann durch Hypertrophie (Organwachstum durch Vergrößerung der Zellen) oder durch Hyperplasie (Wachstum durch Vermehrung der Zellen) geschehen.
26. Das Ersatzwachstum dient der Reparatur von Organen. Abgestorbenes oder entferntes Gewebe muss ersetzt werden. Ersatzwachstum geschieht durch Regeneration und Reparation. Bei der Regeneration wird das Gewebe durch gleichwertiges neues Gewebe ersetzt. Die Folge ist die völlige Wiederherstellung des gesunden Zustands. Dies bezeichnet man als Heilung. Eine sogenannte Defektheilung tritt ein, wenn das neue Gewebe funktionell zwar brauchbar, aber minderwertig ist. Es handelt sich hier um eine Reparation.
27. Die Narbenbildung ist die Reaktion auf eine vorausgegangene Zusammenhangstrennung des Gewebes aus unterschiedlichster Ursache, z.B. durch Entzündung, Verletzung oder eine Operation.
28. Ein Tumor ist ganz allgemein eine Umfangsvermehrung. Der Begriff wird jedoch auch für die Bezeichnung von pathologischen Neubildungen (Neoplasien) verwendet.
29. Man unterscheidet benigne (gutartige) und maligne (bösartige) Tumoren.

30. Beschreiben Sie die Unterschiede der beiden Formen von Tumoren.

31. Welche Endungen tragen die Krankheitsbezeichnungen für die verschiedenen Arten von Tumoren?
32. Wovon hängt es ab, ob die Endung »-karzinom« oder »-sarkom« für einen bösartigen Tumor verwendet wird?

33. Wann spricht man von Metastasen?
34. Was verstehen Sie unter einer Allergie?

35. Erläutern Sie die Begriffe Allergie und Anaphylaxie.

36. Beschreiben Sie einige allergisch bedingte Symptome der Haut und Schleimhaut.

37. Was bedeuten die Begriffe Atrophie und Sklerose?

38. Was bedeuten die Begriffe Tumor und Ulkus?

39. Was ist eine Blutvergiftung?

40. Was versteht man unter Prophylaxe?

41. Was bedeutet die Konstitution und Kondition eines Tieres?

42. Was ist eine Quarantäne?

43. Welche verschiedenen Verlaufsformen einer Krankheit unterscheidet man?

30. Benigne Tumoren wachsen langsam, kapseln sich ab und sind dadurch örtlich begrenzt, führen zu Druckatrophien des umgebenden Gewebes, und es kommt selten zu Rezidiven. Maligne Tumoren wachsen schnell, infiltrieren das Gewebe, ohne sich abzukapseln, und bilden Metastasen (Tochtergeschwülste). Das umliegende Gewebe entzündet sich und wird zerstört.
31. Gutartige Tumoren tragen die Endung »-om«, bösartige die Endung »-sarkom« oder »-karzinom«.
32. Die Endung richtet sich nach der Herkunft des betroffenen Gewebes. Handelt es sich um Epithelgewebe, wie z. B. Drüsen- oder Plattenepithel, spricht man von einem Adeno- bzw. Plattenepithelkarzinom. Die bösartige Geschwulst eines Organes mit binde- oder muskelgewebiger Herkunft heißt Sarkom. Beispiele sind das Fibrosarkom (Bindegwebstumor) oder das Myosarkom (Muskeltumor).
33. Metastasen sind Tochtergeschwülste eines bösartigen Primärtumors.
34. Eine Allergie ist eine Überempfindlichkeitsreaktion infolge einer vorausgegangenen Sensibilisierung gegen ein Allergen. Dies können z. B. Tierhaare, Gräser, Wolle oder Arzneimittel sein.
35. Eine Allergie ist eine Überempfindlichkeitsreaktion. Die Anaphylaxie ist eine Allergie des Soforttyps auf dem Blutweg. Sie kann zum Schock mit tödlichem Ausgang führen.
36. Rötungen der Haut, Quaddelbildung, Schleimhautschwellung in den Atemwegen mit Atmungsbehinderung.
37. Die Atrophie ist ein Gewebsschwund. Eine Sklerose ist eine Verhärtung eines Gewebes durch bindegewebigen Zuwachs.
38. Als Tumor bezeichnet man eine Geschwulst oder Neubildung. Ein Ulkus ist ein Geschwür mit Verlust von Gewebe durch Zerfall.
39. Eine Blutvergiftung (Sepsis) geht von einem Krankheitsherd aus und tritt beim Eindringen von Krankheitserregern in die Blutbahn auf.
40. Prophylaxe ist die Vorbeugung, also die Gesamtheit aller vorsorglichen Maßnahmen zur Verhütung einer Krankheit.
41. Die Konstitution ist die Gesamtverfassung des Körpers. Die Kondition spiegelt die augenblickliche Verfassung des Körpers wieder.
42. Quarantäne ist die Absonderung von Tieren oder Menschen, die an einer Seuche erkrankt oder ihrer verdächtig sind.
43. Die Einteilung richtet sich nach dem zeitlichen Verlauf (Die Zeitangaben sind als grobe Orientierung gedacht). Von einem perakuten Verlauf spricht man, wenn das Krankheitsgeschehen in bis zu 24 Stunden zum größten Teil abgeschlossen ist. Bei einem Verlauf innerhalb von bis zu einer Woche nennt man das Geschehen akut. Subakut heißt ein Verlauf, wenn sich die Krankheit bis drei Wochen hinzieht. Krankheiten, die länger als drei Wochen andauern, bezeichnet man als chronisch. Geht die Krankheit mit Rückfällen (Rezidiven) einher, ist der Krankheitsverlauf rezidivierend. Von einem latenten Verlauf spricht man, wenn die Krankheit ohne sichtbare Symptome abläuft.

44. Was ist eine Sektion? Wann wird sie im Allgemeinen durchgeführt?

Bewegungsapparat

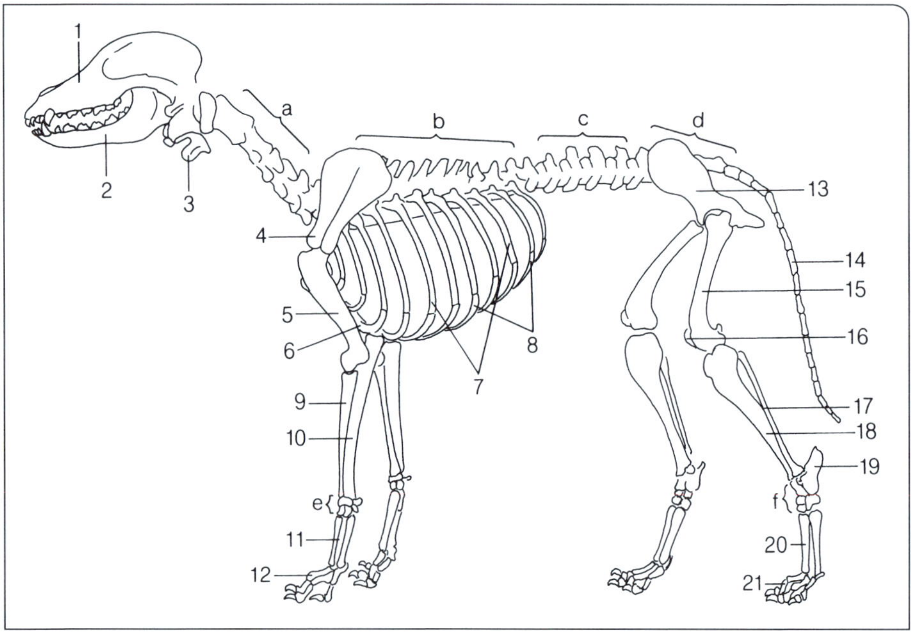

Abb. 4: Skelett eines Hundes.

1. Welche Funktionen hat der Bewegungsapparat?

2. In welche Bereiche wird der Bewegungsapparat eingeteilt?

3. Was versteht man unter dem aktiven und passiven Bewegungsapparat?

4. Wie lauten die einzelnen Abschnitte der Wirbelsäule von kranial nach kaudal (Abb. 4)?
5. Welche Aufgaben hat die Wirbelsäule?

44. Eine Sektion ist die Öffnung und Zerlegung des Tierkörpers zur Feststellung der Todesursache.

Bewegungsapparat

Abbildung 4:

1	Oberkieferknochen (Maxilla)	14	Schwanzwirbelsäule
2	Unterkieferknochen (Mandibula)	15	Oberschenkelknochen (Femur)
3	Kehlkopfknorpel (Larynx)	16	Kniescheibe (Patella)
4	Schulterblatt (Scapula)	17	Wadenbein (Fibula)
5	Oberamrknochen (Humerus)	18	Schienbein (Tibia)
6	Brustbein (Sternum)	19	Fersenbein (Kalkaneus)
7	Rippen (Costae)	20	Mittelfuß hinten (Metatarsus)
8	Rippenknorpel	21	Zehenknochen (Phalangen)
9	Speiche (Radius)	a	Halswirbelsäule
10	Elle (Ulna)	b	Brustwirbelsäule
11	Mittelfuß vorne (Metakarpus)	c	Lendenwirbelsäule
12	Zehenknochen (Phalangen)	d	Kreuzbein (Sakrum)
13	Becken (Pelvis)	e	Vorderfußwurzel (Karpus)
		f	Hinterfußwurzel (Tarsus)

1. Der Bewegungsapparat dient der Fortbewegung des Organismus, der Nahrungsaufnahme, Fortpflanzung und der Verständigung durch Körpersprache und Lautäußerungen. Außerdem geben die Organe des Bewegungsapparates dem Körper seine Form und Gestalt und schützen gleichzeitig die empfindlichen inneren Organe.
2. Man unterscheidet zwischen dem aktiven und dem passiven Bewegungsapparat sowie den Hilfseinrichtungen des Bewegungsapparates.
3. Beim aktiven Bewegungsapparat bewegen sich die Organe selbst, sind also aktiv. Dies leisten im Organismus die Muskeln. Der passive Bewegungsapparat wird (passiv) von den Muskeln bewegt. Hierbei handelt es sich um das Skelettsystem mit Knochen, Knorpeln und Gelenken. Die Hilfseinrichtungen sind Sehnen, Sehnenscheiden, Bänder, Faszien und Schleimbeutel.
4. Halswirbel-, Brustwirbel-, Lendenwirbelsäule, Kreuzbein, Schwanzwirbel.

5. Sie ist die bewegliche Verbindung zwischen Kopf, Vorder- und Hintergliedmaßen, bildet den Schwanz, trägt den Brustkorb und das Abdomen und bildet die schützende Hülle für das Rückenmark.

6. Geben Sie die Fachausdrücke für den ersten und zweiten Halswirbel an.
7. Von welchen Knochen wird der Tunnel gebildet, in dem das Rückenmark liegt?

8. Skizzieren Sie den Aufbau eines Wirbels.
9. Welche Arten von Rippen werden unterschieden?

10. Was wird als Rippenbogen bezeichnet?

11. Welche Aufgaben hat der Brustkorb?

12. Aus welchen knöchernen Anteilen besteht das Becken?

13. Was ist eine Symphyse?

14. Wie heißen die Knochen der Vorderextremität von proximal nach distal? (Abb. 4, deutsche Begriffe und Fachausdrücke!)

15. Nennen Sie die Knochen der Hinterextremität von proximal nach distal (Abb. 4, deutsche Begriffe und Fachausdrücke!).

16. Wie heißen die Unterarm- und Unterschenkelknochen? (Abb. 4, deutsche Begriffe und Fachausdrücke!)
17. Auf welcher Zehe laufen die Einhufer?
18. Beschreiben Sie den Aufbau eines Röhrenknochens.

19. Wie heißen die einzelnen Abschnitte eines Röhrenknochens?

20. Welche Aufgaben haben Sehnen, Sehnenscheiden und Schleimbeutel?

21. Nennen Sie zwei Einrichtungen des aktiven Bewegungsapparates, in denen Synovia vorhanden ist.
22. Wo setzen Muskeln ohne Sehnen am Knochen an?

23. Geben Sie verschiedene Arten von Knorpelgewebe und ihr Vorkommen an.

6. Erster Halswirbel: Atlas; zweiter Halswirbel: Epistropheus (auch Axis genannt).
7. Der sogenannte Wirbelkanal wird von den Hals-, Brust- und Lendenwirbeln sowie vom Kreuzbein gebildet.
8. Vergleiche Lehrbuch, Abb. 9.3.
9. Die echten Rippen setzen am Brustbein an, die falschen Rippen nicht; sie bilden den Rippenbogen.
10. Als Rippenbogen bezeichnet man den durch die Rippenknorpel der falschen Rippen gebildeten kaudalen Abschluss des Thorax.
11. Der Thorax schützt die lebenswichtigen Organe Herz und Lunge. Die gelenkige Verbindung der Rippen mit der Wirbelsäule ermöglicht zusammen mit der Zwischenrippenmuskulatur eine Erweiterung des Thorax für die Atmung.
12. Das Becken (Pelvis) besteht beiderseits jeweils aus dem Darmbein (Os ilium), dem Schambein (Os pubis) und dem Sitzbein (Os ischiadicum).
13. Eine Symphyse ist eine knorpelige Verwachsung von benachbarten Knochenteilen, z. B. Beckenfuge, Unterkieferfuge.
14. Schulterblatt: Skapula; Oberarmknochen: Humerus; Unterarmknochen mit Speiche (Radius) und Elle (Ulna); Vorderfußwurzel: Karpus; Mittelfuß: Metakarpus; Zehenknochen: Phalangen.
15. Becken: Pelvis, Oberschenkelknochen: Femur, Kniescheibe: Patella, Unterschenkelknochen mit Schienbein: Tibia und Wadenbein: Fibula, Hinterfußwurzel: Tarsus, Mittelfuß: Metatarsus, Zehenknochen: Phalangen.
16. Unterarmknochen: Speiche (Radius) und Elle (Ulna); Unterschenkelknochen: Schienbein (Tibia) und Wadenbein (Fibula).
17. Einhufer laufen auf der dritten Zehe.
18. Außen die Knochenhaut (Periost), an beiden Gelenkflächen eine Knorpelschicht, in ganzer Schaftlänge die Rindenschicht (Kompakta), im Inneren die Knochenbälkchen (Spongiosa), die zusammen mit der Markhöhle das Knochenmark enthalten.
19. Proximale Epiphyse, proximale Metaphyse, Diaphyse (Knochenschaft), distale Metaphyse, distale Epiphyse.
20. Über Sehnen werden Muskeln an Knochen befestigt. Sie übertragen die Zugwirkung des Muskels auf den Knochen. Sehnenscheiden sind bindegewebige, schützende Gleitröhren für Sehnen zur Minderung der Reibung an Knochenvorsprüngen. Schleimbeutel sind Gelenkschmiere enthaltende Bindegewebssäckchen. Sie bilden elastische Polster zum Abfangen von Druck und Stoß im Bereich von Knochen und Sehnen.
21. Sehnenscheiden und Schleimbeutel.
22. Keine sehnigen Verbindungen findet man z. B. im Bereich des Schulterblattes und zwischen den Rippen.
23. Hyaliner Knorpel: Gelenkflächen, Rippenknorpel, Trachea; Faserknorpel: Hufknorpel, Menisken, Bandscheiben; elastischer Knorpel: Kehldeckel, Ohrmuschel.

24. Wie ist ein Gelenk aufgebaut?
25. Welche Gewebearten sind am Gelenkaufbau beteiligt?
26. Welche Gelenkarten kennen Sie? Geben Sie auch entsprechende Beispiele an.
27. Welche Gelenkart lässt die größtmögliche Bewegung in verschiedene Richtungen zu?
28. Nennen Sie zwei Kugelgelenke des Skelettsystems.
29. Welcher Art ist das Gelenk zwischen erstem und zweitem Halswirbel?
30. Welche Muskelformen kennen Sie?
31. Welche Muskelwirkungen kennen Sie?
32. Wo befinden sich bei einem Spindelmuskel Ursprung und Ansatz?
33. Was sind Ringmuskeln, und wo kommen sie vor?
34. Worin liegt die Besonderheit der Schließmuskeln in ihrer Funktion?
35. Was versteht man unter Synergismus und Antagonismus in Bezug auf die Muskulatur?
36. Was bedeuten Kontraktilität und Tonus eines Muskels?
37. Welche Arten von Muskelgewebe unterscheidet man?
38. Welche Aufgaben haben die Skelettmuskulatur, Eingeweidemuskulatur und der Herzmuskel?
39. Welche Bedeutung haben Zwerchfell und Bauchmuskulatur?

24. Beispiel Kugelgelenk: Gelenkkopf und Gelenkpfanne mit den knorpeligen Gelenkflächen, dazwischen der Gelenkspalt; Gelenkkapsel, gefüllt mit Synovia; Bänder, die außen über das Gelenk laufen.
25. Knochen-, Knorpel- und Bindegewebe; Synovia.
26. Kugelgelenk: Hüftgelenk; Scharniergelenk: Ellbogengelenk; Walzengelenk: Fesselgelenk; Zapfengelenk: Gelenk zwischen erstem und zweitem Halswirbel.
27. Kugelgelenk.

28. Schulter- und Hüftgelenk.
29. Zapfengelenk.
30. Spindelförmige Muskeln: Gliedmaßenmuskeln; flächenförmige Muskeln: an der Thorax- und Bauchwand; strangförmige Muskeln: Rückenmuskeln; massige Muskeln: Kruppen- und Oberschenkelmuskeln.
31. Muskeln wirken z.B. als Schließer (Sphincter), Beuger (Flexor), Strecker (Extensor), Einwärtszieher (Adductor), Auswärtszieher (Abductor), Heber (Levator) oder Dreher (Rotator).
32. Der Ursprung ist die proximale Verbindung zwischen der Sehne und dem Muskel. Den Ansatz bildet die distale Sehne des Muskels an der Verbindungsstelle zum Knochen.
33. Ringmuskeln haben keine Verbindung zu Knochen. Sie kommen vor als Schließmuskeln an After, Harnröhre, Magenausgang und zur Verengung der Pupille.
34. Schließmuskeln sind im Ruhezustand kontrahiert und erschlaffen erst bei der Aktivität. Bei anderen Skelettmuskeln ist es genau umgekehrt.
35. Unter Synergismus versteht man das Zusammenwirken verschiedener Muskeln in einer Aufgabe. Antagonismus beschreibt die Funktion des Gegenspielers. So sind zum Beispiel die Muskeln, die für die Streckung des Ellbogengelenks zuständig sind, die Antagonisten der Beuger des Ellbogengelenks und umgekehrt.
36. Die Kontraktilität ist die Fähigkeit der Muskeln, sich zu kontrahieren. Mit dem Muskeltonus ist der Spannungszustand im Muskel gemeint. Dieser ist zum Beispiel in der Narkose spürbar herabgesetzt.
37. Man unterscheidet die quergestreifte Skelettmuskulatur, die glatte Organmuskulatur und die (quergestreifte) Herzmuskulatur. Die Begriffe »quergestreift« und »glatt« beziehen sich auf das Bild, welches ein mikroskopisches Präparat vom entsprechenden Muskel dem Untersucher darbietet.
38. Skelettmuskulatur: Fortbewegung, Bewegung einzelner Körperteile; Eingeweidemuskulatur: Durchmischung und Transport im Verdauungskanal, Entleerung aus Harntrakt, Uterus und Drüsenausführungsgängen, Transport im Gefäßsystem; Herzmuskel: Pumpfunktion.
39. Bei der Ausatmung bewirken die Erschlaffung des Zwerchfelles und die Kontraktion (Bauchpresse) der Bauchmuskulatur eine Verkleinerung des Brustraumes. Die Kontraktion des Zwerchfelles und die Erschlaffung der Bauchmuskulatur unterstützen die Einatmung.

40. Welcher Unterschied besteht zwischen glatter und quergestreifter Muskulatur?

41. Erläutern Sie die Begriffe Hüftgelenksdysplasie, Diskopathie, Spondylose.

42. Übersetzen Sie die Begriffe Ostitis, Tendovaginitis, Tendinitis, Myositis.

43. Was unterscheidet eine Arthritis von einer Arthrose?

44. Was versteht man unter einer Fraktur?

45. Wie werden Frakturen eingeteilt?

46. Wie heißt das Verfahren, bei dem die Knochenfragmente eines Bruchs mithilfe von z. B.Verschraubungen oder Marknagelungen dauerhaft verbunden werden?
47. Nennen Sie vier Instrumente, die bei der Osteosynthese verwendet werden.

48. Was versteht man unter Endoskopie?

49. Welche Organe des Bewegungsapparates kann man endoskopisch untersuchen, und wie nennt man eine solche Untersuchung?

Physikalische Behandlungsmethoden

1. Was versteht man unter Physikalischer Therapie?

2. Wie heißen die verschiedenen Formen der Physikalischen Therapie?

3. Welche Formen der Radiotherapie kennen Sie?
4. Nennen Sie die verschiedenen Formen der Elektrotherapie.

5. In der Elektrotherapie werden verschiedene Stromarten verwendet. Nennen Sie die Stromarten.

40. Unterschiede sieht man im histologischen Aufbau, in der Innervation (Versorgung des Gewebes mit Nerven und damit der Steuerung) und dem Vorkommen im Körper.
41. Hüftgelenksdysplasie: angeborene Fehlbildung des Hüftgelenks; Diskopathie: Bandscheibenschaden; Spondylose: Verknöcherung der Wirbelkörper untereinander.
42. Ostitis: Knochenentzündung, Tendovaginitis: Sehnenscheidenentzündung, Tendinitis: Sehnenentzündung, Myositis: Muskelentzündung.
43. Arthritis: Gelenkentzündung, entzündlicher Prozess; Arthrose: Gelenkabnutzung, degenerativer Prozess.
44. Eine Fraktur (Knochenbruch) ist eine vollständige Zusammenhangstrennung des Knochengewebes.
45. Man unterscheidet offene und gedeckte Frakturen. Bei offenen Frakturen stößt der gebrochene Knochen durch die Haut nach außen. Gedeckte Frakturen werden durch Palpation (Tasten) oder z. B. eine Röntgenaufnahme diagnostiziert.
46. Dieses Verfahren nennt man Osteosynthese.
47. Für die Osteosynthese werden z. B. Marknägel, Spongiosa-Schrauben, Knochenplatten und Kirschner-Draht verwendet.
48. Endoskopie ist die Betrachtung von Körperhöhlen oder Hohlorganen mit einem Endoskop. Dieses Instrument erlaubt einen Blick ins Innere des Körpers, ohne dass dabei große Operationen stattfinden müssen.
49. Man kann Gelenke mit einem Endoskop untersuchen. Dieses spezielle Verfahren heißt Arthroskopie.

Physikalische Behandlungsmethoden

1. Physikalische Therapie (Physiotherapie) umfasst diejenigen Heilmethoden, die auf dem Einsatz von Elektrizität, Wärme und Kälte, Bewegung, Magnetfeldern und Strahlung basieren.
2. Die verschiedenen Formen heißen Elektro-, Thermo-, Mechano-, Magnetfeld- und Radiotherapie.
3. Dazu gehören die Lasertherapie ebenso wie die Röntgentherapie.
4. Elektrotherapie kann in Form von Niederfrequenztherapie (= Reizstromtherapie) oder Hochfrequenztherapie (= Diathermie oder Elektrowärmetherapie) verordnet werden. Arten der Niederfrequenztherapie sind die Faradisation, die Iontophorese und die Galvanisation. Methoden der Diathermie sind Kurzwellen- und Mikrowellentherapie.
5. Galvanischer Gleichstrom, neofaradischer Strom, hochfrequenter Wechselstrom.

6. Erläutern Sie den Begriff Iontophorese.

7. Welche Verwendung finden Laserstrahlen in der Medizin?

8. Muss bei Anwendung von Laserstrahlen eine Schutzverordnung beachtet werden?

9. Welcher Effekt soll bei der Anwendung der Wärmetherapie am Tier erreicht werden?
10. Es gibt die elektrischen und die feuchten Wärmequellen zur Behandlung eines Tieres. Was versteht man darunter?

11. Welche Wirkung hat die Kryotherapie?

12. Wozu dient die Thermokaustik?

13. Was wird mit der Aerosoltherapie bezweckt?

14. Was versteht man unter Magnetfeldtherapie?

Atmungsorgane

1. Welche Funktionen hat der Atmungsapparat?

2. Welche Einzelorgane gehören zum Atmungsapparat?

3. Welchen Weg nimmt die Luft durch die Atemwege?

4. Nennen Sie die Organe der oberen Luftwege.

5. Welche Funktionen hat die Nasenhöhle?

6. Welche Funktion haben die Nasenmuscheln?

6. Zwischen zwei Elektroden können mithilfe des galvanischen Stromes Ionen in ein Medium eindringen. Auf die Haut aufgetragene und dafür geeignete Medikamente können dadurch besser an gereizte und schmerzende Sehnen und Muskeln gelangen.
7. Laserstrahlen werden in der Medizin für die Blutstillung, Steinzertrümmerung, Zerstörung bösartiger Tumore und Behebung der Netzhautablösung eingesetzt.
8. Ja, jedes Lasergerät trägt ein gelbes Warnzeichen; die Augen müssen geschützt werden.
9. Entkrampfung, Schmerzlinderung, Entzündungshemmung, Steigerung der Durchblutung.
10. Elektrische Wärmequellen sind alle elektrisch betriebenen Wärmestrahler, z. B. Infrarot-, Rotlichtlampe oder Heizkissen. Feuchte Wärmequellen sind heiße Umschläge, Wickel und Packungen.
11. Die Wirkung der Kryotherapie beruht darauf, durch Kälteeinwirkung dem Körper Wärme zu entziehen. Es kommt zu einer Kontraktion der Blutgefäße.
12. Thermokaustik ist die Anwendung von Hitze in der Chirurgie. Es wird ein Blutgefäßverschluss durch Brennen im Bereich von Sehnen und Gelenken erreicht. Auch für Gewebeschnitte ohne Blutung ist die Thermokaustik geeignet.
13. Bei Verwendung von Ultraschallverneblern werden Aerosole in kleinste Teilchen zerstäubt, damit sie bis in die unteren Luftwege gelangen.
14. Mit Magnetfeldgeräten werden im Körper Magnetfelder aufgebaut, die einen anregenden Einfluss auf den Zellstoffwechsel nehmen sollen. Diese Art der Behandlung findet bei chronischen Prozessen im Bereich des Bewegungsapparates Anwendung.

Atmungsorgane

1. Der Atmungsapparat dient der Aufnahme von Sauerstoff in den Körper und der Abgabe von Kohlendioxid. Zudem ist er an der Stimmbildung beteiligt.
2. Zu den Atemorganen gehören die Nase mit dem Naseneingang, der Nasenhöhle und den Nasennebenhöhlen, der Rachenraum, der Kehlkopf, die Luftröhre, die Bronchien und Bronchiolen (Bronchialbaum) und die Lungenbläschen.
3. Die Luft gelangt über die Nase oder Mundhöhle zum Rachenraum und Kehlkopf, dort erreicht sie über den geöffneten Kehldeckel die Luftröhre, und von dort strömt sie in den Bronchialbaum bis zu den Lungenbläschen.
4. Die oberen Luft- oder Atemwege sind die Nase mit Nebenhöhlen, der Rachen und der Kehlkopf.
5. Die Nasenhöhle hat die Aufgabe, die Atemluft anzuwärmen, zu reinigen und zu befeuchten und sie in die weiteren Atemwege zu befördern. Außerdem dient sie als Sinnesorgan der Aufnahme von Geruchsreizen.
6. Die Nasenmuscheln weisen ein verzweigtes Venengeflecht auf, das für die Erwärmung der aufgenommenen Atemluft sorgt.

7. Was wird als Sinus innerhalb des Atmungsapparates bezeichnet?
8. Was sind der Pharynx und der Larynx?
9. Wo befindet sich die Syrinx des Vogels?
10. Wo liegt die Epiglottis, und welche Funktion hat sie?
11. Wie heißt der ventrale Knorpel des Kehlkopfes?
12. Wo wird die Stimme erzeugt?
13. Wie heißen die Aufzweigungen der Luftröhre innerhalb der Lunge, und bis wohin reichen sie?
14. Geben Sie die Fachausdrücke für folgende Begriffe an: Mandeln, Rachen, Kehlkopf, Luftröhre, Lungenbläschen.
15. Welche Teile der Brusthöhle und ihrer Organe werden von Pleura überzogen?
16. Was sind Alveolen und Bronchiolen?
17. Was verstehen Sie unter äußerer und innerer Atmung?
18. Weshalb findet während des Schluckaktes kein Atemzug statt?
19. Was geschieht bei der Inspiration und bei der Exspiration?
20. Wohin gelangt der Sauerstoff nach Aufnahme durch die Lungenbläschen?
21. Erläutern Sie den Begriff Atemfrequenz.
22. An welcher Körperregion wird die Atemfrequenz am günstigsten ermittelt?
23. Geben Sie die physiologischen Werte der Atemfrequenz von Pferd, Rind und Hund an.
24. Wie nennt man die Beschleunigung und die Verlangsamung der Atmung?
25. Worauf achtet man außerdem bei der Beurteilung der Atmung?
26. Ist die Ausdehnung der Lunge bei der Atmung ein aktiver Vorgang?
27. Welche Bedeutung hat das Epithel in den Atemwegen?

7. Sinus im Kopfbereich sind die Nasennebenhöhlen (Sinus paranasales), z. B. Stirnhöhlen und Kieferhöhlen.
8. Pharynx: Rachen, Larynx: Kehlkopf.
9. Die Syrinx (Stimmkopf, unterer Kehlkopf des Vogels) befindet sich an der Aufzweigung der Luftröhre in die beiden Stammbronchien. Dieser Bereich wird als Bifurkation bezeichnet.
10. Die Epiglottis ist der Kehldeckel; er ist der vordere Kehlkopfknorpel und verschließt die Luftröhre beim Schluckakt.
11. Ventral liegt der Schildknorpel (Cartilago thyroidea).
12. Die Stimme wird mithilfe des Kehlkopfes und der elastischen Stimmbänder erzeugt.
13. Der Bronchialbaum besteht aus Bronchien und Bronchiolen. An die Bronchiolen schließen sich die Lungenbläschen (Alveolen) an.
14. Mandeln: Tonsillen, Rachen: Pharynx, Kehlkopf: Larynx, Luftröhre: Trachea, Lungenbläschen: Alveolen.
15. Die Pleura überzieht die Rippen, die Lungenflügel, das Herz und das Mediastinum.
16. Alveolen: Lungenbläschen; Bronchiolen: kleinste, knorpellose Verzweigungen des Bronchialbaumes.
17. Unter äußerer Atmung versteht man den Gasaustausch zwischen Lungenbläschen und Lungenkapillaren; die innere Atmung ist der Gasaustausch zwischen Körperzellen und Körperkapillaren.
18. Während des Schluckaktes ist für die Atemluft der Zugang zur Trachea wegen des Verschlusses derselben durch die Epiglottis nicht möglich.
19. Bei der Inspiration kontrahieren sich Zwerchfell und Zwischenrippenmuskulatur, der Brustkorb wird erweitert, sodass sich die Lunge passiv ausdehnen und mit Luft füllen kann. Bei der Exspiration erschlafft die Zwischenrippen- und Zwerchfellmuskulatur. Zusammen mit der Kontraktion der Bauchmuskulatur (Bauchpresse) bewirkt dies eine Verkleinerung des Brustraumes und damit ein Herauspressen der Luft aus der Lunge.
20. Der Sauerstoff der Atemluft gelangt in das Blut der Lungenkapillaren, die die Alveolen eng umspannen.
21. Unter Atemfrequenz versteht man die Anzahl der Atemzüge pro Minute.
22. Man ermittelt die Atemfrequenz im Bereich des Rippenbogens.
23. Pferd 9–14, Rind 15–35, Hund 10–30 Atemzüge/Minute.

24. Die Bezeichnung für eine beschleunigte Atmung ist Tachypnoe. Die verlangsamte Atmung heißt Bradypnoe.
25. Man achtet auf die Atemtiefe, den Atemtyp (kostal/abdominal, kosto-abdominal) und eventuelle Atemgeräusche.
26. Nein.
27. Das Flimmerepithel der Schleimhaut in den Atemwegen befördert Staub und kleine Schmutzteilchen zusammen mit Schleim nach außen.

28. Welches Organ reagiert am empfindlichsten auf einen Sauerstoffmangel?
29. Welche Untersuchungsmöglichkeiten am Respirationsapparat gibt es?

30. Übersetzen Sie die Begriffe Pneumonie, Laryngitis, Rhinitis, Pharyngitis und Lungenemphysem.

31. Welche Symptome deuten auf eine Erkrankung der Atemwege hin?

32. Welche Arbeitsgänge unterscheidet man beim Atmungssystem der Vögel?

33. Wie viele Nasennebenhöhlen hat ein Vogel?
34. Welche Unterschiede weist der Kehlkopf des Vogels im Vergleich zu dem eines Säugetieres auf?

35. Worin unterscheiden sich die Bronchioli des Vogels von denen der Säugetiere?

36. Welche Funktionen haben die Luftsäcke?

Kreislaufsystem

1. Welche Funktionen hat das Kreislaufsystem?

2. Woher stammt die Wärme, die über den Blutkreislauf im Körper je nach Bedarf verteilt wird?

3. Welche Organe sind am Kreislaufsystem beteiligt?
4. Welche Arten von Blutgefäßen unterscheidet man?
5. Nach welchem Kriterium werden Arterien und Venen unterschieden?

28. Am empfindlichsten reagiert das Gehirn.
29. Die Perkussion der Lunge und der Nasennebenhöhlen, die Auskultation der oberen und unteren Atemwege inklusive der Lunge, die Endoskopie der Atemwege, die Biopsie und das Röntgen sind Möglichkeiten der Untersuchung des Atmungsapparates.
30. Pneumonie: Lungenentzündung, Laryngitis: Kehlkopfentzündung, Rhinitis: Nasenschleimhautentzündung, Pharyngitis: Rachenentzündung, Lungenemphysem: Lungenblähung.
31. Symptome, die auf eine Erkrankung des Atmungsapparates hindeuten, sind die Erhöhung der Atemfrequenz, Atemgeräusche, Husten und Nasenausfluss.
32. Es finden der Gasaustausch zwischen Luft und Blut in der Lunge sowie die Ventilation zwischen der Außenwelt und dem Körperinneren in den Luftsäcken statt.
33. Vögel haben nur eine Nasennebenhöhle.
34. Am Kehlkopf des Vogels findet man weder einen Schildknorpel noch einen Kehldeckel. Der Eingang des Kehlkopfes ist schlitzförmig und kann stark erweitert werden.
35. Die Bronchioli sind untereinander verbunden und bilden auf diese Weise ein durchgehendes Röhrensystem. Hier findet der Gasaustausch zwischen Atemluft und Blut statt. Es gibt keine Alveolen.
36. Die Luftsäcke sorgen für die Regulierung der Körpertemperatur und des Gleichgewichtes beim Flug. Sie bewirken eine Abnahme des spezifischen Gewichtes durch Körpervergrößerung, polstern den Körper und sind an der Stimmbildung beteiligt.

Kreislaufsystem

1. Der Blutkreislauf ist ein Transportsystem, das Sauerstoff (O_2) und Nährstoffe durch die Atmung und das Verdauungssystem aufnimmt. Mit diesen Stoffen versorgt er den Organismus. Außerdem nimmt er Kohlendioxid (CO_2) und Schlackenstoffe aus den Zellen auf und transportiert diese Stoffe zu den Ausscheidungsorganen ab. Weiterhin reguliert der Kreislauf die Körpertemperatur in den verschiedenen Körperregionen durch Eng- und Weitstellung der Blutgefäße.
2. Die Körperwärme ist ein Resultat der Stoffwechselvorgänge im Organismus. Bei diesen Vorgängen entsteht Wärme, die ebenfalls an das Blutgefäßsystem abgegeben wird.
3. Das Kreislaufsystem besteht aus dem Herz und den Blutgefäßen.
4. Man unterscheidet Arterien, Venen und Kapillaren.
5. Man unterscheidet Arterien und Venen nach der Fließrichtung des Blutes im Hinblick auf das Herz. Blutgefäße, die das Blut zum Herzen hin transportieren, heißen Venen. Blutgefäße, die das Blut vom Herzen weg transportieren, heißen Arterien.

6. Wie ist die Wand der Blutgefäße aufgebaut?

7. Welcher Unterschied besteht im Aufbau von Arterien und Venen?

8. Wozu dienen die elastischen Fasern in der Muskelschicht der Blutgefäße?

9. Welchem Zweck dienen die Venenklappen?

10. Was sind Kapillaren?

11. Wo befinden sich die Kapillaren?
12. Welchem Zweck dienen die Kapillaren?

13. Beschreiben Sie den Blutkreislauf.

14. Benennen Sie die Organe und Strukturen des Blutkreislaufs in der Reihenfolge, in der sie das Blut durchströmt, in Stichpunkten. Beginnen Sie mit der Aorta.

15. Was wird als großer und was als kleiner Blutkreislauf bezeichnet?

6. Die Wand der Blutgefäße hat drei Schichten. Innen liegt die Intima, die die Wand der Gefäße auskleidet. Darauf folgt eine Muskelschicht (Muscularis), die aus Muskeln und elastischen Fasern besteht. Außen ist das Blutgefäß von der Außenschicht (Adventitia) umgeben.
7. Arterien sind dicker. Sie haben eine stärkere Muskelschicht. Diese Schicht enthält auch mehr elastische Fasern als die der Venen. Venen sind dünnwandiger und haben an der Innenschicht sogenannte Venenklappen.
8. Die elastischen Fasern stellen sicher, dass die Arterien nach dem Durchfließen der Pulswelle wieder ihren ursprünglichen Durchmesser einnehmen können.
9. Venenklappen verhindern in den großen Venen, dass Blut zurückfließen kann. Da der Druck im venösen System des großen Kreislaufs wesentlich niedriger ist als im arteriellen, besteht hier die Gefahr des Blutstaus, welcher massive Probleme im Kreislauf zur Folge hätte; denn das Blut wird ausschließlich von der Pumpleistung des Herzens bewegt. Reicht diese Leistung nicht mehr aus, weil das Blut sich in der Peripherie staut, kollabiert der Kreislauf, und der Organismus kann diesen Zustand von selbst nicht mehr regulieren.
10. Die Kapillaren sind sogenannte Haargefäße. Der Name stammt von ihrem geringen Durchmesser, der sie haarfein erscheinen lässt.
11. Die Kapillaren verbinden die Arterien mit den Venen.
12. Hier finden der Gas- und der Stoffaustausch zwischen dem Blut und dem Inneren der Körperzellen statt. Zum Beispiel werden Nährstoffe wie Zucker aus dem Blut in die Zellen aufgenommen. Diesen Zucker verwendet die Zelle beispielsweise zur Energiegewinnung.
13. Aus der Atemluft wird Sauerstoff an die Lungenkapillaren abgegeben. Das nun sauerstoffreiche Blut gelangt über die Lungenvenen zur linken Herzhälfte. Über die Aorta, die Arterien und Arteriolen wird es jetzt weiter in den Körper transportiert. Die Arteriolen verzweigen sich in die mikroskopisch kleinen Kapillaren, die den Sauerstoff (und die Nährstoffe aus dem Darm) an die Körperzellen abgeben. Das im Austausch von den Körperzellen in die Kapillaren abgegebene Kohlendioxid (sowie Schlackenstoffe aus der Verwertung der Nährstoffe) fließt nun über die Venolen, die Venen und schließlich die Hohlvenen zur rechten Herzhälfte und wird dort über die Lungenarterie wieder in die Lunge gepumpt. Die Lungenarterie verzweigt sich wieder in die Arteriolen und endlich die Lungenkapillaren. Hier wird das Kohlendioxid wieder an die Atemwege abgegeben. Frischer Sauerstoff wird im Austausch gegen das Kohlendioxid wieder in die Lungenkapillaren aufgenommen.
14. Aorta – Arterien – Arteriolen – Kapillaren – Venolen – Venen – Hohlvenen – rechter Vorhof – rechte Herzkammer – Lungenarterie – Lungenarteriolen – Lungenkapillaren – Lungenvenolen – Lungenvenen – linker Vorhof – linke Herzkammer.
15. Den Körperkreislauf nennt man auch großen, den Lungenkreislauf kleinen Kreislauf.

16. Beschreiben Sie den kleinen Kreislauf.

17. Welche Aufgabe hat der Lungenkreislauf?

18. Beschreiben Sie den Körperkreislauf. Welche Aufgabe hat er?

19. Was versteht man unter dem Pfortaderkreislauf?

20. Welche Aufgabe hat die Pfortader?

21. Welche Arterien führen sauerstoffarmes, welche Venen sauerstoffreiches Blut?

22. Beschreiben Sie den Aufbau des Herzens.

23. Welche Herzklappen unterscheidet man?

24. Wie heißen die Taschenklappen und wo liegen sie?

16. Das Blut fließt aus der rechten Herzkammer über die Lungenarterie und ihre Verzweigungen bis in die Lungenkapillaren, wird dort von CO_2 befreit, nimmt Sauerstoff (O_2) auf und fließt über die Lungenvenen in den linken Herzvorhof.
17. Der Lungenkreislauf dient dem Gasaustausch zwischen den Lungenbläschen und dem Blut der Lungenkapillaren. Hier nimmt der Körper den lebensnotwendigen Sauerstoff auf und entfernt das überschüssige Kohlendioxid.
18. Das Blut fließt aus der linken Herzkammer über die Aorta und Körperarterien und -arteriolen bis in die Kapillaren der Organe und zurück über Venolen, Venen und die beiden Hohlvenen in den rechten Herzvorhof. Über den arteriellen Teil des Kreislaufs wird der gesamte Organismus mit Sauerstoff versorgt, über den venösen Teil des Kreislaufs wird Kohlendioxid abtransportiert.
19. Der Pfortaderkreislauf ist ein Ausschnitt aus dem großen Kreislauf, der eine Besonderheit aufweist. Normalerweise fließt das Blut über die Arterien in die Organe hinein, versorgt diese hier mit Sauerstoff und Nährstoffen und gelangt über die Venen wieder aus dem Organ hinaus. Im Bereich der Verdauungsorgane vereinigen sich die Venolen aus Darm, Milz und Magen zur Vena portae, der Pfortader. Diese transportiert das Blut nicht direkt in die Hohlvene, sondern führt zunächst im Bereich der Leberpforte (Pfortader!) in die Leber hinein. Hier wird das Blut, das aus dem Darm mit allerlei Nährstoffen, aber auch Giften und anderen Schadstoffen angereichert ist, einer ersten Reinigung und Entgiftung unterzogen. Viele der aufgenommenen Nährstoffe werden bereits jetzt eingelagert oder direkt weiter verwendet. Über die Lebervene wird das Blut an die Hohlvene geleitet und fließt weiter in Richtung Herz. Der Pfortaderkreislauf umfasst die Gefäße, die in die Leber hineinführen (Arteria hepatica und Vena portae) sowie die Vena hepatica, die die Leber verlässt.
20. Die Pfortader ist eine Vene, die das Blut aus den Gefäßen des Magen-Darm-Kanals und der Milz aufnimmt und der Leber als großem Stoffwechselorgan zuführt.
21. Die Lungenarterie führt sauerstoffarmes, die Lungenvenen führen sauerstoffreiches Blut.
22. Das Herz ist ein Hohlorgan und wird durch das Septum in zwei Hälften getrennt. Jede Hälfte besteht aus Kammer und Vorhof, die jeweils durch Herzklappen gegeneinander verschlossen werden können. In den rechten Vorhof münden die beiden Hohlvenen, aus der rechten Kammer führt die Lungenarterie. In den linken Vorhof münden die Lungenvenen, aus der linken Kammer führt die Aorta. Sowohl Lungenarterie als auch Aorta haben in ihrem Anfangsabschnitt eine Herzklappe.
23. Man unterscheidet Taschenklappen (Semilunarklappen) und Segelklappen (Atrioventrikularklappen).
24. Taschenklappen sind die Lungenklappe (Pulmonalklappe) und die Aortenklappe. Sie liegen an der Grenze zwischen den Herzkammern und den Arterien. In der rechten Herzhälfte trennt die Pulmonalklappe die rechte Herzkammer und die Lungenarterie. In der linken Herzhälfte trennt die Aortenklappe die linke Herzkammer von der Aorta.

25. Wie heißen die Segelklappen und wo liegen sie?

26. Welche Aufgabe haben die Herzklappen?

27. Wozu dienen die Segelklappen?

28. Wozu dienen die Taschenklappen?

29. Wodurch werden die Herzklappen geöffnet und geschlossen?

30. In welcher Reihenfolge passiert das Blut sowohl rechts als auch links die Strukturen des Herzens?
31. In welcher Reihenfolge passiert das Blut die Strukturen der rechten Herzhälfte?

32. In welcher Reihenfolge passiert das Blut die Strukturen der linken Herzhälfte?

33. Beschreiben Sie den Weg eines Sauerstoffmoleküls von seiner Resorption (Aufnahme ins Blut) bis zu seinem Ziel, einer Nierenzelle. Benennen Sie alle Ihnen bekannten Strukturen.
34. Wie heißen die drei Schichten der Herzwand? (Deutsche und griechische Fachausdrücke)
35. Welche Phasen der Herztätigkeit (Funktionsphasen) gibt es? (Deutsche und griechische Fachbegriffe)
36. Was geschieht während der Herztätigkeit?

37. Welche Anteile des Herzens kontrahieren in der Systole?

38. Welche Herzklappen sind in der Systole geöffnet bzw. geschlossen?
39. Woher kommt das Blut und wohin fließt es in der Systole?

40. Welche Anteile des Herzens kontrahieren bzw. erschlaffen in der Diastole?
41. Welche Herzklappen sind in der Diastole geöffnet bzw. geschlossen?

25. Zwischen den Vorhöfen und den Kammern liegt jeweils eine Segelklappe. In der rechten Hälfte trennt die Trikuspidalklappe den rechten Vorhof und die rechte Kammer. Zwischen dem linken Vorhof und der linken Kammer liegt die Bikuspidalklappe (Mitralklappe).
26. Die Atrioventrikularklappen verschließen nach Durchstrom des Blutes die Kammern gegen die Vorhöfe. Die Gefäßklappen verschließen nach Durchfluss des Blutes die Gefäße gegen die Kammern.
27. Die Segelklappen verhindern das Zurückfließen des Blutes aus den Kammern in die Vorhöfe.
28. Die Taschenklappen verhindern ein Zurückfließen des Blutes aus der Lungenarterie bzw. Aorta in die jeweilige Kammer.
29. Sie werden durch den Blutstrom geöffnet und schließen sich gleich einem Rückschlagventil, wenn der Druck des Blutstromes zu niedrig wird.
30. Vene – Vorhof – Segelklappe – Kammer – Taschenklappe – Arterie.

31. Hohlvene (Vena cava) – rechter Vorhof – Tricuspidalklappe – rechte Herzkammer – Pulmonalklappe – Arteria pulmonalis.
32. Lungenvenen – linker Vorhof – Mitralklappe – linke Kammer – Aortenklappe – Aorta.
33. Lungenkapillaren – Lungenvenolen – Lungenvenen – linker Vorhof – Mitralklappe – linke Kammer – Aortenklappe – Aorta – Nierenarterie – Nierenarteriolen – Nierenkapillaren – Nierenzelle.
34. Innenschicht: Endokard; Muskelschicht: Myokard; Außenschicht: Epikard.

35. Die Austreibungsphase nennt man auch Systole, die Füllungsphase heißt Diastole.

36. Während der Systole, d.h. der Kontraktion der Herzkammern, wird das Blut aus den Kammern in die großen Arterien (Lungenarterie und Aorta) gepumpt. Gleichzeitig erschlafft die Muskulatur der Vorhöfe, und durch den entstehenden Unterdruck wird Blut aus den Hohlvenen und den Lungenvenen in die Vorhöfe gesaugt. Während der Diastole erschlaffen die Herzkammern, während die Vorhöfe kontrahieren, und das Blut wird aus den Vorhöfen in die Kammern gedrückt. Die erschlafften Herzkammern sorgen für einen Unterdruck in den Kammern. Dadurch wird das Blut aus den Vorhöfen zusätzlich angesaugt.
37. In der Systole kontrahieren die Herzkammern. Die Muskulatur der Vorhöfe ist entspannt.
38. In der Systole sind die Segelklappen geschlossen und die Taschenklappen geöffnet.
39. In der Systole fließt das Blut aus den Kammern in die Arterien und aus den Venen in die Vorhöfe.
40. In der Diastole kontrahieren die Vorhöfe. Die Kammern sind entspannt.
41. In der Diastole sind die Segelklappen geöffnet und die Taschenklappen geschlossen.

42. Woher kommt das Blut und wohin fließt es in der Diastole?
43. Was geschieht im Moment des ersten und zweiten Herztones?

44. Wie heißen die Herzkranzgefäße auf lateinisch und wo liegen sie?

45. Welche Aufgabe haben die Herzkranzgefäße?

46. Was versteht man unter Reizbildung und Erregungsleitung (Reizleitung) am Herzen?

47. Wie wird das Reizbildungs- und Erregungsleitungssystem beschrieben?

48. Beschreiben Sie die Anteile des Reizbildungs- und Erregungsleitungssystems.

49. Was versteht man unter den Begriffen Reizbildung und Erregungsleitung?

50. Wie erfolgt die Erregungsbildung und Erregungsleitung am Herzen?

51. Durch welchen Teil des Nervensystems ist die Herztätigkeit beeinflussbar?

52. In welcher Herzhälfte befindet sich sauerstoffreiches und in welcher sauerstoffarmes Blut?
53. Aus welcher Kammer des Herzens treten die Aorta und die Lungenarterie jeweils aus?
54. Wozu führen Kreislaufstörungen?

42. In der Diastole fließt das Blut von den Vorhöfen in die Kammern.
43. Der erste Herzton (Anspannungston) ist der Ton, der entsteht, wenn das Blut aus den Kammern in die Arterien strömt. Man hört ihn bei der Herzauskultation als etwas längeren Ton als den zweiten. Der zweite Herzton entsteht, wenn sich die Taschenklappen nach erfolgter Austreibung schließen (Klappenschlusston). Dieser Vorgang geht schneller und ist deshalb als kurzer Ton zu hören.
44. Die Herzkranzgefäße nennt man Koronargefäße. Sie entspringen aus der Aorta und legen sich im Bereich der Herzbasis wie ein Kranz oder eine Krone um das Organ.
45. Die Koronararterien sind sogenannte nutritive Gefäße, d.h. sie versorgen das Herz selbst mit Sauerstoff und den lebensnotwendigen Stoffen.
46. Das Reizbildungs- und Erregungsleitungssystem des Herzens ist ein System aus spezialisierten Herzmuskelzellen. Diese Zellen haben die Fähigkeit, die elektrischen Impulse für die Kontraktion des Herzmuskels selbst zu erzeugen und dann weiterzuleiten.
47. Das Reizbildungs- und Erregungsleitungssystem wird in verschiedene funktionale Einheiten, die miteinander verbunden sind, aufgeteilt.
48. Im rechten Vorhof in der Nähe der Einmündung der Vena cava liegt der Sinusknoten. Er wird auch als natürlicher Schrittmacher des Herzens bezeichnet. Von ihm gehen die Impulse für die Herzkontraktion aus. Die Impulse werden zum Atrioventrikularknoten (AV-Knoten) geleitet, der am Übergang vom rechten Vorhof zur Herzscheidewand sitzt. Dieser Knoten ist der Ausgangsort für das HIS-Bündel, das sich weiter herzspitzenwärts in die beiden Tawara-Schenkel aufspaltet. Diese Tawara-Schenkel verzweigen sich schließlich in die Purkinje-Fasern, die sich über die rechte und linke Herzkammer verteilen.
49. Unter Reizbildung versteht man die Entstehung der selbstständigen Erregungsimpulse im Sinusknoten. Der Begriff Erregungsleitung beschreibt die Ausbreitung der Impulse über das Leitungssystem des Herzens bis zur Herzspitze.
50. Die Reizbildung und Erregungsleitung am Herzen erfolgen autonom, d.h. sie gehen direkt vom Herzen aus.
51. Durch das vegetative Nervensystem kann die Herztätigkeit beeinflusst werden. Der Sympathikus regt an, der Parasympathikus hemmt die Herztätigkeit.
52. In der linken Herzhälfte befindet sich sauerstoffreiches Blut, in der rechten ist sauerstoffarmes.
53. Die Aorta beginnt an der linken Kammer, die Lungenarterie an der rechten Kammer.
54. Kreislaufstörungen führen zu Veränderungen des Zellstoffwechsels, da die Zellen auf die Aufnahme und die Abgabe von Stoffen in die Zellen hinein bzw. aus ihnen hinaus angewiesen sind, um ihre vielfältigen Funktionen erfüllen zu können. Diese Aufnahme und Abgabe sind eine direkte Aufgabe der Kapillargefäße und des in ihnen strömenden Blutes.

55. Welche Organsysteme außer dem Kreislaufsystem selbst sind noch von Kreislaufstörungen betroffen?
56. Woher können Kreislaufstörungen kommen?
57. Was versteht man unter einer Herzinsuffizienz?
58. Erläutern Sie den Begriff Infarkt.
59. Wie nennt man eine Schließunfähigkeit von Herzklappen, und welche Folgen können entstehen?
60. Was ist eine Herzklappenstenose?
61. Übersetzen Sie die Begriffe Perikarditis und Myokarditis.
62. Was versteht man unter dem Begriff Gefäßpermeabilität?
63. Wozu können Permeabilitätsstörungen im Blutgefäßsystem führen?
64. Was ist ein Ödem?
65. Wie entsteht ein Ödem?
66. Geben Sie die Fachbegriffe für Gefäß-, Arterien- und Venenentzündung an.
67. Was versteht man unter einem Aneurysma?
68. Was ist eine Varix und wie lautet die Mehrzahl für diesen Begriff?
69. Was ist eine Arteriosklerose?
70. Wie heißen die verschiedenen Ausprägungen der Durchblutung eines bestimmten Gebietes?
71. Wozu führt eine Mangeldurchblutung in dem betroffenen Gewebe?

55. Kreislaufstörungen können den Gesamtorganismus betreffen, aber auch als lokale Durchblutungsstörungen auftreten. Je nachdem, an welcher Stelle im Organismus und in welcher Form eine solche Durchblutungsstörung auftritt, kann jedes andere Organsystem auch einzeln betroffen sein.
56. Kreislaufstörungen können vom Herzen, von den Blutgefäßen oder vom Blut ausgehen.
57. Man versteht darunter eine allgemeine Herzschwäche und damit Leistungsminderung des Herzens.
58. Ein Infarkt bezeichnet ein Gebiet abgestorbener Zellen oder Gewebe infolge fehlender Durchblutung nach Verstopfung eines zuleitenden Gefäßes.
59. Eine Herzklappeninsuffizienz (Schließunfähigkeit) führt dazu, dass nach erfolgter Pumptätigkeit der Kammer oder des Vorhofs das durch die Klappe gepumpte Blut wieder zurückfließt. (Genau diesen Vorgang soll die Herzklappe verhindern.) In der Folge wird weniger Blut in die Arterien gepumpt, und das zurückgeflossene Blut führt zur Stauung im Inneren des Herzens. Wird der Druck immer größer, dehnt sich das Herz aus (Dilatation). Je nachdem, welche Herzklappe betroffen ist, kann dies zu einer Dilatation der Kammern (bei Taschenklappeninsuffizienz) oder der Vorhöfe (bei Segelklappeninsuffizienz) führen.
60. Eine Herzklappenstenose bezeichnet die Unfähigkeit einer Herzklappe, sich vollständig zu öffnen.
61. Perikarditis: Herzbeutelentzündung; Myokarditis: Herzmuskelentzündung.
62. Die Permeabilität ist die Durchlässigkeit von Grenzflächen (hier sind damit die Gefäßwände gemeint) für bestimmte Stoffe. Sie hängt von der Wanddicke, dem durchzulassenden Stoff und dem Milieu außerhalb und innerhalb der Grenze ab.
63. Sie führen zu Blutungen und Ödemen.
64. Ein Ödem ist eine Flüssigkeitsansammlung im Gewebe oder in natürlichen Körperhohlräumen wie der Bauchhöhle oder dem Pleuraspalt.
65. Ödeme treten auf, wenn aus dem Blut zu viel Flüssigkeit in den Raum außerhalb der Blutgefäße gelangt. Auch Abflussstörungen der Lymphe, die die normale Menge Flüssigkeit aufnimmt und dem Blutgefäßsystem wieder zuführt, führen zu Ödemen.
66. Vaskulitis, Arteriitis, Phlebitis.
67. Ein Aneurysma ist eine lokale Gefäßerweiterung einer Arterie. Ein massives Aneurysma kann zum Aufbruch der Arterie und einem innerlichen Verbluten führen.
68. Eine Varix ist eine Gefäßerweiterung im venösen System. Man nennt sie auch Krampfader. Die Mehrzahl lautet Varizen.
69. Unter diesem Begriff versteht man die Verhärtung der Arterienwand und die Verkalkung derselben.
70. Ist die Durchblutung vermehrt, spricht man von der Hyperämie; die Verminderung oder gar ein Ausfall der Durchblutung heißt Ischämie (Blutleere).
71. Die Mangeldurchblutung führt wegen der Unterversorgung der Zellen mit Sauerstoff und Nährstoffen zum Absterben des betroffenen Gewebes (Nekrose).

72. Was ist eine Blutung und wie lautet der griechische Fachbegriff für eine solche?

73. Was ist die Ursache für eine Blutung?

74. Welche Blutungen unterscheidet man?

75. Welche Folgen können Blutungen haben?

76. Wie behandelt man Blutungen?

77. Was ist bei dem Auftreten einer Blutung in der Praxis zu beachten?

78. Was versteht man unter einem Hämatom?

79. Was ist ein Hämascos?
80. Was ist ein Hämothorax?
81. Was ist ein Blutohr und wie lautet der entsprechende Fachbegriff?

82. Wie entsteht ein Blutohr?

83. Wie kann man das Blutohr behandeln?

84. In welchen Situationen gerinnt Blut?

85. Wozu führen Blutgerinnungsstörungen?

72. Eine Blutung bezeichnet den Austritt von Blut aus dem Blutgefäßsystem. Der griechische Fachbegriff heißt Hämorrhagie.
73. Blutungen treten auf, wenn ein Gefäß eröffnet wird oder wenn die Permeabilität der Gefäßwand erhöht ist.
74. Man unterscheidet innere und äußere Blutungen. Bei inneren Blutungen tritt das Blut in das Körperinnere, z. B. in die Bauchhöhle aus. Bei äußeren Blutungen tritt das Blut nach außen auf die Körperoberfläche aus. Außerdem unterscheidet man arterielle, venöse und kapilläre Blutungen. Arterielle Blutungen erkennt man daran, dass das Blut hellrot ist und (eventuell pulsierend) aus dem verletzten Gefäß spritzt. Bei venösen Blutungen fließt das Blut langsamer und ist dunkelrot. Das Blut bei Kapillarblutungen sickert aus dem betroffenen Gewebe heraus.
75. Blutungen können zu Blutungsanämie mit Schock und anschließend zum Verbluten führen. Leichte Blutungen werden durch Verengung der Blutgefäße mit anschließender Blutgerinnung gestoppt. Die nachfolgenden Reparaturvorgänge am Blutungsherd führen zur Bildung des sogenannten »blauen Flecks«.
76. Das Ziel der Behandlung ist das Stoppen der Blutung. Zu diesem Zweck wird in den Fällen einer äußeren Blutung ein Druckverband angelegt oder das Blutgefäß direkt komprimiert. Der Druck mit einer sterilen Wundauflage, z. B. einer Kompresse, verhindert den weiteren Austritt von Blut und unterstützt damit die Blutgerinnung. Kleinere Blutgefäße können auch verödet werden (z. B. bei Operationen), während Verletzungen großer Blutgefäße genäht werden können.
77. Beim Auftreten von Blutungen sollte man sich immer darüber bewusst sein, dass es sich bei Blut um eine Körperflüssigkeit handelt. Es ist immer potenziell infektiös. Deshalb muss man ausreichende und sinnvolle Infektionsschutzmaßnahmen ergreifen, um sich und andere Menschen sowie Patienten vor einer möglichen Infektion zu schützen. Zu diesen Maßnahmen gehören die Verwendung von Einmalhandschuhen und die sorgfältige Desinfektion und Reinigung aller mit dem Blut in Berührung gekommenen Gegenstände.
78. Ein Hämatom ist eine Masse von Blut außerhalb des Gefäßsystems. Man bezeichnet das Hämatom auch als Bluterguss.
79. Ein Hämascos ist ein Bluterguss in die Bauchhöhle.
80. Ein Hämothorax ist ein Erguss von Blut in die Brusthöhle bzw. in den Pleuraspalt.
81. Ein Blutohr ist ein Bluterguss im Bereich der Ohrmuschel. Man nennt es Othämatom.
82. Ein Blutohr entsteht meist durch mechanische Einwirkung von außen. So schlagen sich Hunde mit langen Ohren diese zum Beispiel an Gegenständen wie Stuhl- oder Tischbeinen an. Dies führt zu Gefäßverletzungen und damit zu Blutungen.
83. Man kann eine Drainage legen oder das Blut nach Eröffnung der Ohrmuschel entfernen. Anschließend wird die Ohrmuschel wieder vernäht.
84. Gesundes Blut gerinnt, wenn es nicht fließt (also steht), bei Gefäßwandverletzungen und bei der Passage von rauen Flächen.
85. Gerinnungsstörungen führen zur Bildung von Blutgerinnseln (Thromben).

86. Was ist ein Embolus?

87. Was ist eine Embolie?
88. Was versteht man unter einer Thrombembolie?

89. Was ist ein Schock?

90. Welche Ursachen können einen Schock auslösen?

91. Welche Symptome sind bei einem Schock zu erkennen?

92. Welches Ziel hat die Behandlung eines Schocks?

93. Übersetzen Sie die Begriffe Phlebitis, Arteriitis, Hämatom und Hämorrhagie.

94. Erläutern Sie die Begriffe Thrombose und Embolie.

95. Was versteht man unter einer Herzrhythmusstörung?

96. In welchen Organen ist die Entstehung eines Infarktes vor allem möglich?

97. Erläutern Sie die Begriffe Tachykardie und Bradykardie.

98. Welche Möglichkeiten der Herzuntersuchung gibt es?

99. Was ist der Herzspitzenstoß?
100. Wozu dient die Herzperkussion?

101. Was wird beim Abhören des Herzens überprüft?

102. Was ist der Puls, und wie entsteht er?

86. Ein Embolus ist ein Gebilde, welches mit dem Blut durch den Kreislauf geschleppt wird, an einer Engstelle hängen bleibt und dort das betroffene Blutgefäß verstopft.
87. Eine Embolie ist die plötzliche Verlegung eines Blutgefäßes mit einem Embolus.
88. Ist der Embolus ein Thrombus oder ein Stück davon, spricht man von einer Thrombembolie.
89. Der Schock ist ein hochgradiges Kreislaufversagen, bei dem ein Missverhältnis zwischen der Herzleistung, dem Blutvolumen und der Kapazität des Gefäßsystems besteht.
90. Schockursachen können z. B. starker Blut- oder Wasserverlust, Versagen der Kreislaufregulation, Anaphylaxie, Hypoglykämie, Bakterientoxine oder psychogene Störungen sein.
91. Symptome des Schocks sind sehr blasse Schleimhaut, später Blaufärbung der Schleimhaut, kalte Gliedmaßenenden und Ohr- und Schwanzspitze und getrübtes Bewusstsein.
92. Beim Schock kommt es darauf an, den Kreislauf wieder zu stabilisieren. Dies erreicht man durch die Zufuhr von Blut oder Blutersatzstoffen und die Aufrechterhaltung bzw. Wiederherstellung der Herz- und Lungenfunktion. Wenn möglich, muss die Ursache beseitigt werden.
93. Phlebitis: Venenentzündung, Arteriitis: Arterienentzündung, Hämatom: Bluterguss, Hämorrhagie: Blutung.
94. Eine Thrombose ist eine Blutpfropfbildung an der Gefäßwand. Unter Embolie versteht man einen Gefäßverschluss durch einen Thrombus, Fett, einen Fremdkörper oder Luft.
95. Eine Herzrhythmusstörung liegt vor, wenn die Herzschläge nicht regelmäßig aufeinander folgen.
96. Ein Infarkt kommt vor allem in gut durchbluteten Organen wie Gehirn, Herz, Lunge, Leber, Milz und Nieren vor.
97. Tachykardie: Steigerung der Herzfrequenz, Bradykardie: Verminderung der physiologischen Herzfrequenz.
98. Palpation, Perkussion, Auskultation, EKG, Röntgen, Setzen eines Herzkatheters mit Angiografie.
99. Im Moment der Systole hebt sich die Herzspitze und stößt gegen die Thoraxwand.
100. Mithilfe der Herzperkussion kann man anhand des unterschiedlichen Klopfschalls der verschiedenen Gewebearten die Lage und Größe des Herzens abschätzen.
101. Bei der Auskultation sind die Herztöne und pathologisch vorkommende Herzgeräusche zu hören. Man achtet auf die Herzfrequenz, die Intensität, den Rhythmus, die Abgesetztheit der Herztöne und eventuelle Nebengeräusche (Merkwort FIRAN).
102. Der Puls ist eine Blutdruckwelle in den Arterien und kommt durch die Herzschlagfolge zustande.

103. Wo wird der Puls bei Pferd und Hund am günstigsten geprüft?

104. Worauf wird bei der Pulsnahme geachtet?

105. Nennen Sie die physiologischen Werte der Pulsfrequenz von Pferd, Rind und Hund.
106. Von welchen physiologischen Faktoren kann die Pulsfrequenz abhängig sein?

107. Was bezeichnet man als Blutdruck?

108. Welche Blutdruckwerte unterscheidet man?
109. Wovon ist der Blutdruck abhängig?

110. Beschreiben Sie die Feststellung der kapillären Rückfüllungszeit (KRZ).

Elektrokardiografie

1. Wie kommt ein Elektrokardiogramm zustande?

2. Wozu dient ein Elektrokardiogramm?

3. Wie nennt man die Kurve, die mithilfe des EKGs aufgezeichnet wird?
4. Durch welche Vorgänge am Herzen wird die Aufzeichnung des EKGs möglich?

5. Die Stromschwankungen im EKG sind mit Buchstaben bezeichnet. Wie lauten diese?
6. Sie wollen die Elektroden für die EKG-Ableitungen nach EINTHOVEN anlegen. Welche Hautstellen werden dafür, z. B. beim Hund, gewählt?

103. Beim Pferd wird der Puls an der äußeren Kieferarterie am Unterkiefer, beim Hund an der Oberschenkelarterie an der Innenseite des Oberschenkels palpiert.
104. Man achtet auf Frequenz, Größe, Stärke, Gleichmäßigkeit, Regelmäßigkeit und den Füllungs- und Spannungszustand der Arterie(n).
105. Pferd 28–40, Rind 25–80, Hund 80–120 Pulsschläge/Minute.
106. Die Pulsfrequenz ist abhängig von den Faktoren Rasse, Geschlecht und Alter. Sie kann auch vorübergehend durch körperliche Anstrengung oder Stress erhöht sein.
107. Der Blutdruck ist der in den Arterien herrschende Druck und gibt die Kraft für die Blutzirkulation an.
108. Man unterscheidet den systolischen und den diastolischen Blutdruck.
109. Der Blutdruck ist von der Herzkraft, dem Blutvolumen, der Fließeigenschaft (Viskosität) des Blutes, der Gefäßelastizität und dem Widerstand der peripheren Gefäße abhängig.
110. Aus den oberflächlichen Kapillaren der unpigmentierten Schleimhaut wird durch lokalen Druck mit dem Finger das Blut an dieser Stelle herausgedrückt. Lässt man die Stelle wieder los, kann man beobachten, wie das Blut in Form von Rosafärbung wieder in die Kapillaren zurückströmt. Dieser Vorgang darf physiologischerweise maximal 2 Sekunden lang dauern. Eine Verzögerung lässt z. B. den Schluss zu, dass zumindest im betroffenen Gebiet der Blutdruck nicht hoch genug ist.

Elektrokardiografie

1. Durch die Herzmuskeltätigkeit entstehen sogenannte Aktionsströme, die über die an der Körperperipherie angelegten Elektroden auf einen Elektrokardiografen übertragen und aufgezeichnet werden.
2. Das Elektrokardiogramm gibt Auskunft über die Erregungsbildung und -ausbreitung im Herzen. Abweichungen von den physiologischen Werten in dieser Kuve deuten auf Erkrankungen des Herzens.
3. Herzstromkurve oder Elektrokardiogramm.
4. Bei der Erregung des Herzmuskels, ausgehend vom Sinusknoten, entstehen bioelektrische Ströme, die sich über das Erregungsleitungssystem im ganzen Myokard ausbreiten. Diese Spannungsschwankungen können an der Körperoberfläche als EKG abgeleitet werden.
5. Die typischen Stromschwankungen im EKG werden als P-Welle, Q-, R-, S-Zacke und T-Welle bezeichnet.
6. Die rote Elektrode wird an der rechten Vordergliedmaße über dem Ellbogen angebracht, die gelbe an der linken Vordergliedmaße und die grüne an der linken Hintergliedmaße proximal vom Knie. Die schwarze Elektrode dient der Erdung und wird an der rechten Hintergliedmaße angebracht.

7. Was versteht man unter einer bipolaren Ableitung?

8. Welche Ursachen können die Aufzeichnungen der Herzstromkurve stören?

9. Welche Vorbereitungen sind zur Anfertigung eines EKGs notwendig?

10. Was kann mithilfe eines EKGs beispielsweise diagnostiziert werden?

11. Welche Untersuchungsmethoden dienen der Diagnostik von Herzkrankheiten?

Blut

1. Nennen Sie die Zellen des Blutes.

2. Wie heißen die drei Hauptgruppen von Blutzellen?
3. Welche Arten von Leukozyten unterscheidet man?

4. Bezeichnen Sie die Zellen in Abb. 5.

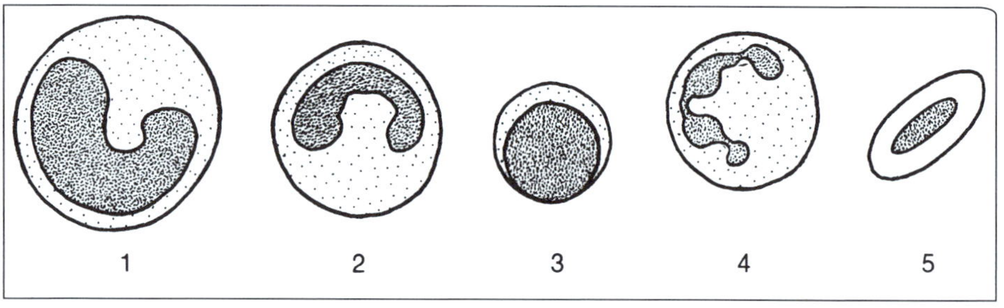

Abb. 5: Verschiedene Blutzellen.

7. Die bipolare Ableitung dient der Messung der Potenzialdifferenz zwischen zwei Körperelektroden.
8. Muskelzittern oder Unruhe des Patienten, Bewegung des Tieres oder Einstreuung von Wechselspannung können die Aufzeichnung stören.
9. Das Kleintier sollte auf der rechten Körperseite auf einer nicht leitenden Unterlage liegen. Der Kopf wird gestreckt, die Gliedmaßen liegen im rechten Winkel zum Körper. Die Hautstellen zum Anlegen der Elektroden werden mit Alkohol leitfähig gemacht, die Elektroden selbst müssen fest aufgesetzt werden.
10. Es können z.B. Herzrhythmusstörungen oder Myokardveränderungen diagnostiziert werden.
11. Adspektion und Palpation (Herzspitzenstoß), Perkussion, Auskultation, Röntgen, EKG, Herzkatheterdiagnostik.

Blut

1. Die Blutzellen oder Blutkörperchen heißen Erythrozyten, Thrombozyten und Leukozyten (Granulozyten, Lymphozyten, Monozyten).
2. Erythrozyten, Leukozyten, Thrombozyten.
3. Man unterscheidet Granulozyten, Monozyten und Lymphozyten. Die Granulozyten werden nach der Anfärbbarkeit der Granula im Zytoplasma unterschieden. Danach gibt es neutrophile, eosinophile und basophile Granulozyten. Bei den neutrophilen Granulozyten wird außerdem die Kernform zur Unterscheidung herangezogen. Junge neutrophile Granulozyten haben einen stabförmigen Kern. Je älter die Granulozyten sind, desto stärker ist der Zellkern segmentiert. Man spricht hier von den segmentkernigen neutrophilen Granulozyten. Bei den Lymphozyten werden T-Lymphozyten und B-Lymphozyten unterschieden. Diese Unterscheidung ist allerdings nicht morphologisch, sondern physiologisch. Die Lymphozyten haben eine unterschiedliche Funktionsweise.
4. **Abbildung 5:**

   1 Monozyt
   2 Stabkerniger neutrophiler Granulozyt
   3 Lymphozyt
   4 Segmentkerniger neutrophiler Granulozyt
   5 Vogelerythrozyt

5. Welche Aufgaben haben die Leukozyten?

6. Welche Aufgaben haben Lymphozyten?

7. Bezeichnen Sie die größten Zellen im weißen Blutbild.
8. Was sind Thrombozyten?

9. Welche Blutzellen gehören zu den Phagozyten?
10. Für welche Blutzellen verwendet man die Begriffe Makrophagen und Mikrophagen?
11. Was geschieht bei der Phagozytose?

12. Welche Zellen sind die Antikörperbildner im Blut?

13. Sind die Eosinophilen rote oder weiße Blutkörperchen?
14. Welche Aufgaben haben die Erythrozyten?

15. Was sind Retikulozyten?

16. Nennen Sie Tiere mit kernhaltigen Erythrozyten im peripheren Blut.
17. Wo befindet sich das Hämoglobin, und welche Aufgabe hat es?

18. In welchen Organen werden die Blutzellen gebildet?

19. Was ist das retikulo-histiozytäre System?

20. Geben Sie den Unterschied zwischen Blutserum und Blutplasma an.

21. Nennen Sie die wichtigsten Anteile des Blutserums.
22. Welche Hauptnährstoffe werden im Blut transportiert?
23. Wie heißen die drei Gruppen von Wirkstoffen, die vom Blut transportiert werden?
24. Was sind Enzyme, und welche Funktion haben sie?

25. Welche Aufgabe haben die Bluteiweißkörper?

5. Granulozyten und Monozyten werden als Fresszellen bezeichnet, da sie fähig sind, durch Phagozytose Bakterien aufzunehmen und zu verdauen. Granulozyten heißen kleine Fresszellen (Mikrophagen), während die großen Fresszellen, die Monozyten, als Makrophagen bezeichnet werden.
6. Lymphozyten gehören zur spezifischen Abwehr. Sie können Antikörper und »Gedächtniszellen« bilden, die bei erneutem Kontakt mit dem gleichen Antigen wieder aktiv werden.
7. Dies sind die Monozyten.
8. Thrombozyten sind die Blutplättchen und maßgeblich an der Blutgerinnung beteiligt.
9. Granulozyten und Monozyten.
10. Makrophagen sind Monozyten, Mikrophagen Granulozyten.

11. Bei der Phagozytose werden Bakterien oder kleine Fremdpartikel von den Fresszellen aufgenommen und verdaut.
12. Die B-Lymphozyten wandeln sich in sogenannte Plasmazellen um. Diese Plasmazellen produzieren Antikörper in großer Zahl.
13. Sie gehören zu den weißen Blutkörperchen.
14. Erythrozyten enthalten das Hämoglobin, mit dessen Hilfe der Sauerstoff zu allen Körpergeweben transportiert und das Kohlendioxid zur Lunge rücktransportiert wird.
15. Der Retikulozyt ist die letzte Vorstufe zum reifen Erythrozyten. Er besitzt eine netzartige Innenstruktur (Reticulum = Netz).
16. Vögel, Fische, Amphibien und Reptilien haben kernhaltige Erythrozyten.
17. Das Hämoglobin ist der rote Blutfarbstoff in den Erythrozyten. Er dient dem Sauerstoff- und Kohlendioxidtransport.
18. Sie werden im Knochenmark, der Milz, Lymphknoten, im Thymus und während der Embryonalzeit im Gefäßendothel und dem Bindegewebe der Leber gebildet.
19. Zum retikulo-histiozytären System zählt man Zellen des retikulären Bindegewebes, Gefäßendothelien und bewegliche Zellen des lockeren Bindegewebes (Histiozyten), die zur Phagozytose befähigt sind.
20. Das Blutserum ist die Blutflüssigkeit nach abgeschlossener Gerinnung. Es enthält keine Fibrinstoffe mehr, da diese bei der Blutgerinnung verbraucht werden. Das Blutplasma ist die Flüssigkeit des nicht geronnenen Blutes mit enthaltenen Fibrinstoffen.
21. Wasser, Albumine, Globuline, Nährstoffe, Elektrolyte, Transportstoffe.
22. Proteine, Blutzucker, Fette.
23. Enzyme, Vitamine, Hormone.
24. Enzyme (Fermente) sind Eiweißkörper, die als Biokatalysatoren die Stoffwechselvorgänge steuern.
25. Bluteiweißkörper sorgen für die Wasserbindung und sind Trägerstoffe für endogene und exogen zugeführte Stoffe.

26. Erläutern Sie die Bedeutung der Silben -zytose und -penie in Verbindung mit der jeweiligen Zellart.
27. Auf welche Zellart beziehen sich die Begriffe Poikilozytose und Anisozytose?
28. Erläutern Sie den Begriff Linksverschiebung.
29. Was ist eine Agranulozytose?
30. Erläutern Sie die Bedeutung der Vorsilben Hyper- und Hypo- in Verbindung mit Plasmabestandteilen, und geben Sie Beispiele an.
31. Erläutern Sie kurz die Begriffe Neutrophilie, Hypoglykämie, Hyperlipämie.
32. Was ist mit einem hämolytischen Ikterus gemeint?
33. Wie lautet die Bezeichnung für vermehrte Anwesenheit von Gallenfarbstoffen im Blut?
34. Erläutern Sie kurz die Begriffe Anämie, Urämie, Azetonämie.
35. Welche Veränderung der Schleimhäute kann auf eine Anämie hindeuten?
36. Was bezeichnet man als Hämolyse?
37. Beim Menschen wird der Blutkrebs mit Leukämie bezeichnet. Wie heißt der Begriff beim Tier?

Lymphsystem und Milz

1. Welche Funktionen hat das Lymphsystem?
2. Was ist das Lymphsystem?
3. Welche Funktionen haben die Lymphknoten?
4. Was ist Lymphe?
5. Ist Chylus auch Lymphflüssigkeit?

26. Leukozytose: Vermehrung der weißen Blutkörperchen, Lymphozytose: Vermehrung der Lymphozyten, Monozytopenie: Verminderung der Monozyten, Erythropenie: Verminderung der Erythrozyten.
27. Sie beziehen sich auf die Erythrozyten. Eine Poikilozytose beschreibt Formabweichungen der Erythrozyten. Von einer Anisozytose spricht man, wenn Größenabweichungen der Erythrozyten vorliegen.
28. Die Linksverschiebung ist das vermehrte Auftreten von jugendlichen, stabkernigen neutrophilen Granulozyten.
29. Eine Agranulozytose ist eine starke Verminderung oder das Fehlen von Granulozyten im Blut.
30. Unter einer Hyperbilirubinämie versteht man das vermehrte Auftreten von Bilirubin im Blut; eine Hypoproteinämie nennt man den Befund bei einem verminderten Eiweißgehalt des Blutes.
31. Neutrophilie: Vermehrung der neutrophilen Granulozyten; Hypoglykämie: verminderter Glukosegehalt des Blutes; Hyperlipämie: Vermehrung der Blutfette.
32. Ein hämolytischer Ikterus ist eine Gelbsucht durch vermehrten Zerfall der Erythrozyten.
33. Dies ist eine Hyperbilirubinämie.

34. Anämie: Blutarmut; Urämie: Verbleib von harnpflichtigen Substanzen im Körper; Azetonämie: Vermehrung der Ketonkörper im Blut.
35. Auf eine Anämie deuten blasse, porzellanfarbene Schleimhäute hin. Man nennt die Schleimhäute dann anämisch.
36. Eine Hämolyse ist ein Zerfall der Erythrozyten mit Freiwerden des Hämoglobins.
37. Die Krankheit beim Tier wird Leukose genannt. Das FeLV heißt aber auch Felines Leukämie-Virus.

Lymphsystem und Milz

1. Das Lymphsystem hat eine Abwehrfunktion. Es bildet ein Fremdstoffe abwehrendes Gewebe und bringt Abwehrzellen hervor. Weiterhin hat es eine Hilfsfunktion für das Kreislaufsystem. Die in den Lymphgefäßen gesammelte Flüssigkeit wird dem Blutkreislauf wieder zugeführt.
2. Zum Lymphsystem gehören alle Lymphgefäße, der Milchbrustgang als größtes dieser Gefäße, die Milz, Tonsillen und Lymphknoten sowie der Thymus.
3. Hier werden Lymphozyten gebildet und aus der Lymphflüssigkeit Schlackenstoffe und Bakterien gefiltert.
4. Die Lymphe besteht aus Gewebswasser, Eiweißkörpern, Fetten und Lymphozyten. Diese Flüssigkeit wird ins Blut transportiert.
5. Ja, es handelt sich um die sehr fetthaltige, milchig trübe Darmlymphe.

6. Was ist der Milchbrustgang?
7. Was sind Tonsillen, und wo haben sie ihren Sitz?
8. Was ist die Bursa Fabricii?
9. Welche Gemeinsamkeit haben der Thymus und die Bursa Fabricii?
10. Wo werden die T-Lymphozyten und wo die B-Lymphozyten gebildet?
11. Zu welchem Organsystem gehört die Milz?
12. Wo liegt die Milz, und wie ist sie aufgebaut?
13. Nennen Sie die Hauptaufgaben der Milz.
14. Auf welche Weise kann eine Splenomegalie festgestellt werden?
15. Eine Milz kann entfernt werden. Wie heißt die Operation?
16. Wie kann eine Tonsillitis beim Hund festgestellt werden?

Äußere Haut

1. Welche Funktionen haben die Haut und das Haarkleid?
2. Nennen Sie die Hauptschichten der Haut (deutsche und Fachausdrücke!) und zwei verschiedene Drüsenarten der Haut.
3. Was versteht man unter Hautanhangsorganen?
4. Worin besteht der Unterschied zwischen Talg- und Schweißdrüsen?

6. Der Milchbrustgang (Ductus thoracicus) entsteht aus der Vereinigung der Lymphgefäße zum Hauptlymphgefäß, das im inneren Brustbereich in das Blutgefäßsystem mündet.
7. Tonsillen sind die Mandeln im Rachenraum; sie bestehen aus lymphatischem Gewebe.
8. Die Bursa Fabricii ist eine lympathische Drüse im Bereich der Kloake der Vögel.
9. Beide Organe bilden Lymphozyten und werden mit Beginn der Geschlechtsreife allmählich zurückgebildet.
10. Die T-Lymphozyten werden im Thymus gebildet. Die B-Lymphozyten stammen aus der Bursa Fabricii (Vögel) oder dem Knochenmark und lymphatischen Darmgewebe (Säugetiere).
11. Die Milz gehört zum lymphatischen System.
12. Die Milz liegt links im mittleren Abdomen. Sie besteht aus einem Balkenwerk, dessen Hohlräume mit Milzpulpa gefüllt sind. Außen wird die Milz von einer Kapsel geschützt.
13. Die Aufgaben der Milz sind die Bildung von Lymphozyten, Blutspeicherung und Speicherung von Eisen nach der »Blutmauserung«. Außerdem hat die Milz eine Filter- und Abwehrtätigkeit.
14. Die Splenomegalie (Milzvergrößerung) kann beim Kleintier durch Palpation und Röntgen festgestellt werden.
15. Splenektomie oder Milzexstirpation.
16. Eine Tonsillitis ist durch Spreizung der Kiefer und Adspektion des Rachenraumes zu ermitteln.

Äußere Haut

1. Die Haut ist Atmungs- und Ausscheidungsorgan, dient der Wärmeregulation, schützt in gewissem Grad vor äußeren Einwirkungen, vor Austrocknung und chemischen sowie thermischen Einflüssen, ist fähig zur Resorption und Fettspeicherung und zur Tast-, Temperatur- und Druckwahrnehmung. Das Haarkleid kennzeichnet in Gestalt, Dichte und Farbe die Tierart und Rasse.
2. Von außen nach innen besteht die Haut aus den drei Schichten Oberhaut (Epidermis), Lederhaut (Corium) und Unterhaut (Subcutis). Die Epidermis hat eine äußere Hornschicht und die darunter liegende Keimschicht. In das Corium eingelagert sind Talg- und Schweißdrüsen.
3. Hautanhangsorgane sind Haare, Kopfhorn, Zehenhorn (Krallen, Nägel, Hufe, Klauen), Ballen an Sohle und Fußwurzel, »Kastanien« und Sporn.
4. Talgdrüsen sind säckchenartig und sondern ein fetthaltiges Sekret ab. Schweißdrüsen sind schlauchartig, ihr Sekret ist wässrig.

5. Welche Haararten kennen Sie? Geben Sie auch die unterschiedlichen Funktionen an.

6. Was ist ein Haarfollikel?

7. Welche Abschnitte kann man am Haar unterscheiden?

8. Wo sitzen die Schweißdrüsen des Pferdes und die des Hundes?

9. Haare, Schweißdrüsen und Talgdrüsen stellen einen Schutz für den Organismus dar. In welcher Weise?

10. Welche Funktionen haben die Hautanhangsorgane?

11. Was versteht man unter dem Haarstrich?
12. Was wird als Fettpolster bezeichnet?
13. Welche Aufgabe hat das Fettgewebe?

14. Von welchem Teil der Haut wird das Haar mit Blut versorgt?
15. Welche Federtypen gibt es?

16. Wie heißen die drei Hauptabschnitte der Feder?
17. Wie bezeichnet man einen plötzlichen, sehr starken Federwechsel?
18. Auf welche Weise wird der Zusammenhalt der Federfahne ermöglicht?

19. Nennen Sie die Hauptaufgaben des Gefieders.

20. Welchem Zweck dienen die Daunenfedern?

21. Nennen Sie einige Erscheinungsbilder von Hautveränderungen.

5. Das Deckhaar dient dem Schutz, sorgt für das artspezifische Aussehen und dient der Tarnung. Wollhaar bietet einen zusätzlichen Wärmeschutz. Als Langhaar bezeichnet man die Mähnen- und Schweifhaare des Pferdes. Borsten sind die Deckhaare beim Schwein, der Ziegenbart und die Wimpern zum Fernhalten von Fremdkörpern. Tasthaare befinden sich am Kopf als Augenbrauen, an den Lippen und Wangen als »Antennenschnurrbart«; sie sind berührungsempfindlich.
6. Der Haarfollikel wird auch als Haarbalg bezeichnet. Es handelt sich um eine sackförmige Einsenkung der Epidermis, die die äußere Haarscheide bildet.
7. Man unterscheidet von innen nach außen die Haarzwiebel, die Haarwurzel und den Haarschaft.
8. Schweißdrüsen sind beim Pferd über die gesamte Haut verteilt, beim Hund sind sie nur noch in den Zwischenzehenräumen funktionsfähig.
9. Haare können in ihrer Farbe eine Tarnung darstellen. Dichtes Haarkleid vermindert die Wärmeabgabe des Körpers und die Einwirkung niedriger Außentemperaturen. Schweißdrüsen verhindern durch Sekretabgabe eine Überhitzung des Körpers, da das Sekret auf der Haut verdunstet und auf diese Weise eine Kühlung eintritt. Das Sekret der Talgdrüsen macht Haut und Haare geschmeidig und wasserabstoßend.
10. Kopfhorn dient der Verteidigung und markiert teilweise das Geschlecht. Die Ballen sind Polster bei der Fortbewegung. Huf und Klauen sind ein Schutz für das Zehenendglied. Krallen und Nägel sind bei verschiedenen Tierarten (Vögeln, Klettertieren) zum Festhalten (Einkrallen) notwendig.
11. Der Haarstrich ist der schräg nach kaudal gerichtete Stand der Fellhaare.
12. Fettpolster sind größere Fettansammlungen in der Unterhaut.
13. Das Fettgewebe dient der Verminderung der Wärmeabgabe des Organismus. Fettdepots sind außerdem Reserven, die in Notzeiten der Ernährung in den Stoffwechsel einbezogen werden. An bestimmten Stellen dient das Fettgewebe der Haut der Polsterung; zu nennen sind hier das Strahlpolster am Huf des Pferdes und die Sohlenballen an den Pfoten.
14. Die Blutversorgung des Haares geschieht über die Haarpapille in der Unterhaut.
15. Als Kleingefieder bezeichnet man Deckfedern und Daunen. Zum Großgefieder gehören Schwung- und Steuerfedern.
16. Sie heißen Federspule, Federschaft und Federfahne.
17. Dieser Vorgang wird Sturzmauser genannt.
18. Die Hakenstrahlen eines Federastes verhaken sich mit den Bogenstrahlen eines anderen Federastes.
19. Das Kleingefieder schützt vor Auskühlung und ist aerodynamisch wichtig, die Schwungfedern dienen der Fortbewegung, die Schwanzfedern der Steuerung.
20. Daunenfedern halten eine Luftschicht um den Körper und verringern dadurch bei niedriger Außentemperatur die Wärmeabgabe des Organismus.
21. Solche Effloreszenzen der Haut sind z. B. Schuppen, Krusten, Bläschen, Pusteln, Quaddeln und Knötchen.

22. Erläutern Sie die Begriffe Quaddeln, Pusteln, Papeln.
23. Durch welche Ursachen können Hautveränderungen entstehen?
24. An den Haaren kleben kleine, weiße, dünne Gebilde. Um was kann es sich handeln?
25. Welche Hautparasiten kann man makroskopisch erkennen?
26. Geben Sie die Fachausdrücke für Grabmilbe, Haarbalgmilbe und Saugmilbe an.
27. Wie heißen die Fachausdrücke für Juckreiz, Haarausfall, Hautrötung, Milbenbefall?

Schleimhaut und Körperhöhlen

1. Was bezeichnet man als Schleimhaut, und in welcher Form kommt sie im Organismus vor?
2. In welchen Organsystemen ist Schleimhaut zu finden?
3. Was ist kutane Schleimhaut, und wo befindet sie sich?
4. Was ist Serosa, und wo ist sie zu finden?
5. Welche Organe liegen in der Brusthöhle und welche in der Bauchhöhle der Hündin (Abb. 6)?

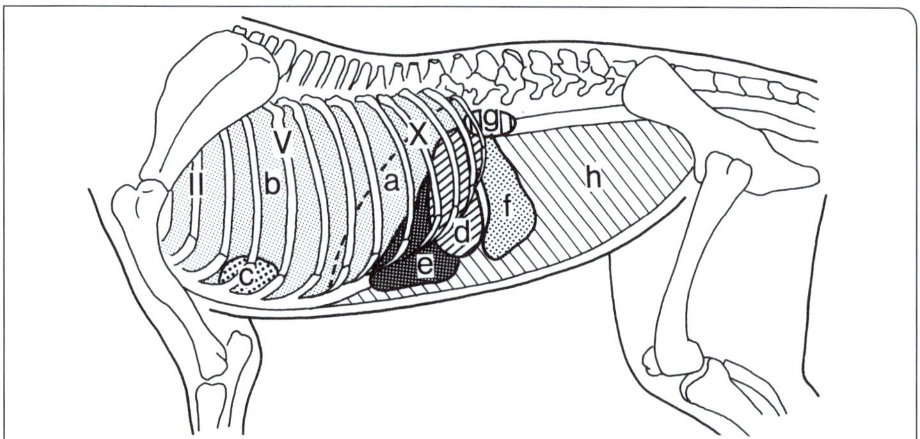

Abb. 6: Topografie von Brust- und Bauchhöhle (Hund).

22. Quaddeln sind begrenzte Hautschwellungen mit Ödembildung. Eine Pustel ist ein mit Eiter gefülltes Bläschen. Als Papel bezeichnet man ein festes, kleines Knötchen.
23. Sie entstehen durch thermische, chemische und Strahleneinwirkungen, Allergene, Bakterien, Pilze, Parasiten und hormonelle Dysregulationen.
24. Lassen sie sich leicht beseitigen, sind es Schuppen. Sitzen sie fest, können es Nissen (Eier) von Läusen oder Haarlingen sein.
25. Zecken, Läuse, Flöhe, Haarlinge, Herbstgrasmilben sind mit bloßem Auge zu sehen.
26. Grabmilbe: Sarkoptesmilbe; Haarbalgmilbe: Demodexmilbe; Saugmilbe: Psoroptesmilbe.
27. Juckreiz: Pruritus; Haarausfall: Alopezie; Hautrötung: Erythem; Milbenbefall: Räude.

Schleimhaut und Körperhöhlen

1. Schleimhaut ist Epithelgewebe, das einschichtig hochprismatisch (Magen, Darm, Uterus), mehrschichtig (kutane Schleimhaut), mehrstufig (Atemwege) und ein Übergangsepithel (ableitende Harnwege) sein kann. Schleimhaut kleidet die Hohlorgane aus. Die Schicht ist dünn, die Oberfläche stets feucht. Im Körper kommt sie als Schleimhaut mit Drüsen und als kutane Schleimhaut vor.
2. Sie kommt im Verdauungsapparat, Atmungsapparat, Harn- und Geschlechtsapparat und als Lidbindehaut des Auges (Konjunktiva) vor.
3. Kutane Schleimhaut ist ein drüsenloses, mehrschichtiges Epithel z. B. der Mundhöhle, des Ösophagus, der Anfangsregion des Magens sowie der Vormägen der Wiederkäuer.
4. Serosa stellt als einschichtiges Plattenepithel die Auskleidung der großen Körperhöhlen und den Überzug der in ihnen befindlichen Organe dar.
5. Organe der Brusthöhle sind Lunge, Herz und Thymus; im Mediastinum liegen die thorakalen Abschnitte von Luft- und Speiseröhre. Organe der Bauchhöhle sind Leber, Magen und Darmkanal, Pankreas und Milz. Die Nieren und Nebennieren liegen im Bauchraum, jedoch hinter dem Bauchfell (retroperitoneal). Ovarien, Uterus und Harnblase ragen von der Beckenhöhle zur Bauchhöhle vor.

Abbildung 6:

a	Zwerchfellkuppel	g	linke Niere
b	Lunge	h	großes Netz
c	Herz	II	2. Rippe
d	Magen	V	5. Rippe
e	Leber	X	10. Rippe
f	Milz		

6. Welche Aufgaben hat das Zwerchfell?

7. Welche Organe werden durch den Thorax geschützt?

8. Ist das Zwerchfell von Serosa überzogen?
9. Übersetzen Sie die Begriffe Bauchfell, Mittelfell, Brustfell und Zwerchfell.

10. Wo befindet sich das Brustfell?

11. Was wird als Mesenterium (Gekröse) bezeichnet?

12. Was versteht man unter dem Netz?

13. Welche Besonderheiten bestehen bezüglich der Körperhöhlen beim Vogel?

14. Mit welchem Organ stehen die Luftsäcke des Vogels in Verbindung?
15. Welche Funktion haben die Divertikel (Luftsackausstülpungen) des Vogels?

Verdauungsorgane

1. Welche Funktionen hat der Verdauungsapparat?

2. Beschreiben Sie den Verdauungsapparat.

3. In welche Abschnitte wird der Verdauungskanal eingeteilt?

4. Woraus besteht der Kopfdarm?

5. Woraus besteht der Vorderdarm?

6. Das Zwerchfell (Diaphragma) bildet die Trennwand zwischen Brust- und Bauchhöhle. Es besitzt Öffnungen, durch die der Ösophagus, die Aorta und die kaudale Hohlvene hindurchtreten. Als Muskelplatte ist es für die Atemmechanik von besonderer Bedeutung.
7. Der Brustkorb schützt Herz und Lunge sowie einen Großteil der Leber und des Magens.
8. Ja, beiderseits; der Serosaüberzug ist ein Teil des Brust- bzw. Bauchfelles.
9. Bauchfell: Peritoneum, Mittelfell: Mediastinum, Brustfell: Pleura, Zwerchfell: Diaphragma.
10. Die Pleura ist »zweiblättrig«, d.h. ein Blatt überzieht die Innenfläche des Thorax (Rippenfell) und das Mediastinum, das andere Blatt überzieht die Oberfläche der Lungenflügel (Lungenfell) und das Perikard.
11. Das Mesenterium bildet die Aufhängung des Darmes an der Bauchwand. Es hält die Darmabschnitte in der richtigen Position.
12. Das Netz ist eine schürzenförmige Bauchfellduplikatur, unter der vor allem der Darmtrakt geschützt liegt.
13. Die Vögel haben eine einzige Leibeshöhle, in der das Herz in einer separaten Höhle und Leber und andere Eingeweide in Bauchfellsäcken liegen. Ein Diaphragma ist nicht vorhanden.
14. Die Luftsäcke haben Verbindung mit der Lunge.
15. Sie dienen der Temperierung, Polsterung und Abnahme des spezifischen Gewichtes des Vogels für den Flug.

Verdauungsorgane

1. Der Verdauungsapparat ist für die Nahrungsaufnahme, die physikalische und chemische Zerkleinerung des Futters und für die Resorption der aus dem Futter herausgelösten Nährstoffe ins Blut bzw. die Lymphe zuständig. Außerdem sorgt er dafür, dass unverdauliche Stoffe sowie Stoffwechselendprodukte ausgeschieden werden.
2. Der Verdauungsapparat ist ein durchgehendes schlauchförmiges Organsystem, das mit der Mundöffnung, den Lippen, beginnt und mit dem Darmausgang, dem Anus, endet. Angelagert sind die großen Anhangsdrüsen Leber und Bauchspeicheldrüse, die ihr jeweiliges Sekret im Bereich des Zwölffingerdarmes in das Darmlumen abgeben.
3. Von kranial nach kaudal sind dies der Kopfdarm, der Vorderdarm, der Mitteldarm und der Enddarm.
4. Der Kopfdarm besteht aus der Mundhöhle (Cavum oris) und dem Rachen (Pharynx).
5. Der Vorderdarm besteht aus der Speiseröhre (Oesophagus) und dem Magen (Gaster).

6. Woraus besteht der Mitteldarm?

7. Woraus besteht der Enddarm?

8. Welche Organe enthält die Mundhöhle?

9. Was versteht man unter dem Begriff Salivation?
10. Welche Zahnarten kennen Sie?

11. Geben Sie die Fachausdrücke für Schneidezahn, Hakenzahn, vorderen und hinteren Backenzahn an.
12. Wie bezeichnet man die einzelnen Zähne?
13. Welche Zähne des Hundes werden als Reißzähne bezeichnet?
14. Welche Zähne sind bei der Katze besonders stark ausgebildet?
15. Welche Kleinsäuger haben wurzellose Backenzähne?
16. Erläutern Sie den Unterschied zwischen Milchgebiss und bleibendem Gebiss.

17. Was besagt die Zahnformel?

18. Welche Abschnitte können am Schneidezahn unterschieden werden?

19. Aus welchen drei Substanzen besteht der Zahn?
20. Beschreiben Sie den Aufbau eines Schneidezahns.

21. Wie heißt die Schmelzeinstülpung (an der Kaufläche sichtbar) an den Schneidezähnen des Pferdes?
22. Was sind Speicheldrüsen, und wo sind sie zu finden?

23. Beschreiben Sie kurz die Funktion der in der Mundhöhle liegenden Organe.

6. Der Mitteldarm besteht aus dem Dünndarm (Intestinum tenue) mit den drei Abschnitten Zwölffingerdarm (Duodenum), Leerdarm (Jejunum) und Hüft- oder Krummdarm (Ileum).
7. Der Enddarm besteht aus dem Dickdarm (Intestinum crassum) mit den drei Abschnitten Blinddarm (Caecum), Grimmdarm (Colon) und Mastdarm (Rectum). Der Schließmuskel, der den Darmausgang bildet, heißt Anus oder After.
8. Die Mundhöhle enthält die Zähne (Dentes), die Zunge (Lingua) und die Ausführungsgänge der Speicheldrüsen (Glandulae salivariae).
9. Man versteht darunter den Speichelfluss.
10. Man unterscheidet nach der Dauer des Vorhandenseins Milchzähne und bleibende Zähne. Nach ihrer Lage, Form und Funktion werden Schneidezähne (Incisivi), Hakenzähne (Canini), vordere Backenzähne (Prämolaren) und hintere Backenzähne (Molaren) unterschieden.
11. Schneidezahn: Incisivus (I); Hakenzahn: Caninus (C); vorderer Backenzahn: Prämolar (P); hinterer Backenzahn: Molar (M).
12. Sie werden, beginnend bei den Schneidezähnen, durchnummeriert.
13. Die Reißzähne des Hundes sind P4 im Oberkiefer und M1 im Unterkiefer.
14. Die Hakenzähne des Oberkiefers.
15. Kaninchen und Meerschweinchen besitzen wurzellose Backenzähne.
16. Im Milchgebiss fehlen noch die Molaren, die Zähne sind kleiner, die Abstände zueinander größer.
17. Die Zahnformel gibt die normale Anzahl der Zähne in jeweils einer Ober- und Unterkieferhälfte an.
18. Nach außen sichtbar ist die Zahnkrone. Der Zahnhals ist der Übergangsabschnitt zwischen Zahnkrone und -wurzel, und die Zahnwurzel ist im Zahnfach (Alveole) des Kiefers verankert.
19. Er besteht aus Zahnschmelz (Email), Zahnbein (Dentin) und Zement (Cementum).
20. Die Zahnkrone ist von Schmelz, die Wurzel von Zement überzogen. Die Grundsubstanz des Zahnes ist das Dentin. In ihm befindet sich die Pulpahöhle mit Gefäßen und Nerv. Die Zahnwurzel steckt bis zum Zahnhals im Zahnfach des Kiefers. Das Zahnfleisch bedeckt den Zahnhals.
21. Diese Schmelzeinstülpungen nennt man Kunden.

22. Die Speicheldrüsen liegen unter der Zunge, im Bereich des Unterkiefers. Zu den Speicheldrüsen gehört auch die Ohrspeicheldrüse (Parotis). Die Speicheldrüsen sondern klaren, leicht fadenziehenden Schleim ab, der die Mundhöhle feucht hält, die Nahrung durchfeuchtet und zum Abschlucken gleitfähig macht.
23. Die Zähne dienen dem Abbeißen, Zerkleinern und Zermahlen der Nahrung. Die Zunge führt die Geschmacksprüfung durch und bewegt den Futterbissen in Richtung der Zähne (zum Kauen) und des Pharynx (zum Abschlucken). Das Gaumensegel und der Kehldeckel bilden die Verschlüsse zu den Luftwegen, damit kein Futter in die Atemwege gelangt.

24. Was versteht man unter Zahnstein?

25. Wie wird der Patient mit Zahnstein behandelt?

26. Worauf achtet man bei der Zahnsteinentfernung mit dem Ultraschallgerät?

27. Ist der Ösophagus ein muskulöses Organ?
28. Wie gelangt das Futter vom Rachen in den Magen?

29. Welche Funktion hat der Kropf der Vögel?

30. Was versteht man unter einem einhöhligen Magen, und welche Haustiere haben diesen Magen?
31. Nennen Sie Tierarten, die einen mehrhöhligen Magen haben.
32. Was versteht man unter einem einfachen und was unter einem zusammengesetzten Magen?
33. Wie heißen die Mägen der Wiederkäuer? (Deutsche und Fachausdrücke!)

34. Wie ist die Schleimhaut der Vormägen der Wiederkäuer gestaltet?

35. Haben die Vögel einen oder mehrere Mägen?
36. Wie heißen die Fachausdrücke für Mageneingang und -ausgang, und welche Regionen hat der Magen?
37. Nennen Sie die hauptsächlichen Bestandteile des Magensaftes.
38. Geben Sie die Beschaffenheit der Schleimhaut in Magen und Dünndarm an.

39. Was versteht man unter Rumination?

40. Was ist die Schlundrinne (richtiger: Haubenrinne)?

41. Was geschieht mit der Nahrung im Magen?

24. Zahnstein ist ein Gemisch aus Futterresten und Keimen wie Bakterien und Pilzen, welches zusammen mit im Speichel enthaltenem Kalzium verkalkt. Diese verkalkte Masse ist hart und und sitzt an den Rändern der Zähne in unmittelbarer Nähe zum Zahnfleischrand.
25. Zahnstein wird mechanisch entfernt, und zwar mittels spezieller Instrumente (Zahnsteinentferner in unterschiedlichen Formen bei vereinzelt vorhandenem Zahnstein) oder mittels Ultraschallgerät.
26. Es muss darauf geachtet werden, dass die Person, welche die Behandlung durchführt, ausreichend vor Infektionen geschützt ist. Zu diesem Zweck werden Schutzkleidung (Kittel und Handschuhe) und Mundschutz angelegt. Außerdem muss beachtet werden, dass die Lagerung des Patienten eine ungehinderte Atmung sowie ein Abfließen von Speichel und Wasser ermöglicht.
27. Ja, er hat im Anfangsteil quergestreifte, dann glatte Muskulatur.
28. Die Speiseröhre arbeitet mit Peristaltik. Diese Muskelbewegung befördert den Futterbissen durch fortlaufende Abschnürung des Ösophagus in den Magen.
29. Der Kropf der Vögel dient als Speicherorgan für größere Futtermengen. Durch Sekretabgabe im Kropf wird das Futter eingeschleimt.
30. Der Magen von Pferd, Schwein und Fleischfressern besteht aus einer einzigen Höhle.
31. Wiederkäuer und Vögel haben einen mehrhöhligen Magen.
32. Der einfache Magen ist der Drüsenmagen. Ein zusammengesetzter Magen besteht aus Drüsenmagen und Vormägen.
33. Pansen: Rumen; Haube (Netzmagen): Retikulum; Blättermagen (Psalter): Omasum; Labmagen: Abomasum.
34. Die Pansenschleimhaut besitzt Zotten unterschiedlicher Größe, die Haube hat netzartig angeordnete Falten in der Schleimhaut, und der Psalter weist eine buchseitenartige Anordnung der Falten in der Schleimhaut auf.
35. Vögel haben zwei Mägen, den Drüsen- und den Muskelmagen.
36. Mageneingang: Kardia. Magenausgang: Pylorus. Drei Magenregionen: Kardiadrüsen-, Fundusdrüsen- und Pylorusdrüsenregion.
37. Im Magensaft sind Pepsin, Salzsäure und alkalisch reagierender Schleim enthalten.
38. Die Magenschleimhaut ist glatt und glänzend. Die Dünndarmschleimhaut mutet plüschartig an; sie hat einen Zottenbesatz.
39. Rumination heißt auch Wiederkäuen. Nach Aufnahme und Lagerung der Nahrung im Pansen wird der Panseninhalt portionsweise wieder in die Mundhöhle befördert und nochmals durchgekaut.
40. Die Schlundrinne ist eine Verbindung zwischen Ösophagus und Labmagen, unter Umgehung der noch nicht funktionierenden Vormägen. Beim Saugkalb gelangt die aufgenommene Milch über die Schlundrinne direkt in den Labmagen.
41. Hier findet die Durchmischung, Zerkleinerung und Vorverdauung der Nahrung statt.

42. Beschreiben Sie kurz die Verdauungsvorgänge in der Mundhöhle und im Magen.

43. In welchem Magen des Saugkalbes wird die Milch verdaut?
44. Nennen Sie die einzelnen Abschnitte des Darmes in der richtigen Reihenfolge von kranial nach kaudal. (Abb. 7, deutsche Begriffe und Fachausdrücke!)

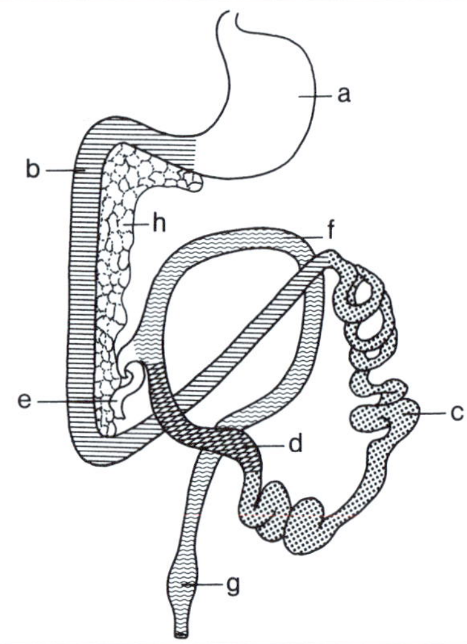

Abb. 7: Darmkanal (Hund).

45. Wie heißen die drei Schichten der Darmwand?
46. Beschreiben Sie die Muskelschicht des Darmes.

47. Geben Sie die Beschaffenheit der Schleimhaut im Dickdarm an.

48. Was sind Taenien und Poschen?

49. Welche drei Funktionsvorgänge sind besonders wichtig im Zusammenhang mit der Verdauung?

50. Beschreiben Sie die Verdauungsvorgänge im Dünndarm.

51. Was ist ein Enzym?

42. Die Nahrung wird in der Mundhöhle zerkleinert, eingespeichelt und aufgeweicht. Eine erste enzymatische Aufspaltung der Kohlenhydrate findet beim Schwein statt. Im Magen wird das Futter mit dem Magensaft vermischt, dadurch findet ein erster ebenfalls enzymatischer Abbau der Eiweißkörper statt.
43. Sie wird im Labmagen verdaut.
44. Zwölffingerdarm (Duodenum); Leerdarm (Jejunum); Hüftdarm (Ileum); Blinddarm (Caecum); Grimmdarm (Colon); Mastdarm (Rectum).

Abbildung 7:

a	Magen (Gaster)	e	Blinddarm (Caecum)
b	Zwölffingerdarm (Duodenum)	f	Grimmdarm (Colon)
c	Leerdarm (Jejunum)	g	Mastdarm (Rectum)
d	Hüftdarm (Ileum)	h	Bauchspeicheldrüse (Pankreas)

45. Von außen nach innen heißen die Schichten Serosa, Muskularis und Mukosa.
46. Die Muscularis des Darmes besteht aus einer inneren Ringfaserschicht und einer äußeren Längsfaserschicht. Beide Schichten bestehen aus glatter Muskulatur.
47. Die Dickdarmschleimhaut hat eine glatte Oberfläche und (außer bei Wiederkäuern und Fleischfressern) Bandstreifen und Ausbuchtungen.
48. Taenien sind bindegewebige Bandstreifen der Dickdarmwand; Poschen sind sackartige Ausbuchtungen der Darmwand.
49. Motorik: Kau-, Schluck- und Transportbewegungen; Sekretion: Bereitstellung von Verdauungssäften; Resorption: Aufnahme der Nahrungsbausteine über die Darmschleimhaut.
50. Im Duodenum findet die endgültige Verdauung durch Aufspaltung der Nahrung zu resorbierbaren Bausteinen mithilfe der Gallenflüssigkeit und des Pankreassaftes statt. Beide Sekrete (Gallensaft und Bauchspeichel) werden in das Duodenum abgegeben.
51. Ein Enzym ist ein Biokatalysator, also ein Katalysator in den chemischen Prozessen in einem Lebewesen (Pflanze, Tier oder Mensch).

52. Was ist ein Katalysator?

53. Welches sind die im Futter enthaltenen energieliefernden Nährstoffe?

54. Welche Nährstoffe liefern dem Organismus keine Energie?
55. Welche Enzyme werden im Pankreas gebildet, und welche Reaktionen katalysieren sie jeweils?

56. Welche chemischen und mechanischen Vorgänge laufen im Dickdarm ab?

57. Welche Funktion hat der Blinddarm?

58. Was versteht man unter dem Begriff Darmflora?

59. Welche Rolle spielen die Bakterien im Darm?

60. Was sind Infusorien?
61. In welche Grundbestandteile wird Eiweiß bei der Verdauung zerlegt?
62. Wie heißt das Darmstück vor dem After des Vogels?

63. Was wird beim Vogel gleichzeitig mit dem Kot ausgeschieden?
64. Welche Untersuchungsmöglichkeiten gibt es für die Überprüfung des Magen-Darm-Kanals bei Pferd und Hund?

65. Wie heißt die endoskopische Untersuchung des Enddarmes?
66. Nennen Sie die Übertragungsmöglichkeiten für Endoparasiten.

67. Erläutern Sie die Begriffe Parasitismus, Symbiose und Präpatenz.

52. Ein Katalysator ist ein Stoff, der eine chemische Reaktion ermöglicht oder beschleunigt, ohne dabei selbst verbraucht oder verändert zu werden.
53. Die Energie liefernden Nährstoffe sind Kohlenhydrate (Zucker), Proteine (Eiweiße) und Lipide (Fette).
54. Nährstoffe, die keine Energie liefern, sind Mineralstoffe, Vitamine und Wasser.
55. Im Pankreas werden drei Enzyme gebildet. Das Trypsin ist für die chemische Spaltung von Eiweiß (Protein) zu Aminosäuren, die Amylase für die Spaltung der Kohlenhydrate (Zucker) zu Einfachzuckern (Monosacchariden) und die Lipase für die Spaltung der Nahrungsfette in Glycerin und Fettsäuren notwendig.
56. Hier findet die Spaltung der restlichen Kohlenhydrate (Zellulose) und Eiweißkörper durch Gärung und Fäulnis mithilfe der Darmflora statt. Der Darminhalt wird afterwärts weitertransportiert, während gleichzeitig so viel Wasser wie möglich resorbiert wird. Diese Resorption von Wasser führt zu einer Eindickung des Darminhalts. Schließlich wird der Darminhalt in tierartspezifischer Weise durch die Beschaffenheit der Darmschleimhaut geformt und im Mastdarm gespeichert. Ist der Mastdarm gefüllt, erreicht das Nervensystem ein Dehnungsreiz von Rezeptoren aus der Mastdarmschleimhaut, der die Erschlaffung des Schließmuskels und damit den Kotabsatz auslöst.
57. Der Blinddarm des Pflanzenfressers dient hauptsächlich der Zelluloseaufspaltung und Fettsäurenresorption.
58. Unter der Darmflora versteht man die Gesamtheit der physiologisch im Darm vorkommenden und für die Verdauung notwendigen Mikroorganismen.
59. Die Bakterien (Darmflora) sind eine lebensnotwendige Voraussetzung für die Verdauungsvorgänge im Dickdarm, nämlich der Spaltung der im Dünndarm nicht verdauten Eiweißkörper und Kohlenhydrate.
60. Infusorien gehören neben Bakterien zur Pansenflora der Wiederkäuer.
61. Eiweiße werden in Aminosäuren zerlegt.
62. Diesen Abschnitt nennt man Kloake. Hier münden der Enddarm, der Ei- bzw. Samenleiter und der Harnleiter ein.
63. Der Vogel scheidet gleichzeitig Harn in Form von Harnsäure aus.
64. Pferd: Auskultation, Palpation (rektale Untersuchung), Endoskopie, Nasenschlundsonde, Kotuntersuchung. Hund: Palpation (Abdomen von außen), Rektum digital, Magensonde, Endoskopie mit Biopsie, Röntgen, Magensaft- und Kotuntersuchungen, Probelaparotomie.
65. Rektoskopie.
66. Übertragungsmöglichkeiten für Endoparasiten sind per os, perkutan, intrauterin und laktogen.
67. Parasitismus: Wirt-Parasit-Verhältnis; Lebensweise des Schmarotzers im Wirtstier; Symbiose: Lebensgemeinschaft zum gegenseitigen Nutzen; Präpatenz: Präpatentperiode, Zeit von der Aufnahme der Parasiteneier bis zum Auftreten von Eiern im Kot.

68. Was versteht man unter Zwischenwirt und Endwirt?

69. Beschreiben Sie den Entwicklungszyklus der Askariden des Hundes.

70. Geben Sie drei Endoparasiten an, die sowohl beim Hund als auch bei der Katze vorkommen.
71. Nennen Sie die Leitsymptome bei einer Entzündung der Magen- und Darmschleimhaut.
72. Übersetzen Sie die Begriffe Gastritis, Peritonitis, Ileus und Stomatitis.

73. Übersetzen Sie die Begriffe Tympanie, Enteritis, Kolik, Diarrhoe.

74. Welche Bedeutung haben die Begriffe Vomitus, Koprostase, Obstipation und Gastroskopie?
75. Welche Bedeutung haben die Begriffe Dilatation, Perforation, Laparoskopie und Laparotomie?

Leber und Pankreas

1. Welche Funktionen hat die Leber?

2. Wie heißen die zwei verschiedenen Gewebearten der Leber?
3. Geben Sie den Unterschied zwischen Parenchym und Interstitium an.

4. Das Leberläppchen ist die kleinste Arbeitseinheit der Leber. Was bedeutet das?
5. Woher stammt das Blut, das die Pfortader zur Leber führt?
6. Was ist mit der Entgiftungsfunktion der Leber gemeint?

7. Welche Substanzen können in der Leber gespeichert werden?

68. Ein Zwischenwirt ist ein Wirtstier, das der Entwicklung bestimmter Zwischenstadien des Parasiten dient. Einen Endwirt nennt man auch Hauptwirt, der zur Erlangung der Geschlechtsreife des Parasiten nach Wirtswechsel notwendig ist.
69. Die Askarideneiern werden im Larvenstadium oral aufgenommen. Vom Darm des Wirtstieres aus gelangen die Larven in den Blutkreislauf und damit auch in verschiedene Organe. Die Entwicklung zum geschlechtsreifen Wurm findet im Darm statt. Mit dem Kot werden Würmer und Wurmeier abgesetzt.
70. *Toxascaris leonina:* Spulwurm, *Capillaria plica:* Blasenhaarwurm, *Dipylidium caninum:* Bandwurm.
71. Die Leitsymptome sind Inappetenz, Erbrechen und Durchfall.

72. Gastritis: Magenschleimhautentzündung; Peritonitis: Bauchfellentzündung; Ileus: Verlegung des Darmlumens; Stomatitis: Mundschleimhautentzündung.
73. Tympanie: Aufblähung des Magens oder Darmes, Enteritis: Darmschleimhautentzündung, Kolik: schmerzhafter Krampfzustand im Bauchbereich, Diarrhoe: Durchfall.
74. Vomitus: Erbrechen; Koprostase: Kotanschoppung; Obstipation: Verstopfung; Gastroskopie: endoskopische Betrachtung des Magens.
75. Dilatation: Erweiterung, Perforation: Durchbruch einer Organwandung, Laparoskopie: endoskopische Betrachtung der Bauchhöhle, Laparotomie: operative Öffnung der Bauchhöhle.

Leber und Pankreas

1. Die Leber ist am Eiweiß-, Kohlenhydrat- und Fettstoffwechsel beteiligt. Sie bildet und sezerniert Gallensaft und Harnstoff und hat eine Speicher- und Entgiftungsfunktion.
2. Die zwei Gewebearten sind das Parenchym und das Interstitium.
3. Das Parenchym ist ein organspezifischer Zellverband; bei der Leber sind es die Leberläppchen. Das Interstitium ist der Raum und das Gewebe zwischen den Parenchymzellen; bei der Leber ist es das interlobuläre Bindegewebe.
4. Ein Leberläppchen kann qualitativ alle Aufgaben der Leber übernehmen.
5. Das Pfortaderblut stammt aus dem Magen, Pankreas, Darm und der Milz.
6. In der Leber werden Stoffwechselprodukte oder per os aufgenommene Fremdstoffe umgewandelt und damit entgiftet, Hormone werden inaktiviert und überalterte Erythrozyten abgebaut. Den Vorgang der Entgiftung nennt man Detoxikation. Die entgifteten Produkte werden ausgeschieden.
7. Es können Blut, Glykogen, fettlösliche Vitamine und die Spurenelemente Eisen, Kupfer, Mangan und Zink gespeichert werden.

8. Was versteht man unter Eiweißstoffwechsel?

9. Wie heißt das gespeicherte Polysaccharid in der Leber?
10. Woher stammt der Gallenfarbstoff Bilirubin?
11. Wo liegt die Gallenblase, und welche Funktion hat sie?

12. Welche Tiere haben keine Gallenblase?

13. Wo wird Galle gebildet, wo wird sie abgegeben, und wozu dient sie?

14. Produziert das Pferd Gallenflüssigkeit?
15. Wie lautet die Bezeichnung für vermehrtes Vorhandensein von Gallenfarbstoffen im Blut?
16. Was ist eine Hepatitis? Durch was kann sie verursacht sein?

17. Was ist ein Ikterus?

18. Inwieweit haben Echinokokken mit der Leber zu tun?

19. Was ist eine Leberzirrhose?

20. Zu welchem Organsystem gehört das Pankreas?
21. Welchem Teil des Darmkanals ist das Pankreas angelagert?
22. In welchen Teil des Darmkanals wird der Pankreassaft abgegeben?
23. Welche Bedeutung hat das Pankreas für den Organismus?

24. Geben Sie den Unterschied zwischen exkretorischen und inkretorischen Drüsen an.

25. Nennen Sie die verschiedenen Drüsenanteile des Pankreas mit ihren Produkten.

26. Welche Stoffe werden in der Bauchspeicheldrüse gebildet?

27. Wie heißen die Zellgruppen des Pankreas, in denen Hormone gebildet werden?
28. Was bewirkt Insulin?

8. Damit meint man alle Vorgänge des Abbaus und der Verdauung von Nahrungseiweiß sowie der Umwandlung und des Aufbaus von Eiweißkörpern im Organismus. In der Leber werden aus Aminosäuren die Plasmaproteine gebildet.
9. Aus Monosacchariden wird Glykogen aufgebaut und gespeichert.
10. Bilirubin entsteht durch Abbau des Hämoglobins zerfallener Erythrozyten.
11. Die Gallenblase liegt an der Eingeweidefläche der Leber und ist ein Speicherorgan für die Gallenflüssigkeit.
12. Pferde, Rehe, Hirsche, Kamele, Ratten, Biber und Elefanten haben keine Gallenblase.
13. Galle wird in der Leber gebildet und ins Duodenum abgegeben. Galle emulgiert das Nahrungsfett.
14. Ja; das Pferd hat aber keine Gallenblase.
15. Hyperbilirubinämie.

16. Hepatitis bedeutet Leberentzündung; sie wird verursacht z. B. durch Viren, Leptospiren oder Parasiten.
17. Ikterus bedeutet Gelbsucht. Es handelt sich um ein Symptom, keine Erkrankung. Die Schleimhäute verfärben sich gelb.
18. Die Finnen der Echinokokken können in der Leber der Haussäugetiere und des Menschen große Blasen verursachen.
19. Die Leberzirrhose ist eine Leberverhärtung, die durch bindegewebigen Umbau des Leberparenchyms hervorgerufen wird.
20. Das Pankreas gehört zum Verdauungssystem.
21. Das Pankreas liegt dicht am Duodenum.
22. Der Pankreassaft (Bauchspeichel) gelangt ins Duodenum.
23. Die Bauchspeicheldrüse bildet den Pankreassaft (mit Enzymen) für die Verdauung und produziert Hormone für den Zuckerhaushalt.
24. Exkretorische (exokrine) Drüsen geben ihr Sekret über einen Ausführungsgang an die Körperoberfläche (Haut oder Schleimhaut) ab. Inkretorische (endokrine) Drüsen geben ihr Sekret (Hormone) direkt an die Blutbahn ab.
25. Das exkretorische Parenchym produziert Bauchspeichel (Pankreassaft). Darin enthalten sind Verdauungsenzyme. Über das Pankreas verteilt liegen die Langerhansschen Inseln (Inselapparat). Hier werden Hormone produziert.
26. Der Pankreassaft enthält Bikarbonat und die Enzyme Amylase, Lipase und Trypsin. Die Hormone der Bauchspeicheldrüse heißen Insulin und Glukagon.
27. Diese Zellgruppen nennt man Langerhanssche Inseln.
28. Insulin bewirkt eine Senkung des Blutzuckerspiegels. Die Glukose des Blutes wird in die (Leber-)Zellen eingelagert und dort zu dem Polysaccharid Glykogen aufgebaut. Auf diese Weise kann momentan nicht benötigte Glukose gespeichert werden, um bei Bedarf wieder freigesetzt zu werden.

29. Was bewirkt Glukagon?

30. Definieren Sie kurz die Begriffe exkretorische Pankreasinsuffizienz und Diabetes mellitus.

31. Ist der Diabetes mellitus eine Erkrankung der Leber, der Bauchspeicheldrüse oder der Niere?
32. Welche Veränderungen im Blut sind beim Diabetes mellitus zu erwarten?
33. Welcher Mangel ist Ursache einer exokrinen Pankreasinsuffizienz?
34. Was ist mit dem – in der Praxis üblichen – Ausdruck »Unterzucker« gemeint?

Ernährung und Stoffwechsel

1. Welche Nährstoffe stehen dem Organismus mit der Nahrung zur Verfügung?

2. Welche Hauptnährstoffe bezieht das Tier über die Nahrung?

3. In welcher Form werden Kohlenhydrate mit der Nahrung vom Tier aufgenommen?
4. Welche Bedeutung hat die Aufnahme von Eiweiß aus der Nahrung für den Organismus des Tieres?
5. Was bedeutet der Begriff essenziell (z. B. essenzielle Aminosäuren)?

6. Geben Sie Beispiele für die Begriffe Saftfutter, Raufutter und Kraftfutter.

7. Was sind Herbivoren, Omnivoren und Karnivoren? Geben Sie jeweils zwei Tierarten als Beispiele an.

8. Zählen Sie einige Mineralstoffe und Spurenelemente auf.

9. Was versteht man unter Spurenelementen?

10. Welche Bedeutung haben Mineralstoffe und Spurenelemente für den Organismus?

29. Glukagon bewirkt einen Anstieg des Blutzuckerspiegels. Bei plötzlichem erhöhten Energiebedarf wird Glykogen wieder zu Glukosemolekülen abgebaut. Diese Glukosemoleküle verlassen die Zellen und werden in den Blutkreislauf abgegeben. Hier stehen sie dem ganzen Körper wieder als Energielieferanten zur Verfügung.
30. Die exkretorische Pankreasinsuffizienz ist eine Funktionsminderung des exkretorischen Parenchyms und führt zu einem Enzymmangel. Diabetes mellitus heißt auch »Zuckerkrankheit«. Es handelt sich um eine Störung des Kohlenhydratstoffwechsels infolge Insulinmangels.
31. Es handelt sich um eine Erkrankung der Bauchspeicheldrüse.

32. Es ist ein Anstieg des Blutzuckerspiegels (Hyperglykämie) zu erwarten.
33. Es ist ein Mangel an Pankreasfermenten.
34. Unterzucker: Absinken des Blutzuckergehaltes unter den Normalwert.

Ernährung und Stoffwechsel

1. Nahrung enthält die Energie liefernden Nährstoffe Protein (Eiweiß), Kohlenhydrate (Zucker) und Lipide (Fette). Nährstoffe, die keine Energie liefern, sind Vitamine, Mineralstoffe und Wasser.
2. Damit sind die Energie liefernden Nährstoffe Proteine, Kohlenhydrate und Lipide gemeint.
3. Sie werden als Polysaccharide der pflanzlichen Futtermittel aufgenommen.

4. Mit dem Futter aufgenommenes Eiweiß liefert die Bausteine (Aminosäuren) für den Aufbau der körpereigenen Proteine.
5. Der Begriff essenziell bedeutet lebensnotwendig, wesentlich. Es handelt sich um Stoffe, die der Körper nicht selbst herstellen kann. Deshalb müssen sie über die Nahrung aufgenommen werden.
6. Saftfutter ist z.B. Gras, Klee, Rüben, Möhren, Kartoffeln und Silage. Raufutter ist Heu (verschiedene Pflanzenarten) und Stroh. Kraftfutter sind z.B. Getreidekörner.
7. Herbivoren sind Pflanzenfresser, z.B. Pferd, Wiederkäuer und Kaninchen. Omnivoren sind Allesfresser, z.B. Schwein, Ratte und Maus. Karnivoren sind Fleischfresser, z.B. Hund und Katze.
8. Mineralstoffe (Massenelemente) sind Natrium, Chlor, Kalzium, Kalium, Magnesium, Phosphor. Spurenelemente sind Eisen, Kupfer, Mangan, Zink und Jod.
9. Spurenelemente sind chemische Elemente, die nur in geringen Mengen im Organismus benötigt werden.
10. Sie sind für den Stoffwechsel des Körpers notwendig, z.B. für die Regulierung des Flüssigkeits- und Kalziumstoffwechsels, die Bildung von Blutfarbstoff und Enzymen und die Reizübertragung im Nerven- und Muskelgewebe.

11. Was sind Vitamine? Nennen Sie die wichtigsten.
12. Wozu benötigt der Körper Vitamine?
13. Geben Sie Bezeichnungen für folgende Vitaminmangelkrankheiten an: Vitamin-A-Mangel, Vitamin-C-Mangel, Vitamin-D-Mangel.
14. Was verstehen Sie unter Stoffwechsel? Nennen Sie drei Beispiele für Stoffwechselvorgänge im Körper.
15. Beim Energiestoffwechsel unterscheidet man Leistungsumsatz und Grundumsatz. Erläutern Sie beide Begriffe.
16. Welche Produkte können durch Stoffwechselvorgänge entstehen?
17. In welcher Phase des Lebens ist der Baustoffwechsel besonders hoch?
18. Was ist mit dem Begriff Energie- oder Betriebsstoffwechsel gemeint?
19. Beschreiben Sie kurz die Entstehung von Energie innerhalb des Stoffwechsels.
20. Geben Sie die Maßeinheit für Energie an.
21. Wie hoch ist etwa der Energiebedarf eines heranwachsenden Tieres im Verhältnis zu dem eines ausgewachsenen Tieres?
22. Welche Bedingungen sind bei der mutterlosen Aufzucht von Jungtieren im Saugalter zu erfüllen?
23. Was ist Kolostralmilch?
24. In etwa welchem Lebensalter werden Hundewelpen abgesetzt?
25. Was ist bei der Ernährung von Kaninchen und Meerschweinchen gegenüber anderen Kleinnagern zu beachten?
26. Wozu gehören Meerschweinchen ihrer Ernährung nach?
27. Was sind Pellets?

11. Vitamin A, die Vitamine des B-Komplexes, außerdem die Vitamine C, D, E und K. Sie sind lebensnotwendige, organische Wirkstoffe. Sie stammen größtenteils aus der Nahrung, teilweise werden sie im Körper synthetisiert.
12. Vitamine übernehmen wichtige Steuerungsfunktionen im Stoffwechsel des Organismus.
13. Ein Vitamin-A-Mangel führt zu Wachstumsstörungen und Sehschwäche. Ein Vitamin-C-Mangel hat eine verminderte Infektabwehr zur Folge. Der Vitamin-D-Mangel führt zu Rachitis, einer Krankheit, die typische Skelettveränderungen auslöst.
14. Als Stoffwechsel werden alle anabolen (aufbauenden), metabolen (umwandelnden) und katabolen (abbauenden) Vorgänge im Körper bezeichnet. Man unterscheidet den Baustoffwechsel und den Energiestoffwechsel (Grundumsatz, Leistungsumsatz).
15. Unter Leistungsumsatz versteht man den Energieverbrauch des Körpers während der Nahrungsaufnahme und Verdauung, gewöhnlicher Bewegung und besonderer Leistungen. Der Grundumsatz bezeichnet den Energieverbrauch für die Lebensvorgänge im Ruhe- und Schlafzustand des Körpers.
16. Es können Energie, körpereigene Proteine, Kohlenhydrate und Fette, Sekrete und Inkrete (Hormone) entstehen.
17. In der Wachstumsperiode des Organismus werden vermehrt Stoffe aufgebaut.
18. Der Betriebsstoffwechsel ist der Energieverbrauch für alle Lebensvorgänge in Ruhe und bei Leistungsaufwand des Körpers.
19. Nährstoffe werden in den Zellen mithilfe von Sauerstoff verbrannt. Dabei entsteht Energie, die für die vielfältigen Aufgaben der Zellen benötigt wird.
20. Die Maßeinheit für die Körperenergie ist das Joule (J). Eigentlich veraltet, hält sich in Deutschland jedoch nach wie vor die Einheit Kalorie (cal) oder Kilokalorie (kcal).
21. Heranwachsende Tiere benötigen etwa das Doppelte bis Dreifache des Energiebedarfs eines ausgewachsenen Tieres.
22. Die Ersatzmilch muss bezüglich ihres Eiweiß- und Fettgehaltes weitgehend der Muttermilch der jeweiligen Tierart entsprechen. Die Ersatzmilch muss körperwarm und in nicht zu großen Portionen verabreicht werden. Die Tagesmenge richtet sich nach dem Energiebedarf der Tierart.
23. Kolostralmilch ist die energiereiche, Antikörper enthaltende erste Muttermilch nach der Geburt.
24. Das Absetzalter bei Hundewelpen ist etwa die 6. Lebenswoche.
25. Meerschweinchen und Kaninchen brauchen als reine Pflanzenfresser ein ausreichendes Angebot an Raufutter.
26. Meerschweinchen gehören zu den Pflanzenfressern (Herbivoren).
27. Pellets sind getrocknetes Pressfutter, das alle notwendigen Nähr-, Zusatz- und Ballaststoffe für die jeweilige Tierart enthält.

28. Was sind Ballaststoffe?

29. Muss den Kaninchen und Kleinnagern stets Trinkwasser angeboten werden?
30. Welche Bedeutung hat das Wasser bei allen Lebensfunktionen?

Harnorgane

1. Welche Organe gehören zum Harnapparat? Geben Sie die deutschen Bezeichnungen und die Fachausdrücke in der richtigen Reihenfolge von der Harnbildung bis zur -ausscheidung an.
2. Welche Harnorgane sind paarig angelegt?
3. Übersetzen Sie die Begriffe Ren, Ureter, Vesica urinaria, Urethra und Vagina.
4. In welcher Körperregion (Lagebezeichnung) liegen die Nieren der Säugetiere?

5. Bei welchem Haustier weisen die Nieren eine abweichende Form auf?
6. Wie heißen die zwei Schichten der Niere?

7. Erläutern Sie den Feinbau der Niere.

8. In welchen Schichten liegen die Nierenkanälchen hauptsächlich?

9. Was ist ein Glomerulum, und was ist ein Tubulus?
10. Wo liegt der Harnleiter, welche Funktion hat er und wie erfüllt er diese Funktion?

11. Wo endet beim männlichen, wo beim weiblichen Tier die Harnröhre?

12. Welche Funktionen hat die Niere?

13. Welche Funktion hat das Nierenbecken?

28. Ballaststoffe sind Nahrungsbestandteile, die nicht verdaut werden, sondern durch ihr Vorhandensein die Darmtätigkeit anregen und, außer der mechanischen Zerkleinerung, unverändert wieder ausgeschieden werden.
29. Ja, denn das Trinkwasser ist für die Verdauung des Raufutters notwendig.
30. Wasser ist für die Lebenserhaltung, d.h. für den Zellstoffwechsel, die Transportfunktionen, als Lösungsmittel und für alle übrigen Stoffwechselvorgänge unentbehrlich.

Harnorgane

1. Niere: Ren (Nephros), Harnleiter: Ureter, Harnblase: Vesica urinaria, Harnröhre: Urethra.

2. Die Nieren und die Harnleiter sind jeweils zweimal vorhanden.
3. Niere, Harnleiter, Harnblase, Harnröhre, Scheide.
4. Sie liegen im kraniodorsalen Bereich des Adomens dem Rücken an. Die rechte Niere ist etwas weiter kranial platziert. Sie liegen nicht in der Bauchhöhle, sondern retroperitoneal (hinter dem Bauchfell).
5. Beim Rind sind die Nieren mehrfach gefurcht.
6. Außen liegt die Rindenschicht und innen die Markschicht. Die Markschicht besteht aus den Nierenpyramiden.
7. In der Rindenschicht liegen die Gefäßknäuel (Glomerula), jeweils umgeben von der Bowman-Kapsel, die in ein Nierenkanälchen (Tubulus) übergeht. Dieses Kanälchen zieht bis weit in die Markschicht und nach einer Schleife (Henlesche Schleife) wieder in die Rindenschicht zurück. Auf dem Weg zum Nierenbecken vereinen sich die Kanälchen zu Sammelrohren. Die Tubuli sind von einem feinen Netz aus Blutkapillaren umgeben.
8. Sie liegen hauptsächlich in der Markschicht; der Anfangsteil der Kanälchen liegt noch in der Rindenschicht.
9. Glomerulum: Gefäßknäuel, Tubulus: Nierenkanälchen.
10. Der Harnleiter ist ein ableitender Harnweg. Er transportiert den fertigen Harn mithilfe peristaltischer Bewegung vom Nierenbecken in die Harnblase.
11. Beim männlichen Tier endet die Harnröhre an der Penisspitze, beim weiblichen Tier im Scheidenvorhof.
12. Die Nieren produzieren den Harn und scheiden mit ihm harnpflichtige Stoffe aus. Sie regulieren den Wasser- und Elektrolythaushalt sowie den Blut-pH-Wert. Außerdem sind sie an der Erythropoese und der Blutdruckregulation beteiligt.
13. Das Nierenbecken sammelt den Endharn vor Abfluss in den Harnleiter.

14. Wo entsteht der Harn, und welchen Weg nimmt er?

15. Welches Organ sorgt weitgehend für den Wasserhaushalt?

16. In den Nieren laufen drei wichtige Arbeitsprozesse ab. Welche sind das?

17. Wo wird Harnstoff gebildet, und wo gelangt er hin?

18. Welche Möglichkeiten der Untersuchung des Harnapparates gibt es?

19. Was ist eine Niereninsuffizienz?
20. Übersetzen Sie die Begriffe Nephritis, Nephrose, Polyurie und Urämie.

21. Übersetzen Sie die Begriffe Oligurie, Hämaturie, Zystitis und Urolithiasis.

22. Welches weitere Leitsymptom wird bei der Polyurie beobachtet?

23. Was bedeutet eine Proteinurie?
24. Wie nennt man das Vorhandensein von Harnsteinen?

Geschlechtsorgane

1. Erläutern Sie die Begriffe Gynäkologie und Andrologie.

2. Nennen Sie die männlichen Geschlechtsorgane (deutsche und Fachausdrücke!) in der richtigen Reihenfolge.

3. Nennen Sie die weiblichen Geschlechtsorgane (deutsche und Fachausdrücke!) in der richtigen Reihenfolge.

4. In welcher Reihenfolge von dorsal nach ventral liegen Harnblase, Rektum und Uterus?

14. Der Anfangsharn wird aus dem Glomerulum herausfiltriert. In den Tubuli entsteht aus dem Anfangsharn der End- oder Sekundärharn, der über die Sammelrohre und die Nierenpapille ins Nierenbecken abfließt. Von dort wird der Harn über die Harnleiter zur Harnblase geleitet. Bei Füllung der Harnblase erreicht ein Dehnungssignal aus der Harnblasenwand das ZNS. In der Folge erschlafft der Harnblasenschließmuskel, und der Harn wird abgesetzt.
15. Die Niere sorgt durch Elektrolyt- und Wasserrückresorption in den Tubuli für eine Regulation des Wasser- und Elektrolythaushalts. Stehen dem Körper z. B. wenig Elektrolyte zur Verfügung, werden diese Elektrolyte vermehrt aus dem Anfangsharn ins Blut rückresorbiert.
16. Die wichtigsten Prozesse sind die Filtration in den Glomerula, die Rückresoprtion von verschiedenen Stoffen und Wasser in den Tubuli und die Bildung des Endharnes.
17. Harnstoff wird in der Leber gebildet und gelangt über das Blut zu den Nieren, wo er ausgeschieden wird.
18. Zu den Untersuchungsmöglichkeiten gehören die Untersuchung des Harnes, Röntgen, Urografie, Zystoskopie und die Blutuntersuchung.
19. Die Niereninsuffizienz ist eine Minderung der Arbeitsleistung der Nieren.
20. Nephritis: Nierenentzündung; Nephrose: Störung der Tubulusfunktion (degenerative Nierenerkrankung), Polyurie: vermehrte Harnausscheidung, Urämie: Verbleib von harnpflichtigen Substanzen im Blut.
21. Oligurie: verminderte Harnausscheidung, Hämaturie: Absatz von blutigem Harn, Zystitis: Harnblasenentzündung, Urolithiasis: Krankheit mit Bildung von Harnsteinen.
22. Parallel zu einer Polyurie zeigt der Patient eine Polydipsie (vermehrte Wasseraufnahme).
23. Proteinurie: Ausscheidung von eiweißhaltigem Harn.
24. Der Fachbegriff ist die Urolithiasis. Sie kommt in der Niere, dem Harnleiter oder der Harnblase vor.

Geschlechtsorgane

1. Die Gynäkologie ist die Lehre von den Krankheiten der weiblichen Geschlechtsorgane und von der Geburtshilfe. Andrologie ist die Lehre von den Krankheiten der männlichen Geschlechtsorgane.
2. Hoden: Testis, Nebenhoden: Epididymis, Samenleiter: Ductus deferens, Vorsteherdrüse: Prostata, Glied: Penis mit Schwellkörpern: Corpora cavernosa und Vorhaut: Präputium.
3. Eierstock: Ovar, Eileiter: Tuba uterina (Salpinx), Gebärmutter: Uterus, Gebärmutterhals: Cervix uteri, Scheide: Vagina, Scheidenvorhof: Vestibulum vaginae, Scham: Vulva.
4. Rektum, Uterus, Harnblase.

5. Wie heißen die Keimdrüsen?
6. Welche Funktion haben die Keimdrüsen?
7. In welchen Drüsen werden die Androgene und die Östrogene gebildet?
8. Nennen Sie die drei Gruppen von Sexualhormonen.
9. Was versteht man unter dem Brunstzyklus eines Tieres?
10. Wie heißen die Phasen des Brunstzyklus?
11. Beschreiben Sie die zyklischen Veränderungen am Eierstock und deren hormonelle Beeinflussung.
12. Wie äußert sich die Brunst beim Tier?
13. Wie nennt man die Brunst bei den verschiedenen Tierarten?
14. Beschreiben Sie die Vorgänge beim ovariellen und uterinen Zyklus.
15. Was versteht man unter Eisprung, und wie lautet der Fachausdruck?
16. Beschreiben Sie kurz die Vorgänge bei der Befruchtung.

5. Die Keimdrüsen sind die Ovarien und die Testes. Sie produzieren die Keimzellen (Eizellen und Spermien).
6. Keimdrüsen bilden die Keimzellen und produzieren Hormone.
7. Die Androgene werden in den Hoden, die Östrogene in den Ovarien gebildet.
8. Die Geschlechtshormone sind Östrogene, Gestagene (beides weibliche Geschlechtshormone) und Androgene (männliche Geschlechtshormone).
9. Unter Brunstzyklus versteht man die Zeit vom Beginn einer Brunst über die brunstfreie Zeit bis zum Beginn der nächsten Brunst. Er läuft in wiederkehrenden Phasen ab.
10. Sie heißen Vorbrunst (Proöstrus) und Brunst (Östrus), Nachbrunst (Metöstrus), Zwischenbrunst (Interöstrus oder Diöstrus) und brunstfreie Zeit (Anöstrus).
11. Zunächst reift ein Eifollikel unter dem Einfluss von FSH (follikelstimulierendes Hormon) aus der Hypophyse heran. Es folgt die Ovulation (Follikelsprung). Das bedeutet, dass der Follikel springt und die Eizelle in den Eileiter entlässt. Dort, wo der Follikel auf dem Ovar saß, entwickelt sich unter dem Einfluss von LH (Luteinisierendes Hormon) aus der Hypophyse der Gelbkörper (Corpus luteum).
12. Brunstsymptome sind die Schwellung der Vulva und ein klarer schleimiger Scheidenausfluss. Zusätzlich kann man Unruhe und Nervosität beobachten. Beim Hund kommt es während der Vorbrunst zu blutigen Beimengungen im Scheidenausfluss. Es handelt sich hierbei nicht um eine Menstruationsblutung wie beim Menschen, sondern um eine Aufbaublutung. Die Uterusschleimhaut wird aufgebaut, und die starke Durchblutung der Schleimhaut führt zu spontanen Blutungen, die als Ausfluss aus der Scheide in Erscheinung treten. Bei Pferden kann man das sogenannte »Blitzen« beobachten. Die Stuten nehmen den Schweif zur Seite und zeigen dem Hengst die Innenseite der Schamlippen. Schweine zeigen den Duldungsreflex. In der Brunst lassen sie den Untersucher ohne Gegenwehr aufsitzen. Katzen wälzen sich oft (Rolligkeit).
13. Beim Pferd spricht man von der Rosse; die Stute ist rossig. Hunde sind läufig oder heiß. Katzen werden rollig, und bei Schweinen heißt die Brunst Rausche. Rinder sind bullig oder sie rindern.
14. Der ovarielle Zyklus beginnt mit der Follikelbildung und -reifung und der Eireifung im Follikel. Danach folgt der Eisprung und der Eitransport durch den Eileiter. Es bildet sich der Gelbkörper im geplatzten Follikel aus. Dieser reift und wird später wieder abgebaut. Im Uterus findet der Aufbau der Gebärmutterschleimhaut (Proliferation) mit verstärkter Durchblutung und Sekretion statt. Bei fehlender Nidation (Einnistung der befruchteten Eizelle in den Uterus) bildet sich die Schleimhaut wieder zurück. Beim Menschen kommt es in dieser Phase zur Abstoßung der nicht benötigten Schleimhaut (Menstruation).
15. Der Eisprung (oder genauer der Follikelsprung) heißt Ovulation. Ein reifer Follikel am Ovar platzt, und eine befruchtungsfähige Eizelle wird in den Eileiter abgegeben.
16. Im Eileiter treffen die Spermien auf die Eizelle. Befruchtung (Konzeption) bedeutet die Vereinigung einer Samenzelle mit der Eizelle.

17. Erläutern Sie die Begriffe Ovulation und Nidation.

18. Zu welchem Zeitpunkt beginnt die embryonale Entwicklung?
19. Wann spricht man von einem Embryo und wann von einem Fetus (Fötus)?

20. Wie heißen die embryonalen Keimschichten?
21. Was versteht man unter Plazentation?

22. Wie heißen die drei Eihäute, die den Embryo umgeben?
23. Ordnen Sie die Begriffe Nidation, Ovulation, Gravidität, Plazentation und Konzeption in die richtige Reihenfolge.
24. Welches Hormon ist für die Aufrechterhaltung der Trächtigkeit (Gravidität) notwendig, und wo wird es gebildet?
25. Geben Sie die durchschnittliche Trächtigkeitsdauer bei Pferd, Rind, Schwein, Hund und Katze an.
26. Welche physiologischen Vorgänge laufen während der Geburtsphase ab?

27. Was ist das Puerperium?

28. Übersetzen Sie die Begriffe Gravidität und Laktation.
29. Was ist die Laktation?

30. Was ist Kolostralmilch, und wann wird sie gebildet?

31. Welche Bedeutung hat die Muttermilch, und welches Hormon bewirkt ihre Abgabe?

32. Beschreiben Sie den groben Aufbau einer Milchdrüse.

33. Welche Art von Drüse ist die Milchdrüse?
34. Wie lange dauert die Säugezeit bei Pferd, Hund, Kaninchen, Meerschweinchen und Hamster?
35. Welche Bedeutung haben die Begriffe Sterilität und Fertilität eines Tieres?
36. Erläutern Sie die Begriffe Sterilisation, Kastration, Endometritis, Mastitis.

37. Was ist mit einer Samenübertragung gemeint?

17. Ovulation: Eisprung, Nidation: Einnistung der befruchteten Eizelle in die Gebärmutterschleimhaut.
18. Sie beginnt mit der ersten Teilung der befruchteten Eizelle.
19. Embryo heißt die Frucht bis zur Herausbildung der Organe. Danach spricht man von der Frucht als Fetus.
20. Sie heißen Ektoderm, Mesoderm und Entoderm.
21. Die Plazentation ist der Vorgang, bei dem der Mutterkuchen (Plazenta) gebildet wird. Die Plazenta stellt die Verbindung zwischen dem Kreislauf des Muttertieres und dem der Frucht dar. Über sie wird die Frucht während der Trächtigkeit mit allen notwendigen Stoffen versorgt.
22. Chorion: Zottenhaut, Amnion: Schafshaut, Allantois: Harnsack.
23. Ovulation – Konzeption – Nidation – Planzentation – Gravidität.

24. Das Hormon ist das Progesteron. Es wird im Corpus luteum, später in der Plazenta gebildet.
25. Pferd 336, Rind 283, Schwein 114, Hund 63, Katze 58 Tage.

26. Die Geburt beginnt mit dem Einsetzen der Wehentätigkeit und der Erweiterung der Geburtswege (Öffnungsstadium). Danach wird die Frucht mittels der Wehentätigkeit ausgetrieben (Austreibungsstadium). Dabei geht auch das Fruchtwasser ab. Zuletzt wird die Nachgeburt ebenfalls ausgetrieben.
27. Die Nachgeburtsperiode (Puerperium) ist die Zeit vom Ende der Geburt bis zur vollständigen Rückbildung der Gebärmutter.
28. Gravidität: Trächtigkeit, Laktation: Milchabsonderung.
29. Die Laktation ist die Milchabgabe aus dem Gesäuge nach einer Trächtigkeit und die Aufrechterhaltung des Milchflusses durch den Saugakt oder die Melktätigkeit.
30. Kolostralmilch ist die erste, sehr nährstoffreiche und Immunglobuline enthaltende Muttermilch, die gleich nach der Geburt zur Verfügung steht.
31. Muttermilch enthält die für den Säugling notwendigen Nährstoffe und in der ersten Zeit auch Immunkörper gegen Jungtierkrankheiten. Die Milchabgabe erfolgt durch das Hormon Oxytocin.
32. Vom Drüsenepithel der Milchdrüse wird das Sekret (Milch) gebildet und an Alveolen abgegeben. Die Milch wird in Milchgängen gesammelt und über einen erweiterten Bereich (Zisterne) in den Ausführungsgang der Zitze geleitet.
33. Es handelt sich um eine exokrine Drüse.
34. Pferd bis 20, Hund 6, Kaninchen 8, Meerschweinchen bis 3, Hamster bis 3,5 Wochen im Durchschnitt.
35. Sterilität: Unfruchtbarkeit, Fertilität: Fruchtbarkeit.
36. Sterilisation: Unfruchtbarmachung durch Unterbinden von Eileitern oder Samenleitern, Kastration: Entfernung der Keimdrüsen, Endometritis: Gebärmutterschleimhautentzündung, Mastitis: Milchdrüsenentzündung.
37. Samenübertragung: künstliche Besamung.

38. Was versteht man unter einer instrumentellen Insemination?

39. Welche Überprüfung ist vor der Samenkonservierung notwendig?

40. Wie kann Sperma haltbar gemacht werden?

41. In welchem Tierbestand ist die künstliche Besamung weit verbreitet, und welche Vorteile bringt sie?

42. Erläutern Sie den Begriff Embryotransfer.

43. Welchem Zweck dient die Übertragung von Embryonen in der Rinderzucht?

Nervensystem

1. Welche Funktionen hat das Nervensystem?

2. Aus welchen Anteilen setzt sich das Nervensystem zusammen?

3. Welche Organe bilden das Zentralnervensystem?
4. Geben Sie die Teile des Gehirns bis zum verlängerten Mark an (Abb. 8).

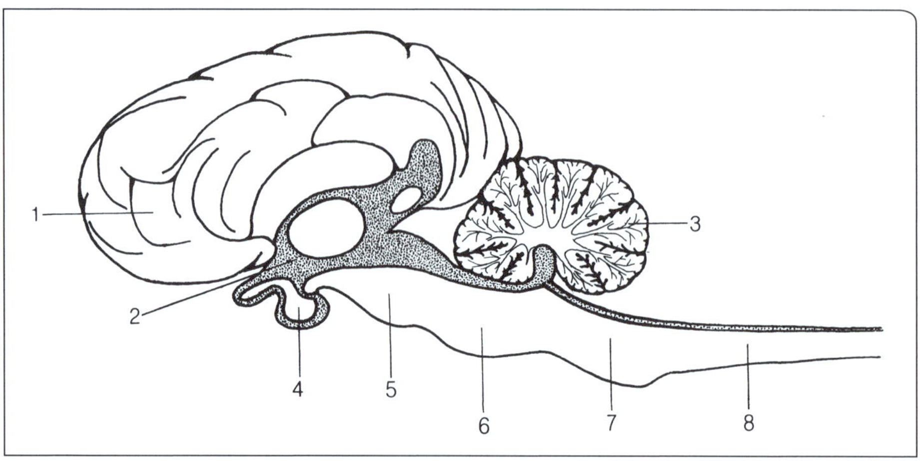

Abb. 8: Aufbau des Gehirns.

38. Instrumentelle Insemination: Die künstliche Besamung wird mit einer Besamungspipette, die verdünntes Ejakulat des Vatertieres enthält, vorgenommen. Die Samenportion wird in den Kanal des Gebärmutterhalses eingebracht.
39. Vor der Samenkonservierung wird das gewonnene Ejakulat mikroskopisch auf Anzahl und Lebensfähigkeit (Beweglichkeit) der Samenzellen und mögliche Krankheitserreger hin überprüft.
40. Frisch gewonnenes, verdünntes Sperma kann 4 Tage lang gekühlt als Frischsperma aufbewahrt werden; für eine längere Lagerung ist eine Tiefkühlung in flüssigem Stickstoff notwendig.
41. In der Rinderzucht ist die künstliche Besamung weltweit verbreitet. Vorteile sind der Aufbau eines gesunden und leistungsfähigen Rinderbestandes, die Vermeidung von Deckinfektionen und Zeiteinsparung.
42. Embryotransfer bedeutet, dass befruchtete Eizellen einer Spenderin auf eine Empfängerin übertragen werden. Beide Tiere müssen im gleichen Zyklusstadium sein.
43. Sie dient der Verbesserung der Fortpflanzungsleistung.

Nervensystem

1. Das Nervensystem übernimmt zusammen mit dem endokrinen System die Steuerung der Körperfunktionen. Außerdem bietet das Nervensystem die Fähigkeit zur Aufnahme von Reizen aus der Umwelt, die Weiterleitung dieser Reize, deren Wahrnehmung und Verarbeitung.
2. Man unterscheidet das Zentralnervensystem, das periphere und das vegetative Nervensystem.
3. Gehirn und Rückenmark bilden zusammen das Zentralnervensystem.
4. **Abbildung 8:**

1	Großhirn
2	Zwischenhirn
3	Kleinhirn
4	Hirnanhangsdrüse (Hypophyse)
5	Mittelhirn
6	Brücke
7	Verlängertes Mark
8	Rückenmark

5. Was versteht man unter dem biologischen Prinzip der Leistungsvermehrung durch Oberflächenvergrößerung?
6. Geben Sie Beispiele für die Oberflächenvergrößerung zur Leistungsvermehrung an.
7. Aus welchen Schichten besteht das Gehirn?
8. Wo liegen die Nervenzellen des Zentralnervensystems?
9. Wo liegen die Zentren für die lebensnotwendigen Körperfunktionen?
10. In welchem Gehirnteil entstehen die psychischen Empfindungen?
11. Welche Funktion hat das Rückenmark?
12. Beschreiben Sie den Aufbau des Rückenmarks.
13. Wie heißen die das Gehirn und das Rückenmark umschließenden Häute?
14. Aus welchen Anteilen besteht das periphere Nervensystem?
15. In welchen Bahnen und in welchen Richtungen werden Reize und ihre Beantwortung im Nervensystem geleitet?
16. Wozu dient das vegetative Nervensystem?
17. Aus welchen Anteilen besteht das vegetative Nervensystem?
18. Wo liegen die wichtigsten vegetativen Zentren des Nervensystems?
19. Beschreiben Sie den Einfluss des Vagus und des Sympathikus am Beispiel Herz, Darmschleimhaut und Iris.
20. Ist die Funktion des vegetativen Nervensystems in der Narkose ausgeschaltet?
21. Was ist ein Rezeptor?

5. Oberflächenvergrößerung eines Organes: Durch Windungen, Falten, Ausbuchtungen, Bläschenbildung wird der vorhandene Raum für ein Organ besser ausgenutzt.
6. Nasenmuscheln, Lungenbläschen, Darmzotten, Blätter des Psalters, Nierenkanälchen, Gehirnwindungen.
7. Das Gehirn besteht aus einer äußeren grauen Rindenschicht mit Nervenzellkörpern und der inneren weißen Markschicht mit Nervenzellfortsätzen.
8. Nervenzellen finden sich z. B. in der Rindenschicht des Gehirns und in der grauen Substanz des Rückenmarks.
9. Sie liegen im Hirnstamm, d. h. in der Brücke und dem verlängerten Mark.
10. Sie entstehen im Zwischenhirn (Thalamus).
11. Das Rückenmark ist ein Schalt- und Leitungssystem. Es stellt mit seinen Nervenbahnen die Verbindung zwischen peripherem Nervensystem und Gehirn her. Außerdem dient es als Reflexorgan, indem es bei bestimmten Reizen aus der Umwelt einen einfachen Antwortmechanismus gebraucht, ohne die Information vorher an das Gehirn weitergegeben zu haben.
12. Das Rückenmark besteht aus der inneren grauen Substanz (aus Nervenzellkörpern) und der äußeren weißen Substanz aus Nervenzellfortsätzen. Jeweils rechts und links treten zwei Nervenwurzeln aus dem Rückenmark, die (der menschlichen Anatomie nachempfunden) Vorder- und Hinterwurzel heißen. Vorne ist wie beim Menschen ventral, während hinten dorsal bedeutet. Die Vorderwurzel besteht aus motorischen Fasern, die Hinterwurzel aus sensiblen. Beide Wurzeln vereinigen sich im weiteren Verlauf zum Spinalnerv, der jeweils zwischen zwei Wirbeln das Rückenmark und die Wirbelsäule verlässt.
13. Harte Hirnhaut, Spinnwebhaut, weiche Hirnhaut.
14. Das periphere Nervensystem ist ein Leitungsnetz aus Nerven mit sensiblen und motorischen Anteilen.
15. Reize werden von den sensiblen Bahnen aus der Peripherie über das Rückenmark zum Gehirn geleitet. Die motorischen Bahnen übernehmen die Leitung der Reizbeantwortung vom Gehirn über das Rückenmark in die Peripherie.
16. Es dient der Regelung der lebenserhaltenden Funktionen wie Atmung, Kreislauf, Verdauung, auch bei Ausschaltung des Bewusstseins.
17. Das vegetative Nervensystem besteht aus den beiden Anteilen Sympathikus und Parasympathikus.
18. Die Parasympathikuszentren liegen im verlängerten Mark und im Lenden-Kreuzbeinmark; die Sympathikuszentren liegen im Thorax, unterhalb der Wirbelsäule.
19. Herz: Vagus verlangsamt, Sympathikus beschleunigt die Tätigkeit; Darmmuskulatur: Vagus fördert, Sympathikus hemmt die Motorik; Iris: Vagus verengt, Sympathikus erweitert die Pupille.
20. Nein; die lebenserhaltenden Funktionen müssen weiterhin aufrechterhalten werden.
21. Ein Rezeptor ist eine »Empfangsstelle« für äußere und innere Reize. Hier werden Reize aus der Umwelt und aus dem Körperinneren aufgenommen.

22. Wo liegen die Außen- und Innenrezeptoren des Körpers?

23. Was sind Reflexe? Welche diagnostische Bedeutung haben sie?

24. Wo liegen die wichtigsten Reflexzentren?
25. Was ist ein Reflexbogen?

26. Was verstehen Sie unter angeborenen und erlernten Reflexen? Nennen Sie je ein Beispiel.

27. Übersetzen Sie die Begriffe Meningitis, Enzephalitis, Kommotio, Apoplexie.

28. Was sind Paresen und Paralysen?

29. Was ist der Liquor cerebrospinalis?
30. Welche Zellart ist auch physiologischerweise im Liquor nachweisbar?

Endokrines System

1. Welche Funktion hat das endokrine System?

2. Nennen Sie Hormondrüsen, die im Kopf- und Halsbereich des Tieres liegen.
3. Welche Hormondrüsen liegen in der Bauchhöhle des Tieres?

4. Welcher Unterschied besteht zwischen innerer und äußerer Sekretion bzw. endokrinen und exokrinen Drüsen?

5. Geben Sie Beispiele für inkretorische (endokrine) und exkretorische (exokrine) Drüsen an.

22. Außenrezeptoren liegen in den Sinnesorganen und den Körpergegenden, die Umweltreize aufnehmen. Ein Beispiel hierfür sind die Sinneszellen im Innenohr, die die Bewegung der Endolymphe registrieren und sie in chemische Reize umwandeln. Innenrezeptoren nehmen Reize bei Zustandsveränderungen der inneren Organe auf. Als Beispiel können hier die Dehnungsrezeptoren genannt werden, die bei Füllung der Harnblase diesen Zustand dem Nervensystem melden, damit der Harnabsatz (Miktion) durch Erschlaffen des Harnblasenschließmuskels erfolgt.
23. Ein Reflex ist die unwillkürliche Reizbeantwortung des Organismus. Diagnostisch wichtig ist die Überprüfung des physiologischen Ablaufs eines Reflexes. Durch Krankheit kann es zu einer Steigerung, Verzögerung oder Ausfall des Reflexes kommen.
24. Diese liegen im verlängerten Mark, Rückenmark und im Darmbereich.
25. Der Reflexbogen ist die kürzeste Nervenverbindung zwischen dem Rezeptor und dem Erfolgsorgan. Er verläuft über die sensible Bahn zum Reflexzentrum und von dort über die motorische Bahn zum Erfolgsorgan.
26. Ein angeborener Reflex ist das unwillkürliche Ansprechen auf Reize, z. B. Schluckreflex, Niesreflex. Ein erlernter Reflex wird im Lauf des Lebens erworben, z. B. Speichelfluss beim Anblick von Speisen.
27. Meningitis: Hirnhautentzündung, Enzephalitis: Gehirnentzündung, Kommotio: Gehirnerschütterung, Apoplexie: Schlaganfall.
28. Paresen sind teilweise, unvollständige Lähmungen. Paralysen sind vollständige, schlaffe Lähmungen.
29. Es handelt sich hierbei um die Gehirn- und Rückenmarkflüssigkeit.
30. Man findet weiße Blutkörperchen in geringer Menge.

Endokrines System

1. Die Funktion des Hormonsystems ist die Steuerung vieler Organfunktionen. Dieses System reagiert sehr sensibel auf Veränderungen. Solche Veränderungen ziehen häufig schwerwiegende Konsequenzen im gesamten Organismus nach sich.
2. Zirbeldrüse, Hypophyse, Schilddrüse, Nebenschilddrüse.
3. In der Bauchhöhle liegen beim Säugetier die Nebennieren, das Pankreas und die Ovarien. In der Leibeshöhle des Vogels liegen die Hoden.
4. Die Unterschiede bestehen in der Art und dem Ort der Abgabe des jeweiligen Sekrets. Bei den exkretorischen Drüsen wird das Sekret über einen Ausführungsgang an eine Körperoberfläche (Haut oder Schleimhaut) abgegeben. Inkretorische Drüsen geben ihr Inkret (Hormon) direkt ins Blut ab.
5. Inkretorische Drüsen sind z. B. die Hyphophyse, das Pankreas und die Schilddrüse. Exkretorische Drüsen sind z. B. das Pankreas, die Milchdrüse, Talgdrüsen und Schweißdrüsen.

6. Was sind Hormone?

7. Wie gelangen Hormone an ihren Wirkungsort?
8. Wie veranlassen Hormone ein Organ, eine bestimmte Funktion auszuführen?

9. Welche Bedeutung haben Hormone für den Organismus?

10. Nennen Sie fünf verschiedene Drüsen des endokrinen Systems.
11. Welche Sonderstellung nimmt die Hypophyse unter den Hormondrüsen ein?

12. Welche Bedeutung besitzt die Hypophyse für den Organismus?

13. Was versteht man unter dem Rückkoppelungseffekt?

14. Geben Sie zwei Beispiele des Rückkoppelungseffektes zwischen Hormondrüsen an.

15. Welche Bedeutung hat das Hormon Oxytocin?

16. Welchen Einfluss haben die Schilddrüsenhormone auf den Stoffwechsel?

17. Welche Bedeutung hat die Nebenschilddrüse für den Organismus?

18. Welche Bedeutung haben die Nebennieren für den Organismus?

19. Welche Hormongruppe wird in der Nebennierenrinde gebildet?

6. Hormone sind Botenstoffe, die in inkretorischen Drüsen oder im Gewebe gebildet, an das Blut abgegeben und nicht verbraucht, sondern in der Leber abgebaut werden.
7. Hormone gelangen über den Blutkreislauf an ihren jeweiligen Wirkungsort.
8. Die Zielorgane besitzen spezifische Rezeptoren an ihren Zellen. Diese können jeweils nur von einem bestimmten Hormon besetzt werden. Wenn das Hormon nun an diesen Rezeptor »andockt«, registriert die Zelle diese Veränderung und wird aktiv. Dies kann in der Bildung und Abgabe eines weiteren Hormons oder auch z. B. in einer Veränderung der Zellmembranpermeabilität resultieren.
9. Hormone sind wichtig für die Regulation und Koordination im Stoffwechsel (Bsp.: Blutzuckerspiegel), stimulieren teilweise andere Hormondrüsen und beeinflussen Entwicklung, Wachstum und Fortpflanzung des Organismus.
10. Hypophyse, Schilddrüse, Nebenniere, Ovar, Hoden.
11. Die Hypophyse wird als »Dirigent« bezeichnet; sie hat eine übergeordnete Funktion im Zusammenspiel aller Hormondrüsen.
12. Die Hypophyse produziert im Vorderlappen Hormone, die in anderen Hormondrüsen ihrerseits die Produktion stimulieren.
13. Der Begriff Rückkoppelungseffekt beschreibt die Wechselwirkung zwischen der Hypophyse und den anderen Hormondrüsen. Die ausreichende Hormonausschüttung einer peripheren Hormondrüse bewirkt das Nachlassen der Stimulierung durch die Hypophyse und umgekehrt.
14. Beispiele: Kortison der Nebennierenrinde/ACTH der Hypophyse; Progesteron des Ovars/Luteinisierendes Hormon (LH) der Hypophyse.
15. Oxytocin bewirkt die Kontraktionen der Uterusmuskulatur (Wehenmittel) und die Sekretion der Milchdrüse.
16. Schilddrüsenhormone fördern den Grundumsatz (Sauerstoffverbrauch und Wärmeproduktion), das Wachstum des Organismus und erhöhen den Kohlenhydratumsatz.
17. Die Parathyreoidea bildet das Parathormon und das Kalzitonin. Beide sind für die Regulierung des Kalzium- und Phosphatgehalts im Blut zuständig und beeinflussen damit weitreichend den Kalzium- und Phosphorstoffwechsel. Die Hormone wirken als Antagonisten. Während Parathormon den Blutkalziumspiegel erhöht, senkt ihn Kalzitonin durch Hemmung der Kalziumfreisetzung aus den Knochen.
18. Die Nebennierenhormone der Rinde haben entscheidenden Einfluss auf den Eiweiß- und Zuckerstoffwechsel sowie regulierende Funktion im Mineralhaushalt. Weiterhin führen sie zu einer Hemmung der Funktionen des lymphatischen Gewebes und werden in der Folge therapeutisch als Antiphlogistika eingesetzt. Die Hormone des Markes beeinflussen Blutdruck und Gefäßtonus. Sie lösen unter anderem die sogenannte Notfallrektion in Situationen großer Gefahr aus. Damit ist eine erhöhte Herzfrequenz (Tachykardie) bei Wut und Angst gemeint.
19. In der Nebennierenrinde werden die Kortikosteroide mit einer Vielzahl von Einzelhormonen gebildet.

20. Welche Krankheit ist Ausdruck einer Nebennierenrindenüberfunktion?
21. Was bedeutet der Begriff »Gonadotropine«?
22. Welches Hormon ist für die Aufrechterhaltung der Gravidität zuständig?
23. Was bewirkt FSH beim männlichen Tier?
24. Was ist eine Hypothyreose? Nennen Sie auch drei typische Symptome.
25. Wo wird ACTH gebildet und welche Wirkung hat es im Organismus?

Sinnesorgane

1. Welche Sinnessysteme unterscheidet man und wie ist ein Sinnessystem allgemein aufgebaut?
2. Welche Empfindungen werden durch den Gefühlssinn wahrgenommen?
3. Wie lauten die Fachausdrücke für Unempfindlichkeit, Unterempfindlichkeit und Überempfindlichkeit?
4. Welche inneren Organe besitzen keine Schmerzrezeptoren?
5. Wie heißt das anatomische Gebilde mit den Rezeptoren für die Geschmacksempfindung?
6. Welche Geschmacksqualitäten werden über die Zunge vermittelt?
7. Weshalb ist der Geruchssinn bei vielen Tierarten besonders gut ausgebildet?
8. Was bedeutet das Schnüffeln und Wittern des Tieres?
9. Nennen Sie eine Erkrankung, die zur Beeinträchtigung der Geruchs- und Geschmackswahrnehmung führt.
10. Nennen Sie die Wandschichten des Augapfels
11. Was ist mit der vorderen und hinteren Augenkammer gemeint?
12. Welche anatomischen Einrichtungen sorgen für einen Schutz des Auges?

20. Man nennt diese Störung das Cushing-Syndrom.
21. Der Begriff umfasst alle Hormone, die auf die Gonaden (Keimdrüsen: Hoden und Eierstöcke) wirken.
22. Es handelt sich um Progesteron.
23. FSH bewirkt beim männlichen Tier eine Stimulierung der Spermiogenese (Bildung von Samenzellen).
24. Die Hypothyreose ist eine Unterfunktion der Schilddrüse. Sie äußert sich in einer Abnahme der Stoffwechselaktivitäten und in der Folge in Müdigkeit und Gewichtszunahme.
25. ACTH wird im Hypophysenvorderlappen gebildet und beeinflusst die Aktivität der Nebennierenrinde. Wird vermehrt ACTH gebildet und ans Blut abgegeben, produziert die Nebennierenrinde ihrerseits Hormone, die Kortikoide.

Sinnesorgane

1. Man unterscheidet den Gesichtssinn, Gehörsinn, Geschmackssinn, Geruchssinn, Gefühlssinn und den Gleichgewichtssinn. Sinnessysteme bestehen aus einem Sinnesorgan bzw. den Rezeptoren darin, den Nervenbahnen, über die die Information an das ZNS weitergeleitet wird, und dem entsprechenden Wahrnehmungszentrum im Gehirn.
2. Der Gefühlssinn vermittelt Wahrnehmungen von Temperatur, Berührung, Druck, Schmerz, Juckreiz und Muskeltonus.
3. Unempfindlichkeit: Anästhesie, Unterempfindlichkeit: Hypästhesie, Überempfindlichkeit: Hyperästhesie.
4. Keine Schmerzrezeptoren haben Gehirn, Lunge, Leber und Nieren.
5. Dies ist die Geschmacksknospe auf der Zunge.

6. Man unterscheidet die Geschmacksqualitäten süß, sauer, salzig und bitter.
7. Ein ausgeprägter Geruchssinn ist notwendig für das Auffinden der Nahrung, eines Geschlechtspartners, evtl. auch der eigenen Jungtiere, und für die frühzeitige Witterung von Gefahren.
8. Schnüffeln und Wittern dienen dazu, durch die verstärkte Einatmung eine bessere Geruchswahrnehmung zu erreichen.
9. Bei der Rhinitis sind durch die Schleimhautschwellung und vermehrte Sekretbildung Geruchs- und Geschmackswahrnehmung sehr beeinträchtigt.
10. Hornhaut: Kornea, Lederhaut: Sklera, Aderhaut: Chorioidea, Netzhaut: Retina.
11. Die Augenkammern sind Hohlräume zwischen Kornea und Iris (vordere Augenkammer) und zwischen Iris und Linse (hintere Augenkammer). Sie sind mit Kammerwasser gefüllt.
12. Die Schutzeinrichtungen des Auges sind die Augenlider, Wimpern und die Tränenflüssigkeit.

13. Wie heißt die Schleimhaut der Augenlider?
14. Bei welchen Tieren hat die Nickhaut noch volle Schutzfunktion?
15. Von welchem Teil des Auges wird die Pupille gebildet?
16. Wie heißen die beiden Muskeln der Iris?
17. Welche Bedeutung hat die Pupille bei der Beurteilung der Narkosetiefe?
18. Wie wird am Auge die Scharfeinstellung eines Bildes erreicht?
19. Was ist Akkomodation?
20. Welchen Weg nimmt ein ins Auge treffender Lichtstrahl?
21. Wo befinden sich die Rezeptoren für den Gesichtssinn?
22. Was versteht man unter der Adaptation des Auges?
23. Wie heißen die Anteile der Netzhaut, die für das Dämmerungssehen und für das Helligkeits- und Farbensehen vorgesehen sind?
24. An welcher Stelle der Netzhaut gibt es keine Rezeptoren für die Aufnahme der Lichtreize?
25. Übersetzen Sie die Begriffe Keratitis, Konjunktivitis, Glaukom, Katarakt und Nystagmus.
26. Wie lautet die Bezeichnung für eine Linsentrübung?
27. Erläutern Sie die Begriffe grüner Star und grauer Star.
28. Welche anatomische Einrichtung trennt das äußere Ohr vom Mittelohr?
29. Wie heißt die Verbindung zwischen Mittelohr und Rachen, und welche Bedeutung hat sie?
30. Wie heißt die Ausweitung der Ohrtrompete beim Pferd?
31. Beschreiben Sie kurz den Aufbau des Innenohres.
32. Welche Teile des inneren Ohres sind für den Hörvorgang und welche Teile sind für das Gleichgewicht vorgesehen?
33. Was ist der Vestibularapparat, und wo liegt er?
34. Wo befindet sich die Endolymphe?
35. Nennen Sie einige mögliche Untersuchungen am Auge.

13. Lidbindehaut: Konjunktiva.
14. Die Nickhaut hat bei den Vögeln volle Schutzfunktion.
15. Die Pupille ist das zentrale Sehloch der Iris.
16. Es sind dies der Radialmuskel und der Ringmuskel.
17. Die Veränderung der Pupillenweite gibt Auskunft über das jeweilige Narkosestadium, steht in Abhängigkeit von der jeweiligen Medikation (z. B. Atropin).
18. Durch die unterschiedliche Krümmung der Linse wird eine Scharfeinstellung des Bildes erreicht.
19. Unter der Akkommodation des Auges versteht man die Anpassung der Linse an die Entfernung des wahrzunehmenden Objekts.
20. Weg des Lichtstrahles: Hornhaut, vordere Augenkammer, durch die Pupille der Iris, hintere Augenkammer, Linse, Glaskörper, Netzhaut.
21. Sie liegen in der Netzhaut.
22. Unter der Adaptation des Auges versteht man die Anpassung an die Helligkeit der Umgebung durch Eng- bzw. Weitstellung der Pupille.
23. Die Sehstäbchen ermöglichen das Schwarzweißsehen bei schlechter Beleuchtung; die Sehzapfen ermöglichen das Farbensehen bei heller Beleuchtung.
24. Am blinden Fleck befinden sich keine Rezeptoren. Hier tritt der Sehnerv aus dem Auge heraus.
25. Keratitis: Hornhautentzündung, Konjunktivitis: Lidbindehautentzündung, Glaukom: grüner Star, Katarakt: Linsentrübung, Nystagmus: Augenzittern.
26. Grauer Star: Katarakt.
27. Beim grünen Star liegt eine Abflussstörung des Kammerwassers vor, sodass es zu einem erhöhten Innendruck des Auges kommt. Beim grauen Star liegt eine Linsentrübung vor, die der Linse ein mehr oder weniger milchiges Aussehen verleiht.
28. Die Grenze bildet das Trommelfell.
29. Die Ohrtrompete (Eustachische Röhre) dient hauptsächlich dem Druckausgleich zwischen Mittelohr und Rachenhöhle und damit dem Ausgleich zur Außenluft.
30. Sie wird Luftsack genannt.
31. Im Innenohr befinden sich das Labyrinth und die Schnecke. Das Labyrinth ist ein Hohlraumsystem mit Bogengängen, die mit feinen Häuten ausgekleidet und mit Endolymphe gefüllt sind. Die Membranen des ovalen und runden Fensters trennen den Vorhof des Labyrinths vom Mittelohr. In der Schnecke befindet sich ebenfalls Endolymphe und das Hörorgan mit seinen Haarzellen (Sinneszellen).
32. Die Schnecke ist für den Hörvorgang zuständig, das Labyrinth für den Gleichgewichtssinn.
33. Zum Vestibularapparat, der dem Gleichgewichtssinn dient, gehören die Bogengänge und der Vorhof des Labyrinths im inneren Ohr.
34. Die Endolymphe ist die Flüssigkeit im Labyrinth und in der Schnecke des inneren Ohres.
35. Schirmer Tränentest, Ophthalmoskopie, Adspektion der Nickhaut, Tonometrie, Reflexprüfung, Fluoreszeintest, Konjunktivalabstrich.

Klinische Untersuchungsmethoden

1. Welche Angaben gehören zum Vorbericht?
2. Nennen Sie die Punkte zur Erhebung des Vorberichtes.
3. Welche Bedeutung hat die Anamnese für die Diagnose?
4. Was wird mit dem Begriff Diagnostik umschrieben?
5. Benötigt der Tierarzt für die Untersuchung eines Tieres die Anamnese?
6. Was versteht man unter dem Signalement eines Patienten?
7. Nennen Sie die einzelnen Punkte zur Kennzeichnung eines Patienten.
8. Bei welcher Tierart ist die Angabe der Fellfarbe wichtig zur Kennzeichnung des Tieres?
9. Nennen Sie sechs verschiedene Fellfarben des Pferdes.
10. Was sind Abzeichen, und warum müssen sie beim Signalement des Pferdes angegeben werden?
11. An welcher Körperregion und womit wird die Größe eines Pferdes gemessen?
12. Was versteht man unter Gebrauchszweck eines Tieres?
13. Nennen Sie drei Merkmale, die Vögel von Säugetieren unterscheiden.
14. Was versteht man unter den Begriffen Haustier und Heimtier?
15. An welchen Körperregionen kann der Ernährungszustand eines Tieres am besten festgestellt werden?
16. Was ist mit dem Begriff Pflegezustand des Tieres gemeint?
17. Geben Sie einige Zeichen eines krankhaften Verhaltens der Tiere an.
18. Welche Schleimhäute sind beim Pferd und welche bei Hund und Katze überprüfbar?

Klinische Untersuchungsmethoden

1. Name, Anschrift und Telefonnummer des Tierbesitzers, Kennzeichnung des Tieres, Angaben zu Haltung und Fütterung und zu den beobachteten Krankheitserscheinungen des Tieres.
2. Was für ein Tier? Was wurde beobachtet? Wie lange krank? Plötzlich aufgetreten? Wie viele Tiere erkrankt? Impfungen? Fütterung? Tierärztliche Vorbehandlung?
3. Anamnestische Angaben bieten erste Hinweise auf das erkrankte Organsystem und die mögliche Ursache.
4. Diagnostik: alle Maßnahmen während der Untersuchung, die zur Diagnosefindung führen.
5. Ja; oft ist auch ein weiteres, gezieltes Nachfragen notwendig.
6. Signalement: Kennzeichnung des Tieres.
7. Tierart, Rasse, Geschlecht, Alter, Fellfarbe, Abzeichen, besondere Kennzeichen, Tiername, Größe (bei Pferd), Verwendungszweck.
8. Beim Pferd.

9. Schimmel, Fuchs, Brauner, Rappe, Falbe, Schecke.
10. Abzeichen im Fell des Pferdes sind angeborene oder erworbene weiße Haarstellen, die unveränderlich sind.
11. Für die Angabe der Größe wird die Widerristhöhe des Pferdes gemessen; dazu wird ein Band- oder Stockmaß benutzt.
12. Verschiedene Tierarten, unter ihnen wiederum verschiedene Rassen, werden für Arbeitsleistungen eingesetzt; z. B. Reit- und Wagenpferde, Blindenführhunde, Jagdhunde, Hütehunde, Lawinensuchhunde, Schutz- und Wachhunde.
13. Befiederung, fliegende Fortbewegung, Fortpflanzung durch Eiablage.
14. Haustiere: alle domestizierten Tierarten wie Pferde, Rinder, Schafe, Ziegen, Schweine, Geflügel und Kaninchen sowie Hunde und Katzen. Heimtiere: alle Tierarten außer Hund und Katze, die in kleiner Zahl oder als Einzeltiere, mehr aus Liebhaberei, im Haus gehalten werden, wie Meerschweinchen, Goldhamster, Ziervögel, Zierfische, Amphibien, Reptilien.
15. Beurteilung des Ernährungszustandes des Tieres im Bereich der Rippen, Lendenwirbel, Hüfthöcker möglich.
16. Der Pflegezustand eines Tieres betrifft den Zustand von Haarkleid, Haut und Hornteilen. Bei mangelnder Pflege durch den Tierhalter, Krankheit bei Tieren mit Selbstpflege, fehlerhafter Tierhaltung kann es zu erheblichen Veränderungen und Beschwerden an Haut, Haarkleid, Hufen, Klauen und Krallen kommen.
17. Krankhaftes Verhalten eines Tieres äußert sich in Veränderungen des Bewusstseins und der Psyche: Teilnahmslosigkeit, Apathie, Koma, Schreckhaftigkeit, Unruhe, Aggressivität.
18. Pferd: Lidbindehaut, Nasen- und Mundschleimhaut; Hund und Katze: Lidbindehaut, Mundschleimhaut.

19. Erläutern Sie die Begriffe anämisch, ikterisch und zyanotisch.
20. Auf welche Weise wird beim Tier die Körperinnentemperatur ermittelt?
21. Was besagt der Begriff subfebrile Temperatur?
22. Welche Körpertemperaturen sind bei Pferd, Rind, Hund und Katze physiologisch?
23. Wo wird beim Kleintier der Puls gefühlt?
24. Was versteht man unter der Pulsfrequenz?
25. Was wird außer der Frequenz am Puls noch ermittelt?
26. Wozu dient die Feststellung der Kapillarfüllungszeit?
27. In welcher Weise wird die Kapillarfüllungszeit überprüft?
28. In welcher Körperregion wird die Atemfrequenz und Atemtiefe ermittelt?
29. Geben Sie die physiologischen Werte der Atemfrequenz bei Pferd, Rind und Hund an.
30. Erklären Sie die Begriffe Adspektion und Palpation.
31. Wozu dient die Auskultation eines Organes?
32. Was ist mit der Perkussion eines Organes gemeint?
33. Welche Instrumente sind für die Perkussion des Thorax eines Pferdes notwendig?
34. Was ist eine Exsikkose, und wie wird sie festgestellt?
35. Was bedeuten die Begriffe Dyspnoe und Tachypnoe?
36. Wie kann beim Tier der Blutdruck gemessen werden?
37. Was verstehen Sie unter einer rektalen Untersuchung, und wann wird sie vorgenommen?
38. Übersetzen Sie die Begriffe Kachexie und Adipositas.

19. Anämisch: blass, infolge mangelhafter Durchblutung oder Blutarmut; ikterisch: gelb, infolge Hyperbilirubinämie; zyanotisch: bläulich, infolge sauerstoffarmen Hämoglobins im Blut.
20. Rektale Messung der Körpertemperatur mit Quecksilber- oder elektronischem Thermometer.
21. Subfebrile Temperaturen sind Erhöhungen der Körpertemperatur um wenige zehntel Grad über der physiologischen Grenze.
22. Pferd 37,9–38,0 °C; Rind 38,0–39,0 °C; Hund 37,5–39,0 °C; Katze 38,0–39,3 °C.
23. Pulsnahme: beim Kleintier an der Arteria femoralis im oberen Bereich der Schenkelinnenfläche.
24. Pulsfrequenz: Anzahl der Pulswellen pro Minute.
25. Rhythmus und Qualität des Pulses, Füllungs- und Spannungszustand der Arterie.
26. Die Feststellung der Kapillarfüllungszeit dient der Überprüfung des Kreislaufs in den Haargefäßen der Peripherie.
27. Durch Fingerdruck auf einen gut zugänglichen Schleimhautbezirk wird eine Blutleere erreicht, die nach Beendigung des Druckes innerhalb von 1–2 Sekunden wieder aufgehoben sein muss.
28. Atemfrequenz und Atemtiefe werden am Brustkorb mit Rippenbogen und an der Bauchwand beurteilt.
29. Pferde 9–14, Rind 15–35, Hund 10–30 Atemzüge pro Minute.
30. Adspektion: Betrachten der Körperoberfläche und der natürlichen Körperöffnungen. Betrachten der Körperhöhlen und Hohlorgane mit dem Endoskop. Palpation: Betasten des Körpers, Befühlen der Baucheingeweide des Kleintieres von außen, beim Pferd mithilfe der rektalen Untersuchung.
31. Die Auskultation dient der Ermittlung von Tönen oder Geräuschen, die durch die Organtätigkeit erzeugt werden.
32. Perkussion: Beklopfen eines luft- oder gashaltigen Organes, um seinen Luftgehalt und seine Ausdehnung zu überprüfen.
33. Großer Perkussionshammer und Plessimeter.
34. Exsikkose: Flüssigkeitsverlust des Körpers, Austrocknung; feststellbar durch eine angehobene Hautfalte, die nur sehr langsam wieder verstreicht.
35. Dyspnoe: erschwerte Atmung, Atemnot; Tachypnoe: beschleunigte Atmung, erhöhte Atemfrequenz.
36. Der Blutdruck wird beim Tier unblutig gemessen, d. h. es wird eine aufpumpbare Gummimanschette angelegt, beim Pferd an der Schweifrübe, beim Hund an der Vordergliedmaße. Während der Operation werden die Blutdruckschwankungen in der Gummimanschette über einen Oszillografen aufgezeichnet.
37. Die rektale Untersuchung wird beim Großtier hauptsächlich zur Sterilitätskontrolle, Trächtigkeits- und Kolikuntersuchung vorgenommen. Mit der Hand des rektal eingeführten Armes können bis in Armlänge liegende Bauchhöhlenorgane und Anhangsgebilde überprüft werden.
38. Kachexie: starke Abmagerung, Auszehrung; Adipositas: Fettleibigkeit.

Endoskopie und Ultraschall

1. Was sind Endoskope?

2. Nennen Sie Organsysteme, die mithilfe der Endoskopie untersucht werden können.

3. Das Endoskop dient nicht nur zur Besichtigung, sondern auch für andere diagnostische und therapeutische Maßnahmen. Geben Sie Beispiele an!
4. Wie können Endoskope gereinigt und von Krankheitskeimen befreit werden?

5. Inwieweit ist die Endoskopie zur Dokumentation geeignet?

6. Übersetzen Sie die Begriffe Laryngoskopie, Laparoskopie, Arthroskopie, Gastroskopie und Rektoskopie.

7. Welche Knorpel des Kehlkopfes sind in Abb. 9 endoskopisch dargestellt?

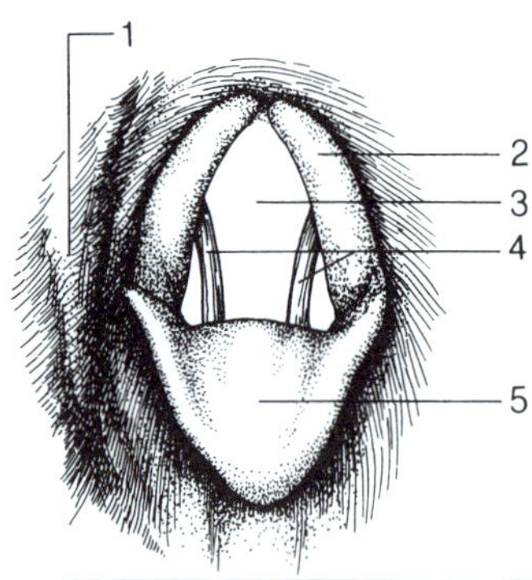

Abb. 9: Kehlkopfansicht.

8. Wann wird der Ultraschall diagnostisch eingesetzt?

9. Wie heißt der Sender und Empfänger des Ultraschallgerätes?

10. Finden bei der Ultraschalldiagnostik irgendwelche Schutzmaßnahmen Anwendung?
11. Nach welchem Prinzip werden Ultraschallverfahren in der Medizin durchgeführt?

12. Wie erscheinen Flüssigkeiten und dichtes Gewebe auf dem Ultraschallbild?

Endoskopie und Ultraschall

1. Endoskope sind starre oder flexible, röhrenförmige, mit einer Optik ausgestattete Geräte. Über ein Lichtleitkabel sind sie mit einer Lichtquelle verbunden.
2. Endoskopisch können die Körperhöhlen, die Leibeshöhle des Vogels und folgende Organe untersucht werden: obere und untere Luftwege (Trachea bis zur Bifurkation), Speiseröhre, Magen, Mastdarm, Harnröhre und Harnblase.
3. Man kann Spülungen durchführen oder Medikamente applizieren. Man kann auch Biopsien oder die Exstirpation von kleinen Tumoren vornehmen.
4. Das Endoskop wird mit lauwarmem Wasser abgespült. Die anschließende Desinfektion und Reinigung darf nur mit speziellen Mitteln durchgeführt werden. Der Arbeitskanal wird mit einer Spezialbürste gereinigt und gut durchgespült. Endoskope dürfen nicht im Autoklaven oder Heißluftsterilisator sterilisiert werden.
5. Endoskope können an Spezialkameras angeschlossen werden. Angefertigte Fotos eignen sich zur Dokumentation.
6. Laryngoskopie: Kehlkopfspiegelung; Laparoskopie: Bauchhöhlenspieglung; Arthroskopie: Betrachtung einer Gelenkhöhle, Gelenkspiegelung; Gastroskopie: Magenspiegelung; Rektoskopie: Mastdarmspiegelung.
7. 2 Stellknorpel (Aryknorpel) beiderseits der Stimmritze, 5 Kehldeckel (Epiglottis).

Abbildung 9:

1 Seitliche Rachenwand
2 Stellknorpel
3 Luftröhre (Trachea)
4 Stimmbänder
5 Kehldeckel (Epiglottis)

8. Ultraschall wird beispielsweise bei der Trächtigkeitsuntersuchung und der Untersuchung der Bauchhöhlenorgane eingesetzt.
9. Der sogenannte Schallkopf sendet die Ultraschallwellen aus und empfängt gleichzeitig ihr Echo.
10. Nein, da es sich hier um Schallwellen handelt.
11. Sie werde nach dem Prinzip der Reflexion durchgeführt. Deshalb spricht man auch von der Echografie.
12. Auf dem Ultraschallbild erscheinen Flüssigkeiten schwarz (keine Reflexion), Gewebe erscheinen hell- bis dunkelgrau (mehr oder weniger starke Reflexion).

Anästhesie

1. Was versteht man unter Anästhesiologie?
2. Was sind Analgetika, und was sind Sedativa?
3. Welche Formen der Anästhesie werden unterschieden?
4. Welche Methoden der Lokalanästhesie gibt es?
5. Welche Mittel werden zur Oberflächenanästhesie eingesetzt?
6. Welche Mittel werden zur Infiltrationsanästhesie eingesetzt?
7. Was ist eine Leitungsanästhesie?
8. Was ist eine Extraduralanästhesie?
9. Nennen Sie eine Methode der Lokalanästhesie, die nicht durch Injektion herbeigeführt wird.
10. Was ist eine Infiltrationsanästhesie?
11. Ist die Leitungsanästhesie eine lokale Betäubung oder eine Narkose? Worin besteht der Unterschied?
12. Worin besteht der Wirkungsunterschied zwischen einem Lokalanästhetikum und einem Narkosemittel?
13. Was sind Muskelrelaxantien?
14. Was versteht man unter Narkoseprämedikation?

Anästhesie

1. Anästhesiologie ist die Lehre von der Schmerzausschaltung (Betäubung).
2. Analgetika sind Schmerzmittel, die vor allem Einfluss auf die Schmerzwahrnehmung im Thalamus haben. Sedativa sind Beruhigungsmittel, die zentral dämpfend wirken oder Schlaf herbeiführen.
3. Man unterscheidet die Lokalanästhesie und die Narkose (allgemeine Betäubung). Eine Sonderform bildet die Leitungsanästhesie.
4. Man unterscheidet die Oberflächenanästhesie, bei der ein Lokalanästhetikum direkt auf die betreffenden Haut- oder Schleimhautstellen appliziert wird, und die Infiltrationsanästhesie. Bei der Infiltrationsanästhesie wird das Lokalanästhetikum um und unter die Operationsstelle injiziert.
5. Für die Oberflächenanästhesie werden oft Kältepräparate eingesetzt, die durch Entzug der Wärme in diesem Gebiet die Leitfähigkeit der Nervenendigungen kurzfristig herabsetzen, sodass der Schmerzreiz nicht ans ZNS weitergeleitet werden kann. Es sind auch verschiedene Lokalanästhetika im Handel, die direkt auf die betroffene Stelle aufgebracht werden können. Es gibt sie in Form von Sprays, Lösungen und Salben. Der Wirkstoff ist z. B. Lidocain.
6. Es werden Lokalanästhetika wie Lidocain und Mepivacain eingesetzt.
7. Bei der Leitungsanästhesie wird das Anästhetikum in die Nähe einer Nervenbahn injiziert. Dadurch wird die Leitfähigkeit zum ZNS unterbrochen, und aus der Region in der Peripherie der Injektionsstelle gelangen keine Schmerzreize mehr ins Gehirn.
8. Sie wird auch als Peri- oder Epiduralanästhesie bezeichnet und ist eine Leitungsanästhesie, bei der das Anästhetikum in den Raum außerhalb der harten Hirn- und Rückenmarkshaut im Bereich der Lendenwirbelsäule injiziert wird.
9. Hierbei handelt es sich um die Oberflächenanästhesie.

10. Bei der Infiltrationsanästhesie wird das Operationsfeld mit dem Anästhetikum »durchtränkt«.
11. Die Leitungsanästhesie ist eine lokale Betäubung, bei der nur einzelne, periphere Nervenbahnen blockiert werden. Die Narkose ist dagegen eine zeitweise Hemmung des zentralen Nervensystems mit Bewusstlosigkeit, Schmerzlosigkeit und verminderten Reflexen.
12. Lokalanästhetika wirken nur im Anwendungsgebiet oder, bei der Leitungs- und Extraduralanästhesie, distal der Injektionsstelle. Narkotika führen dagegen zu einer zentralen Schmerzausschaltung, Bewusstlosigkeit und Areflexie.
13. Muskelrelaxantien sind Mittel, die den Muskeltonus herabsetzen oder aufheben.
14. Unter Narkoseprämedikation versteht man die Applikation von Medikamenten, die einen günstigen Einfluss auf die Narkose haben, vor der eigentlichen Narkose.

15. Welche Vorteile bringt eine Narkoseprämedikation?

16. Was ist eine potenzierte Narkose?

17. Der Wirkungseintritt einer Narkose ist von der Applikationsart abhängig. Geben Sie die Methode für den schnellsten und für den langsamsten Wirkungseintritt an.
18. Wann ist eine Narkose notwendig und wann eine Lokalanästhesie ausreichend?

19. Welche Möglichkeiten der Narkose gibt es und worin liegen die Unterschiede?

20. Erklären Sie die Begriffe steuerbare und nicht steuerbare Narkose.

21. Welche Möglichkeiten der Narkose beim Tier kennen Sie?

22. Was versteht man unter dem geschlossenen System bei der Inhalationsnarkose?

23. Nennen Sie verschiedene Applikationsarten für die Narkosemittel.

24. Geben Sie die einzelnen Stadien der Narkose an.

25. In welchen Stadien verläuft die Aufwachphase?

26. Was versteht man unter Narkoseüberwachung?

27. Was gehört zur Narkoseüberwachung?

28. Wie bezeichnet man das Narkosestadium für den chirurgischen Eingriff?

29. Welche Veränderungen sind während der Narkose an den Augen zu beobachten?

15. Eine Narkoseprämedikation führt eine Beruhigung des Patienten und damit eine leichtere Verabreichung des Narkotikums, die Herabsetzung der vegetativen Reflexe und/oder die Beseitigung von unerwünschten Nebenwirkungen des Narkotikums herbei.
16. Bei einer potenzierten Narkose wird vor dem Narkosemittel eine Neuroleptikum verabreicht. Dadurch kommt es zur Verstärkung der Narkosewirkung.
17. Bei der intravenösen Narkose tritt die Wirkung nach etwa ½–1 Minute ein. Bei der oralen Narkose tritt die Wirkung erst nach 15–30 Minuten ein.
18. Die Entscheidung fällt der Tierarzt. Bei allen zeitaufwändigen, komplizierten Operationen ist die Narkose notwendig. Bei Eingriffen im Bereich der Körperoberfläche, geringerer Ausdehnung des Operationsfeldes und kurzen Eingriffen ist meistens die Lokalanästhesie ausreichend.
19. Es werden die Injektions-, die Inhalations- und die orale Narkose angewendet. Der Unterschied besteht in der Applikationsart. Das Anästhetikum wird injiziert (eingespritzt), inhaliert (eingeatmet) oder über den Mund (oral) eingegeben und abgeschluckt.
20. Bei der steuerbaren Narkose sind die Narkosetiefe und -dauer von der fortgesetzten oder beendeten Zufuhr des Narkosemittels abhängig (z. B. bei der Inhalationsnarkose). Der Ablauf der nicht steuerbaren Narkose ist, je nach Art des Mittels, vorgegeben (z. B. bei der Injektions- oder oralen Narkose).
21. Hauptsächlich werden beim Tierpatienten intravenöse und intramuskuläre Injektionsnarkosen und Inhalationsnarkosen durchgeführt.
22. Die ausgeatmete Luft des Patienten wird nach der Kohlendioxidabsorption über Kalk wieder mit Sauerstoff und Narkosemittel versetzt und vom Patienten rückgeatmet, d. h. die Ausatmungsluft entweicht nicht aus dem System.
23. Man unterscheidet die intravenöse, intramuskuläre, intraperitoneale und orale Verabreichung und die Inhalation des Narkotikums.
24. Analgetisches Stadium – Exzitationsstadium – Toleranzstadium – Asphyxiestadium.
25. Die Stadien der Narkose werden in der Aufwachphase in umgekehrter Reihenfolge noch einmal durchlaufen.
26. Man versteht darunter die Überprüfung der Narkosetiefe, der wichtigsten Lebensfunktionen und auch die Kontrolle des Narkosegerätes.
27. Während der Narkose muss der Patient überwacht werden, damit Unregelmäßigkeiten direkt erkannt und beseitigt werden können. Zur Narkoseüberwachung gehören die Überprüfung von Atmung, Puls, Muskeltonus, Reflexen und der Pupillenweite. Es sollte auch regelmäßig die Körpertemperatur ermittelt werden, um einen plötzlichen Abfall rechtzeitig zu bemerken.
28. Das Stadium, in dem der chirurgische Eingriff vorgenommen werden kann, heißt Toleranzstadium.
29. Man kann die Bewegungen des Augapfels, einen Nickhautvorfall und die Veränderung der Pupillenweite beobachten.

30. Erklären Sie die Begriffe Nystagmus, Mydriasis und Miosis.

31. Wozu dient die Reflexprüfung bei der Narkose?

32. Welche Organfunktionen müssen während der Narkose überprüft werden?

Operative Eingriffe

1. Nennen Sie die notwendigen Vorbereitungen zur Operation.

2. Wie werden Operationsinstrumente keimfrei gemacht?

3. Wie wird der Patient auf die Operation vorbereitet?

4. Erläutern Sie den Unterschied zwischen Kastration und Sterilisation.

5. Was ist eine Hysterektomie?
6. Was versteht man unter einer Laparotomie? Wann wird sie in der Praxis angewendet?

7. Erläutern Sie die Begriffe Zystotomie, Exstirpation, Sectio caesarea, Amputation.

8. Was verstehen Sie unter Wundrevision und Wundtoilette?

9. Nennen Sie fünf häufige Operationen in der Kleintierpraxis. (Deutsche Begriffe und Fachausdrücke!)

10. Nennen Sie fünf häufige Operationen in der Großtierpraxis. (Deutsche Begriffe und Fachausdrücke!)

30. Nystagmus: Augenzittern, Bewegung des Augapfels in verschiedene Richtungen; Mydriasis: Pupillenerweiterung; Miosis: Pupillenverengung.
31. Die Ausschaltung der Reflextätigkeit vermittelt das günstigste Narkosestadium für die Operation.
32. Überprüft werden vor allem die Atmung, der Puls, die Schleimhautdurchblutung und die Körpertemperatur.

Operative Eingriffe

1. Sterilisierung des Operationsbestecks, Bereitstellung weiterer Geräte und von Verbandsmaterial, Vorbereitung des Narkosegerätes, Vorbereitung des Patienten und des Operationspersonals.
2. Nach dem Gebrauch werden die Instrumente sofort desinfiziert (30 Minuten in gebrauchsfertiger Desinfektionslösung), gründlich gereinigt und abgespült und anschließend abgetrocknet. Danach werden eventuell Pflegemittel verwendet, und zum Schluss werden die Instrumente mit, wenn vorhanden, geöffneter Arretiervorrichtung entweder im Heißluftsterilisator (30 Minuten bei 180 °C) oder im Autoklaven (20 Minuten bei 143 °C) sterilisiert.
3. Zuerst wird ein Venenzugang gelegt. Danach wird das Operationsfeld rasiert oder geschoren, gereinigt, abgetrocknet, entfettet und desinfiziert. Abschließend wird das OP-Feld mit sterilen Tüchern abgedeckt und die Abdeckung z. B. mit Tuchklemmen fixiert.
4. Kastration: Entfernen der Keimdrüsen (beim männlichen oder weiblichen Tier); Sterilisation: Unterbinden der Samen- oder Eileiter.
5. Hysterektomie: Entfernen der Gebärmutter.
6. Die Laparotomie ist die operative Öffnung der Bauchhöhle. Sie ist notwendig bei der Hysterektomie, Milzexstirpation, Fremdkörperoperation am Darm, Kaiserschnitt und anderen Operationen.
7. Zystotomie: Operation an der Harnblase; Exstirpation: Entfernen eines Organes oder Organteiles; Sectio caesarea: Kaiserschnitt, Schnittentbindung; Amputation: operative Abtrennung eines endständigen Organ- oder Körperteiles.
8. Die Wundrevision ist die gründliche Überprüfung der Wunde mit anschließender Versorgung. Unter Wundtoilette versteht man die operative Versorgung einer nicht primär verheilenden Wunde mit Auffrischung der Wundränder, Spülung und Entfernen von abgestorbenem Gewebe, Schmutz und Sekret.
9. Hysterektomie: Entfernen der Gebärmutter; Enterotomie: Darmschnitt; Kastration: Entfernen der Keimdrüsen; Tumorexstirpation: Entfernen eines Tumors; Zahnextraktion: instrumentelle Entfernung eines Zahnes.
10. Kastration des Ebers, Pansenschnitt mit Fremdkörperoperation beim Rind, Schnittentbindung (Sectio caesarea) bei der Kuh, Kastration des Hengstes, Nageltrittoperation beim Pferd.

11. Was versteht man unter einer Osteosynthese?

12. Welche Operationen werden bei krankhaften Veränderungen der Augenlidränder vorgenommen?
13. Was verstehen Sie unter einer Hernie? Nennen Sie drei Beispiele.

14. Erläutern Sie die Begriffe Anastomose, Plastik und Transplantation.

15. Nennen Sie die Aufgaben einer Operationsassistenz.

16. Auf was ist bei der postoperativen Versorgung eines Patienten besonders zu achten?

Verbandlehre

1. Welche Rohstoffe werden hauptsächlich für die Herstellung von Verbandstoffen verwendet?
2. Nennen Sie verschiedene Arten von Verbandstoffen.

3. Bei welchen Verbänden findet Watte Verwendung?

4. Was ist Verbandmull, und wozu dient er?

5. Wozu dienen Mullkompressen?

11. Unter Osteosynthese versteht man die operative Verbindung von Knochenteilen nach einer Fraktur durch z. B. Marknagelung, Verschraubung oder Plattenanlagerung.
12. Die Entropium-Operation wird am eingerollten Augenlid, die Ektropium-Operation am ausgestülpten Augenlid durchgeführt.
13. Die Hernie ist ein Eingeweidebruch. Dabei werden Organe oder Organteile durch eine Lücke in der Innenauskleidung einer Körperhöhle aus der Körperhöhle heraus verlagert. Beispiele für Hernien sind der Nabelbruch, die Zwerchfellhernie und der Leistenbruch.
14. Eine Anastomose ist die Verbindung zweier Hohlorganlichtungen, z. B. bei Blutgefäßen. Unter einer Plastik versteht man den operativen Ersatz oder die Wiederherstellung von Körperformen, z. B. bei kosmetischen Operationen. Eine Transplantation ist die Übertragung und Einpflanzung von Zellen, Geweben oder Organen.
15. Zureichen von Instrumenten, Nahtmaterial, Tupfern; Halten von Schnitträndern und Organteilen; Blutstillung; als »unsterile« Assistenz: Entgegennahme von abgetrennten Organteilen und Fremdkörpern; Vorbereitung und Durchführung von Spülungen; evtl. Applikation von Medikamenten während der Operation.
16. Der Patient muss geeignet gelagert und vor Auskühlung geschützt werden. Während der Aufwachphase muss der Patient weiterhin überwacht werden. Die Überwachung betrifft vor allem den Atmungsapparat und das Kreislaufsystem. Es muss sichergestellt werden, dass der Patient sich nicht verletzen oder auf andere Weise Schaden nehmen kann. Auch eventuelle Infusionen müssen überwacht werden.

Verbandlehre

1. Es werden Baumwolle, Zellwolle, synthetische Fasern und Zellstoff verwendet.

2. Verbandmull, Mullbinden, Mullkompressen, Tupfer, Gipsbinden, elastische Binden, Schlauchbinden.
3. Watte wird bei Pfotenverbänden zur Zwischenzehenpolsterung, bei Angussverbänden und beim Verband nach Robert Jones benötigt, als Polsterwatte auch bei Schienen- und Gipsverbänden.
4. Verbandmull besteht entweder aus reiner Baumwolle oder aus reiner Zellwolle. Er ist sehr saugfähig, luftdurchlässig, und er wird steril verpackt. Er dient zur direkten Wundabdeckung, zum Auftragen eines Medikamentes und zur Anfertigung von Tupfern.
5. Steril verpackte Mullkompressen sind für die Wundversorgung notwendig. Mit Einlagen aus Watte oder Zellstoff wird die Saugfähigkeit bei stärkerer Wundsekretion und eine Polsterung bei druckempfindlichen Wunden ermöglicht.

6. Geben Sie die Eigenschaften der elastischen Binde an.

7. Welche Verbandarten kennen Sie? (Drei Beispiele mit kurzer Beschreibung!)

8. Wann wird ein Druckverband angelegt?
9. Welche Punkte sind bei der Versorgung und Kontrolle eines Verbandes zu beachten?

Notfallpatient

1. Was versteht man unter einem medizinischen Notfall?

2. Wie können Notfälle eingeteilt werden?

3. Wie wird eine Notfalluntersuchung durchgeführt?

6. Elastische Binden weisen eine große Dehnbarkeit auf, passen sich den Körperformen besser an, lassen im Bereich der Gelenke eine ausreichende Beweglichkeit zu und sind rutschfest.
7. Bei einem Druckverband wird steriler Verbandmull auf einer stärker blutenden Wunde mit der ersten Bindentour, möglichst einer elastischen Binde, gehalten. Dann wird ein Druckpolster, z. B. eine noch zusammengerollte Mullbinde, aufgelegt und mit den nächsten Bindentouren fixiert. Die Fixation muss fest sein. Ein Druckverband muss sobald wie möglich wieder entfernt werden, da sonst das umliegende Gewebe Schaden nehmen kann.
   Beim Fixierverband wird zum Beispiel bei einer Bauchwunde zuerst eine Mullkompresse oder Verbandmull auf die Wunde gelegt und diese Auflage mit einer kohäsiven, elastischen Binde fixiert oder ein Netzschlauch über den Rumpf gezogen.
   Ein Angussverband wird zum Beispiel am distalen Extremitätenabschnitt des Pferdes angelegt. Der zu behandelnde Bereich wird mit einer dicken Lage Verbandwatte umwickelt und diese durch abwärts- und wieder aufwärtsführende Bindentouren gehalten. Hierzu reicht die Verwendung von Mullbinden aus.
8. Druckverbände sind zur Gefäßkompression bei stärkerer Blutung notwendig.
9. Der Verband muss rutschfest angebracht sein. Er muss gegen Verschmutzung und Durchnässen von außen geschützt werden, indem ein »Schuh« aus undurchlässigem Material übergezogen wird. Stark benagte und zerrissene Verbände müssen wegen der Gefahr der Wundinfektion erneuert werden. Der Verband darf nicht so fest angelegt werden, dass es zu Stauungen und Anschwellungen kommt. Geruchsentwicklung deutet auf starke Wundsekretion und Eiterung hin.

Notfallpatient

1. Ein Notfall liegt vor, wenn das Leben des Patienten bei Nichtbehandlung gefährdet ist oder ein entsprechender Verdacht besteht. Dies kann sein bei Störung oder Ausfall der Vitalfunktionen, Vergiftungen, schweren Verletzungen und chronischen Erkrankungen, deren Verlauf plötzlich so schwer ist, dass das Leben des Patienten in Gefahr ist.
2. Notfälle werden in Dringlichkeitsstufen eingeteilt. Der absolute Notfall erfordert eine Behandlung innerhalb von Sekunden bis Minuten. Dringende Notfälle lassen dem behandelnden Tierarzt einige Stunden Zeit.
3. Eine Notfalluntersuchung wird nach dem ABCDE-Schema durchgeführt. A steht für die Feststellung und Untersuchung der Atmung; B ist die Abkürzung für die Blutzirkulation, also den Kreislauf; C steht für die Untersuchung des Zentralen Nervensystems; D heißt Digestion und umfasst hier die Kurzuntersuchung des Verdauungstrakts; E steht für Exkretion und betrifft eventuelle Ausscheidungen und deren Beurteilung. Erst werden die Vitalfunktionen (A-B-C) geprüft. Wenn diese stabil sind, untersucht und beurteilt man D und E.

4. Wie können verunfallte Kleintiere am schonendsten zum Tierarzt transportiert werden?

5. Nennen Sie fünf Notfälle bei Tieren, die sofort tierärztlich versorgt werden müssen.

6. Wer muss bei Eintreffen eines Notfallpatienten sofort benachrichtigt werden?
7. Geben Sie die wichtigen, unter Umständen lebensrettenden Maßnahmen der »Ersten Hilfe« am Tier an.

8. Ein Kleintier muss beatmet werden. Was benötigen Sie dazu?

9. In welcher Form können Sie »Erste Hilfe« bei Atemstillstand eines Kleintieres leisten?

10. Auf welche Weise wird der Zustand des Kreislaufes überprüft?

11. An welcher Stelle fühlen Sie den Puls des Hundes?

12. Was ist ein Schock, und welche Symptome sind zu beobachten?

13. Welche Veränderung ergibt die Überprüfung der Kapillarfüllungszeit im Schockzustand?
14. Erklären Sie den Begriff Reanimation.
15. Beschreiben Sie kurz die notwendige Herzmassage zur Reanimation eines Notfallpatienten.

16. Wie bekommen Sie größere Blutungen am Notfallpatienten unter Kontrolle?

Instrumente

1. Nennen Sie vier verschiedene Gerätschaften zur Bändigung eines Tieres.

4. Verunfallte Kleintiere sollten möglichst ausgestreckt transportiert werden; deshalb müssen entsprechend große Behälter gewählt werden. Lässt es das Gewicht des Tieres zu, kann es auch auf dem Arm transportiert werden.
5. Bienen- und Wespenstiche im Mund- und Rachenraum, Schlangenbisse, Bewusstlosigkeit, hochgradige Atemnot, plötzliche Umfangsvermehrung des Abdomens
6. Unabhängig von der Art des Notfalls muss sofort der Tierarzt verständigt werden.
7. Bequeme, wenn möglich rechtsseitige Lagerung des Patienten auf einer warmen Unterlage; Atmung beurteilen, Atemwege freihalten, Zunge vorlagern und evtl. intubieren für Sauerstoffzufuhr; Auskultation des Herzens und Kontrolle des Pulses und der Schleimhäute; bei Herzstillstand unbedingt Reanimationsversuch (Herzmassage und künstliche Beatmung) unternehmen
8. Man benötigt folgendes Instrumentarium: Zungenfasszange, Endotrachealkatheter, Injektionsspritze, Arterienklemme, Lichtquelle, Beißröhrchen, Fixierband, Beatmungsgerät.
9. Gestreckte Lagerung von Kopf und Hals, Vorlagerung der Zunge, Pressen des Brustkorbes in Abständen von 1 bis 2 Sekunden oder Intubation und Anschluss an das Beatmungsgerät.
10. Überprüfung des Pulses auf Frequenz und Qualität, Feststellung der Schleimhautfarbe und der Kapillarfüllungszeit.
11. Der Puls wird an der Arteria femoralis im oberen Bereich der Schenkelinnenfläche palpiert.
12. Der Schock ist ein Kreislaufversagen mit Blutleere in Gehirn und Extremitäten. Schocksymptome sind: verminderte Ansprechbarkeit, kühle Haut und Extremitäten, Untertemperatur, blasse Schleimhäute, verlängerte Kapillarfüllungszeit, hochfrequenter pochender, später schwacher Puls, Tachykardie, Hyperventilation.
13. Die Kapillarfüllungszeit verlängert sich auf mehr als 2 Sekunden.

14. Die Reanimation ist die Wiederbelebung bei akutem Herz- und Atemstillstand.
15. Der untere Teil des Brustkorbes wird möglichst beidseitig hinter dem Schulterblatt zweimal kurz und kräftig zusammengedrückt. Nach einer Pause wird diese Prozedur so lange wiederholt, bis Herzschläge auskultiert werden können.
16. Bei größeren Blutungen an den Gliedmaßen kann oberhalb der Blutung abgebunden werden, bei kleineren oder Sickerblutungen muss ein Druckverband angelegt werden.

Instrumente

1. Nasenbremse (Pferd), Rinderbremse, Bullenführstab, Schnauzenband (Hund), Wurfzeug.

2. Was versteht man unter Stockmaß und Bandmaß?
3. Welche Unterschiede bei Fieberthermometern kennen Sie?
4. Was wird zur Untersuchung des Ohres eines Hundes vorbereitet?
5. Welche Instrumente benötigt der Tierarzt zur Untersuchung der Lunge?
6. Wie heißen die Instrumente zur Untersuchung der Scheide bei Pferd und Rind?
7. Mit welchem Instrument wird der Pferdehuf auf Schmerzhaftigkeit geprüft?
8. Welches Instrumentarium gibt es zum Öffnen der Mundhöhle bei verschiedenen Tierarten?
9. Was sind ein Laryngoskop und ein Laparoskop?
10. Welche Instrumente zur Zahnpflege am Tier gibt es?
11. Welche Geräte zur Fellpflege gibt es?
12. Was ist eine Sonde und welche Arten gibt es?
13. Wie heißt der Schlauch zur Untersuchung des Magens und Eingabe von Medikamenten beim Pferd?
14. Bei welchem Instrumentarium spricht man von einem Tubus?
15. Nennen Sie fünf verschiedene Pinzettenarten.
16. Wie unterscheidet sich die chirurgische von der anatomischen Pinzette?
17. Nennen Sie vier verschiedene Scherenarten.
18. Nennen Sie vier verschiedene Klemmenarten.
19. Weshalb haben verschiedene Instrumente eine Arretierung?
20. Geben Sie fünf Beispiele für Instrumente mit Arretierung.
21. Welche Instrumente verursachen bei Anwendung eine Verletzung?
22. Welche Unterschiede gibt es bei den Skalpellen?
23. Geben Sie drei verschiedene Klingenformen der Skalpelle an.

2. Stock- und Bandmaß werden zum Messen der Schulterhöhe (Widerristhöhe des Pferdes oder Rindes) benötigt. Beide Geräte werden lateral an eine Vordergliedmaße angelegt. Die mit dem Bandmaß ermittelte Schulterhöhe beträgt dabei etwas mehr, weil sich das Messband den Körperformen anpasst.
3. Es gibt Quecksilberthermometer, Alkoholthermometer und elektronische Thermometer.
4. Otoskop mit geeigneten Ohrtrichtern, Watteträger, Watte, Ohrreinigungsmittel.
5. Perkussionshammer, Plessimeter, Stethoskop.
6. Scheidenspekulum nach Polansky und Röhrenspekulum.
7. Hufuntersuchungszange.
8. Maulgatter und Maulkeil (Pferd), Maulöffner (Rind), Beißröhrchen oder Maulgatter (Hund), Kanülenhülse aus Kunststoff (Katze), Wangen- und Nagezahnspreizer (Kaninchen oder Meerschweinchen).
9. Laryngoskop: Kehlkopfspiegel, Laparoskop: Endoskop zur Bauchhöhlenspiegelung.
10. Zahnraspel (Pferd), Zahnzangen, Zahnsteinentferner, Zahnfräse.
11. Kämme, Striegel, Bürsten mit unterschiedlicher Borstenqualität, Scheren, Schermaschinen, Trimm- und Rupfmesser.
12. Eine Sonde ist ein Instrument, welches in natürliche oder krankheitsbedingt entstandene Hohlräume oder Hohlorgane eingeführt wird. Sie dient der Untersuchung und der Behandlung, je nachdem, ob über die Sonde etwas in den Körper eingebracht wird oder der Hohlraum lediglich vermessen wird. Man unterscheidet Stabsonden aus Metall (z. B. Knopfsonde, Rillensonde) oder biegsame Hohlsonden (z. B. Magensonde, Nasenschlundsonde).
13. Dieser Schlauch heißt Nasenschlundsonde.

14. Tubus ist die lateinische Bezeichnung für Röhre. Verschiedene Tuben sind der Trachealtubus, der Ohrtrichter (-tubus) und der geschlitzte Scheidentubus.
15. Hakenpinzette, anatomische Pinzette, Rollpinzette, Splitterpinzette, gekröpfte Pinzette.
16. Chirurgische Pinzetten sind mit Haken versehen, anatomische Pinzetten haben Querrillen an den Schenkelenden.
17. Chirurgische Schere, Augenschere, Knieschere, Knopfschere.
18. Arterienklemme nach Péan, Mosquito, Bauchfellklemme, Darmklemme.
19. Alle Instrumente mit Arretierung können nach Betätigung der Sperrvorrichtung losgelassen werden.
20. Alle Klemmen, Hakenzangen, Tuchklemmen, Wundspreizer, Nadelhalter.
21. Scheren, Skalpelle, Hakenzangen, scharfe Haken, scharfe Löffel und Küretten, Heftnadeln, Trokare, Wundklammern, Kanülen.
22. Es gibt feststehende Skalpelle ganz aus Metall oder mit Kunststoffgriff und Skalpellgriffe mit auswechselbaren Klingen.
23. Die Klingenform kann geballt, spitz oder geknöpft sein.

24. Welches Instrumentarium kann zum Verschluss einer Wunde verwendet werden?

25. Für welche Nähte werden Nadeln mit rundem Profil benötigt?
26. Nennen Sie alle notwendigen Instrumente für eine chirurgische Naht.
27. Welche Geräte und Instrumente werden für die Blutstillung benötigt?

28. Was sind Wundklammern, und was ist ein Thermokauter?

29. Welche Spritzenarten gibt es?
30. Für welche Zwecke können Spritzen verwendet werden?

31. Wie sieht die Spritze aus, die als Tuberkulinspritze bezeichnet wird?

32. Was ist eine Janet-Spritze, und wozu wird sie benötigt?

33. Nennen Sie fünf verschiedene Kanülenarten.

34. Für welche Zwecke können Kanülen verwendet werden?
35. Was ist eine Knopfkanüle, und wozu wird sie benötigt?

36. Was bedeutet der Begriff Luer?

37. Geben Sie den Unterschied zwischen Injektion und Infusion an.

38. Welches Instrumentarium und welche Vorbereitungen gehören zur intravenösen Injektion?

39. Welche Geräte und Instrumente sind für die Infusion notwendig?

40. Beschreiben Sie die Vorbereitung und Anwendung eines Infusionsgerätes?

24. Nadelhalter mit Nadeln für die Wundnaht, Zange oder Kreuzpinzette mit Klammern zur Wundklammerung, Thermokauter mit Brennstiften zum Setzen eines Brandschorfes.
25. Sie werden für Augen- und Darmnähte benötigt.
26. Nadelhalter, Nadeln, ein bis zwei anatomische Pinzetten, Fadenschere.
27. Arterienklemme, Mosquitos, Nadelhalter, Nadeln, evtl. Deschamps-Nadel, Thermokauter.
28. Wundklammern sind aus Metall und können so gebogen werden, dass die Spitzen an den Klammerenden gegenseitig in die Haut eindringen. Ein Thermokauter ist ein elektrisch betriebenes Brenngerät zur Gewebsverödung.
29. Es gibt Glasspritzen, Ganzmetallspritzen und Einwegspritzen aus Kunststoff.
30. Spritzen werden verwendet für Injektionen, Spülungen, Instillationen, das Abziehen von Flüssigkeiten und das Eingeben von Flüssigkeiten.
31. Die Tuberkulinspritze ist sehr schlank, fasst 1,0 ml und hat eine Graduierung von 0,01 ml.
32. Die Janet-Spritze ist eine Glasspritze mit einem Fassungsvermögen von 50 bis 200 ml. Der Konus kann ausgewechselt werden zum Aufsetzen einer Kanüle oder eines Schlauches. Diese Spritze wird hauptsächlich für Spülungen benötigt.
33. Injektionskanüle, Liquor-Punktionskanüle, Venenverweilkanüle (Braunüle), Aderlasshohlnadel, Analbeutelkanüle.
34. Injektion, Punktion, Spülung, Instillation, Biopsie.
35. Knopfkanülen sind gerade oder gebogene Kanülen ohne Spitze mit aufgesetztem, stumpfem Knopf. Sie werden für Spülungen und Instillationen benötigt.
36. Luer wird in Verbindung mit dem Spritzen- und Kanülenkonus verwendet. Der Luer-Konus ist international verbreitet und hat den sogenannten Human-Konus abgelöst.
37. Die Injektion ist die Verabreichung kleinerer Arzneimittelmengen. Die Infusion ist die langsame, meist intravenöse Verabreichung größerer Flüssigkeitsmengen.
38. Man benötigt die Spritze mit Medikament, eine Kanüle, Schere, Tupfer, Desinfektionsmittel, Stauschlauch oder Staugummi. Zur Vorbereitung der Injektion wird der Patient auf geeignete Weise gelagert, und das Fell an der Einstichstelle wird geschoren oder geschnitten. Danach wird die Einstichstelle desinfiziert und die Vene oberhalb der Einstichstelle gestaut.
39. Sterile Infusionslösung, Infusionsständer, Infusionsgerät, Venenverweilkanüle, Klebestreifen zum Fixieren der Kanüle, Schere, Tupfer, Desinfektionsmittel, Stauschlauch.
40. Am Infusionsgerät zuerst die Schlauchklemme schließen, dann den Dorn des Gerätes in den Gummistopfen der Infusionsflasche stechen, die Tropfkammer zur Hälfte mit der Infusionslösung füllen, die Schlauchklemme öffnen, damit sich der Schlauch in ganzer Länge blasenfrei mit Flüssigkeit füllt, die Schlauchklemme wieder schließen. Nachdem die Vene punktiert ist, kann der Infusionsschlauch auf die Kanüle aufgesetzt werden. Mit der Schlauchklemme wird die Tropfgeschwindigkeit eingestellt.

41. Beschreiben Sie die richtige Füllung eines Infusionsgerätes.

42. Welcher Unterschied besteht zwischen Infusions- und Transfusionsgerät?

43. Welches chirurgische Nahtmaterial kennen Sie?

44. Welches Instrumentarium müssen Sie für die Hautnaht vorbereiten?

45. Benennen Sie die Instrumente in Abb. 10.

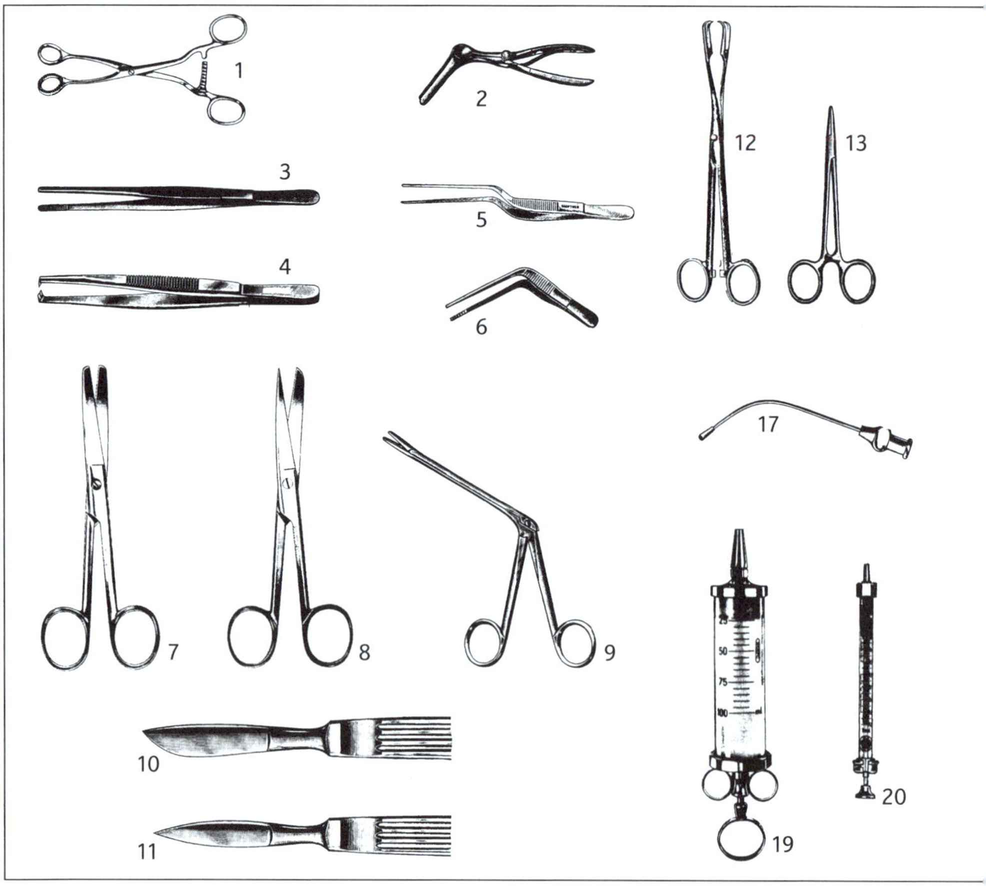

Abb. 10: Gebräuchliches Instrumentarium.

41. Bei der Füllung des Infusionsgerätes ist darauf zu achten, dass die Flüssigkeitssäule nicht durch Luftblasen unterbrochen ist. Deshalb muss zuerst bei geschlossener Schlauchklemme die Tropfkammer gefüllt werden (Tropfkammer mehrmals drücken), erst dann wird durch Öffnen der Schlauchklemme der Infusionsschlauch befüllt.
42. Das Infusionsgerät wird nur für die Applikation von wässrigen Lösungen benutzt. Das Transfusionsgerät ist für die Blutübertragung geeignet. In der Tropfkammer befindet sich hier noch zusätzlich ein feiner Filter, der Blutgerinnsel des Spenderblutes zurückhalten soll. Die aus dem Filter fallenden Blutstropfen treffen erst noch auf einen Dorn, bevor sie in den Transfusionsschlauch gelangen.
43. Resorbierbares Nahtmaterial: Katgut, Chromkatgut, Brocaphil; nicht resorbierbares Nahtmaterial: Seide, Zwirn, Polyesterfäden, Metalldrähte.
44. Nadelhalter, stärkere, traumatische Nadeln, nicht resorbierbares Nahtmaterial, Schere, zwei Pinzetten
45. **Abbildung 10:**

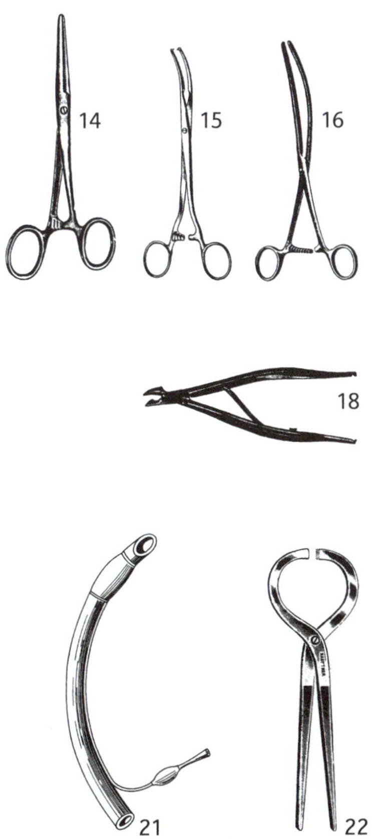

1 Zungenfasszange
2 Spreizspekulum
3 anatomische Pinzette
4 chirurgische Hakenpinzette
5 gekröpfte Pinzette
6 Kniepinzette
7 chirurgische Schere, stumpf-stumpf
8 chirurgische Schere, spitz-stumpf
9 Fremdkörperzange
10 Operationsskalpell, geballt
11 Operationsskalpell, spitz
12 Hakenzange
13 Mosquito
14 Arterienklemme (Péan)
15 Bauchfellklemme
16 Darmklemme
17 Analbeutelkanüle
18 Zange zum Aufsetzen und Entfernen von Wundklammern
19 Janet-Spritze
20 Tuberkulinspritze mit 1/100-Einteilung
21 Endotrachealkatheter
22 Hunfuntersuchungszange

46. Welches Instrument benötigt man zur Gewinnung von Harn?

Arzneimittel und Betäubungsmittel

1. Was ist ein Arzneimittel?

2. Welche Wissenschaftszweige beschäftigen sich mit den Arzneimitteln und wie kann man die Fachbegriffe übersetzen?

3. Welche Rechtsvorschriften gelten für den Umgang mit Arzneimitteln?

4. Wozu dienen die Arzneimittelgesetzgebungen?

5. Was ist das DAB?
6. Erklären Sie den Begriff Arzneimittel.

7. Was versteht man unter Arzneimittelgruppen?

8. Übersetzen Sie die folgenden Begriffe für Arzneimittelgruppen ins Deutsche bzw. in die wissenschaftliche Bezeichnung: Analgetikum, Laxantia, Styptika, harntreibendes Mittel, Spasmolytika, sekretlösendes Hustenmittel, Antimykotika, Herzmittel, Otologika, das Zellwachstum hemmender Stoff.

9. Was versteht man unter Pharmakokinetik?

10. Erklären Sie die folgenden Begriffe und bringen Sie sie in die Reihenfolge, in der sie im Körper geschehen. Verteilung – Elimination – Resorption – Metabolisierung

11. Wovon hängt die Geschwindigkeit der Resorption eines Arzneimittels ab?

12. Welches Organ spielt in der Metabolisierung von Arzneimitteln die größte Rolle?

46. Man benötigt einen Harnkatheter. Für die Hündin werden ein Spreizspekulum oder geschlitzter Tubus mit Lichtquelle und ein Metallkatheter benutzt. Beim Rüden benutzt man einen flexiblen Kunststoffkatheter.

Arzneimittel und Betäubungsmittel

1. Ein Arzneimittel oder Heilmittel ist eine Substanz, die am oder im Körper zu Heilzwecken eingesetzt wird. Der griechische Fachbegriff ist »Pharmakon«. In der Mehrzahl spricht man von Pharmaka.
2. Mit Arzneimitteln beschäftigen sich die Pharmakologie (Lehre von den Heilmitteln), die Pharmazie (Wissenschaft von der Herstellung von Heilmitteln) und die Toxikologie (Lehre von der Wirkung von Giften auf den Organismus).
3. Arzneimittelgesetz: AMG, Betäubungsmittelgesetz: BtMG, Arzneimittelpreisverordnung: AMPreisVO, Betäubungsmittelverschreibungsverordnung: BtMVV, Tierärztliche Hausapothekenverordnung: TÄHAV, Tierimpfstoffverordnung: TierImpfStV, Deutsches Arzneibuch: DAB.
4. Die Arzneimittelgesetzgebungen regeln die Herstellung, die Zulassung, den Handel und die Verwendung von Arzneimitteln.
5. DAB = Deutsches Arzneibuch.
6. Arzneimittel sind Stoffe oder deren Zubereitungen, die am menschlichen oder tierischen Organismus zur Vorbeugung, Linderung, Heilung, Diagnostik und Betäubung angewendet werden können.
7. In der Vielfalt von zugelassenen Arzneimitteln werden die Arzneimittel in verschiedene Gruppen eingeteilt. Die Zugehörigkeit zu einer Gruppe ergibt sich aus dem Wirkungsbereich eines Arzneimittels.
8. Analgetikum: schmerzlinderndes Mittel; Laxantia: Abführmittel; Styptika: stopfende Mittel; harntreibendes Mittel: Diuretikum; Spasmolytika: krampflösende Mittel; sekretlösendes Hustenmittel: Expectorantium; Antimykotika: Mittel gegen Pilzbefall; Herzmittel: Kardiaka; Otologika: Ohrenmittel; das Zellwachstum hemmender Stoff: Zytostatikum.
9. Die Pharmakokinetik ist die Lehre von der Wirkung des Organismus auf das Pharmakon.
10. Die Resorption ist die Aufnahme des Arzneimittels ins Blut oder die Lymphe. Auch bei lokaler Applikation wird immer ein Teil des Arzneimittels in den Kreislauf aufgenommen. Über den Kreislauf wird das Arzneimittel anschließend im ganzen Körper verteilt. Der Körper verstoffwechselt nun das Arzneimittel (Metabolisierung). Danach wird das Arzneimittel eliminiert (ausgeschieden).
11. Sie hängt von der Durchblutung des Gewebes ab. In der gut durchbluteten Muskulatur wird das Pharmakon wesentlich schneller resorbiert als zum Beispiel in der weniger durchbluteten Unterhaut.
12. Das wichtigste Organ ist hier die Leber.

13. Wie werden Arzneimittel eliminiert?

14. Warum sind Leber- und Nierenerkrankungen oft Kontraindikationen für die Anwendung von Arzneimitteln?

15. Was ist ein Fertigarzneimittel?

16. Geben Sie neun verschiedene Punkte zur Kennzeichnung von Fertigarzneimitteln (auf Verpackung oder Etikett) an.

17. Weshalb werden Chargennummer und Zulassungsnummer auf der Verpackung oder dem Etikett eines Arzneimittels angegeben?

18. Was bedeuten die Begriffe freie Abgabe, apothekenpflichtig, verschreibungspflichtig für den Verkauf von Arzneimitteln?

19. Welche Angabe muss auch auf der kleinsten Verpackungseinheit eines Arzneimittels vorhanden sein?
20. Arzneimittelpackungen tragen oft die Bezeichnungen N1, N2 oder N3. Was bedeutet das?
21. Was besagt die Angabe Wartezeit auf einem Tierarzneimittel?

22. Wozu dient der Beipackzettel eines Arzneimittels, und welche Angaben trägt er?

23. Wer soll durch den Beipackzettel des Fertigarzneimittels informiert werden?

13. Die Endprodukte des Stoffwechsels werden entweder in den Gallensaft abgegeben und mit ihm über den Darm ausgeschieden, oder sie werden ins Blut abgegeben und der Niere zugeführt, wo sie in den Harn abgegeben und mit ihm ausgeschieden werden.
14. Leber- und Nierenerkrankungen führen dazu, dass Arzneimittel schlechter metabolisiert und ausgeschieden werden können. Sie können somit schädlichere Wirkungen entfalten als üblich. Außerdem können die Organe von der Belastung durch das Pharmakon zusätzlich geschwächt oder geschädigt werden.
15. Fertigarzneimittel sind von der Industrie hergestellte, in ihrer Zusammensetzung stets gleichbleibende, beim Bundesinstitut für Arzneimittel und Medizinprodukte registrierte, unter einem Handelsnamen in den Verkehr gebrachte Medikamente.
16. Zur Kennzeichnung eines Fertigarzneimittels müssen auf der Verpackung der Handelsname, die Zulassungsnummer, die Adresse des Herstellers, Chargennummer oder Herstellungsdatum, das Verfallsdatum, die Inhaltsangabe der Packung, Darreichungsform und Anwendungsart, der Gehalt an wirksamen Bestandteilen, die Kennzeichnung, ob das Arzneimittel frei verkäuflich, apotheken- oder verschreibungspflichtig ist. Hinweise, z. B. zur Lagerung, müssen hier angebracht sein.
17. Bei Unverträglichkeit oder Veränderung eines Arzneimittels während der ordnungsgemäßen Lagerung kann unter Angabe der Chargen- und Zulassungsnummer reklamiert werden.
18. Freie Abgabe eines Arzneimittels bedeutet, dass der Verkauf auch außerhalb der Apotheke, z. B. in einer Drogerie oder einem Supermarkt, möglich ist. Apothekenpflichtig ist ein Arzneimittel, welches nur in Apotheken abgegeben werden darf. Ein verschreibungs- oder rezeptpflichtiges Arzneimittel darf nur gegen Vorlage eines gültigen Rezepts von der Apotheke abgegeben werden.
19. Es muss immer der Handelsname angegeben sein.

20. Es handelt sich um Kurzbezeichnungen für die Packungsgrößen eines Arzneimittels: N1: kleinste, N2: mittelgroße, N3: große Packung.
21. Die Angabe der Wartezeit auf einem Tierarzneimittel bedeutet, dass bei Anwendung an Tieren, die der Lebensmittelgewinnung dienen, diese angegebene Zeitspanne zwischen letzter Arzneimittelanwendung und Schlachtung des Tieres oder der Verwendung der Tierprodukte als Lebensmittel berücksichtigt werden muss.
22. Der Beipackzettel dient zur Information des Verbrauchers. Die Angaben des Zettels beziehen sich auf die Anwendungsgebiete des Arzneimittels, mögliche Gegenanzeigen, Neben- und Wechselwirkungen und die Dosierungsanleitung sowie Hinweise zur Aufbewahrung.
23. Von der Gebrauchsinformation des Arzneimittels sollte der Verbraucher oder der Tierhalter Kenntnis nehmen. Die Packungsbeilage ist aber auch für den Tierarzt eine Kurzinformation. Ein Exemplar aus den verschiedenen Medikamentenpackungen sollte in einem Ordner aufbewahrt werden.

24. Welche Informationen findet man in der Packungsbeilage?

25. Was besagt der Begriff Gegenanzeige auf dem Beipackzettel eines Fertigarzneimittels?
26. Was besagt der Begriff Wechselwirkungen auf dem Beipackzettel eines Fertigarzneimittels?

27. Was versteht man unter Arzneidosierung?

28. Was versteht man unter der Darreichungsform eines Arzneimittels?

29. Worin unterscheiden sich die Darreichungsformen?

30. Geben Sie Beispiele für feste Arzneimittel an.
31. Geben Sie Beispiele für halbfeste Arzneimittel an.
32. Geben Sie Beispiele für flüssige Arzneimittel an.
33. Geben Sie Beispiele für gasförmige Arzneimittel an.

34. Was versteht man unter der Applikationsart eines Arzneimittels?

35. Welche Arten der Arzneimittelapplikation unterscheidet man?
36. Erklären Sie die lokale Applikation.

37. Erklären Sie die systemische Applikation.

38. Nennen Sie Beispiele für lokale Applikationsarten.

24. In der Packungsbeilage findet der Verbraucher neben den Informationen der Außenverpackung auch die genaue Inhaltsangabe mit Angabe aller verwendeteten Stoffe und deren Menge, die Indikationen (Anzeigen: bei welchen Krankheiten wird das Medikament angewendet), die Kontraindikationen (bei welchen Krankheiten und Zuständen darf das Mittel nicht angewendet werden), Interaktionen (mögliche Wechselwirkung mit anderen Mitteln oder Stoffen), die Nebenwirkungen (unerwünschte Wirkungen bei sachgerechter Anwendung des Mittels) und die Dosierungsanleitung (Art und Dauer der Anwendung).
25. Bei bestimmten Organerkrankungen oder einer Überempfindlichkeit ist das Medikament kontraindiziert, oder es besteht eine Anwendungsbeschränkung.
26. Bei gleichzeitiger oder kurz aufeinander folgender Anwendung von Arzneimitteln kann es zur Interaktion kommen, d. h. die Mittel können sich gegenseitig beeinflussen in Form einer Abschwächung oder Verstärkung, einer Verkürzung oder Verlängerung der Wirkung.
27. Hier sind die Applikationsart, Einzel- oder Tagesdosis, Dauer der Anwendung und tierartliche Unterschiede vermerkt.
28. Die Darreichungsform ist die Form, in der das Arzneimittel auf oder in den Körper gebracht wird.
29. Die Darreichungsformen unterscheiden sich in ihrem Aggregatzustand. Danach unterscheidet man feste, halbfeste, flüssige und gasförmige Arzneimittel.
30. Feste Arzneimittel sind z. B. Tabletten, Granulate oder Dragées.
31. Gele, Salben und Suppositorien sind halbfeste Arzneimittel.
32. Suspensionen, Lösungen und Tinkturen sind flüssige Darreichungsformen.
33. Als gasförmig bezeichnet man Arzneimittel, die selbst gasförmig sind (z. B. Narkosegas) oder die in fester oder flüssiger Form feinst verteilt im gasförmigen Medium sind. Diese Arzneimittel können wegen ihrer geringen Teilchengröße ebenfalls eingeatmet werden.
34. Die Applikationsart ist die Art, wie das Arzneimittel auf oder in den Körper des Patienten gebracht wird.
35. Man unterscheidet die lokale und die systemische Applikationsart.
36. Bei der lokalen Applikation wird das Arzneimittel an einer bestimmten Stelle des Körpers appliziert. Es soll an dieser Stelle seine Wirkung entfalten. Dabei wird nur wenig von dem Arzneimittel im ganzen Körper verteilt.
37. Das Arzneimittel wird so appliziert, dass es über den Blut- und/oder Lymphkreislauf im ganzen Körper verteilt wird. Es wirkt somit auf das gesamte System. Mit System ist in diesem Fall der gesamte Organismus gemeint.
38. Lokale Applikationarten sind kutan/perkutan (auf/über die Haut), intraartikulär (in ein Gelenk), lingual (auf die Zunge), konjunktival (auf die Lidbindehaut), nasal (auf die Nasenschleimhaut) und intrauterin (in die Gebärmutter). Entscheidend für die Bezeichnung ist der Ort der erwünschten Wirkung.

39. Wie werden die systemischen Applikationsarten weiter unterschieden?

40. Nennen Sie Beispiele für enterale Applikationsarten.

41. Nennen Sie Beispiele für parenterale Applikationsarten.

42. Was ist ein Fütterungsarzneimittel?

43. Was ist eine Arzneimittelvormischung?

44. Was ist ein Rezepturarzneimittel?

45. Welche Angaben enthält ein Rezept?

46. Welche Angaben eines Rezeptes dürfen von Tiermedizinischen Fachangestellten geschrieben werden?
47. Wie lange ist ein Rezept nach der Ausfertigung gültig?
48. Was bedeutet die Halbwertszeit eines verabreichten Arzneimittels?

49. Erläutern Sie die Begriffe Therapie, Indikation, Prophylaxe.

50. Welche Arzneimittel unterliegen einem Verfallsdatum?

39. Bei der systemischen Applikation trifft man eine weitere Unterscheidung, nämlich diejenige nach der Passage über den Magen-Darm-Trakt (MDT). Passiert das Arzneimittel Teile des MDT, ist die Verabreichung enteral, wird der MDT umgangen, ist die Verabreichung parenteral.
40. Beispiele für die enterale Applikation sind oral (über den Mund einnehmen und abschlucken) und rektal (über den Enddarm eingeben).
41. Zu den parenteralen Applikationsarten gehören in erster Linie die Injektionsarten intravenös (i. v.), intraarteriell (i. a.), intramuskulär (i. m.), subkutan (s. c.), intraperitoneal (i. p.) und intracardial (i. card.).
42. Ein Fütterungsarzneimittel besteht aus einem Futtermittel und einer Arzneimittelvormischung. Es wird in homogener, stabiler Mischung in den Handel gebracht und ist für die direkte Verfütterung vorgesehen.
43. Eine Arzneimittelvormischung ist die spezielle Vorbereitung eines Arzneimittels zur Herstellung eines Fütterungsarzneimittels.
44. Ein Rezepturarzneimittel ist ein Arzneimittel, das auf Anweisung des Tierarztes nach seinem Rezept in der Apotheke hergestellt und abgegeben wird.
45. Ein Rezept enthält den Praxisstempel, das Datum der Ausstellung, die Anrede an den Apotheker (Rp = Nimm!), die eigentliche Verordnung (Name des Fertigarzneimittels sowie die gewünschte Darreichungsform und die Packungsgröße), die Art und Dauer der Anwendung (Dosierungsanleitung) und die Unterschrift des Tierarztes. Bei Rezepturarzneimitteln werden bei der eigentlichen Verordnung die Grundsubstanzen jeweils mit Mengenangaben und getrennt durch ein Doppelkreuz (#) angegeben. Im Anschluss folgt die Anweisung, was mit den Substanzen gemacht werden soll und welche Darreichungsform hergestellt werden soll. Bei Verschreibungen für Tiere wird der Name des Tierhalters angegeben, außerdem die Art und Anzahl der Tiere, bei denen das Arzneimittel angewendet werden soll, die Dosierung pro Tier und Tag und die Dauer der Anwendung. Bei Verschreibungen für Tiere, die der Lebensmittelgewinnung dienen, müssen zusätzlich die Indikation, die Identität der Tiere und die Wartezeit angegeben werden.
46. Es dürfen alle Angaben, außer der Rezeptunterschrift, auch von TFA geschrieben werden.
47. Ein Rezept hat eine Gültigkeitsdauer von 3 Monaten ab Ausfertigungsdatum.
48. Mit der Halbwertszeit eines Arzneimittels ist der Zeitpunkt gemeint, nach dem nur noch die Hälfte der ursprünglich verabreichten Wirkstoffmenge im Körper vorhanden ist.
49. Unter Therapie versteht man die Behandlung eines Erkrankten; die Indikation ist die Anzeige, also der Grund, eine bestimmte Therapieform anzuwenden; Prophylaxe meint die Vorbeugung von Krankheiten bzw. alle Maßnahmen zur Verhütung einer Krankheit.
50. Vor allem Antibiotika, Impfstoffe, Seren, Hormon- und Vitaminpräparate unterliegen einem Verfallsdatum.

51. Was versteht man unter dem tierärztlichen Dispensierrecht?

52. Sie sollen im Auftrag des Tierarztes ein Medikament in kleiner Menge abgeben. Welche Punkte sind zu beachten?

53. Wie kann der Tierarzt der gesetzlich geforderten Nachweispflicht über den Verbrauch von erworbenen Arzneimitteln nachkommen?

54. Nennen Sie fünf Punkte, die für die Aufbewahrung von Arzneimitteln wichtig sind.

55. Welche Temperaturspannen umfassen die Begriffe Raumtemperatur, kühl, Kühlschrank?
56. Was ist bei der Aufbewahrung von Arzneimitteln in anderen Behältnissen als den Originalverpackungen zu beachten?

57. Wo können Arzneimittel aufbewahrt werden?

58. Nennen Sie fünf Punkte, die für die Betreuung von Arzneimitteln wichtig sind.

59. Wie werden verfallene oder verdorbene Arzneimittel entsorgt?

60. Was versteht der Gesetzgeber unter Betäubungsmitteln?

61. Sind Betäubungsmittel frei verkäuflich?
62. Was ist die Betäubungsmittelverschreibungsverordnung?

51. Das tierärztliche Dispensierrecht erlaubt dem Tierarzt, Arzneimittel selbst herzustellen oder einzukaufen, sie zu lagern und an den Tierhalter abzugeben.
52. Es muss auf passende und sichere Verpackung, Kennzeichnung der Verpackung mit Namen und verordneter Dosierung des Arzneimittels und auf eine Kopie des Beipackzettels geachtet werden.
53. Es gibt verschiedene Möglichkeiten und Vorschriften, z. B. die Eintragung des Verbrauchs oder der Abgabe jedes Medikamentes in der Patientenkartei, die Ausstellung eines Anwendungs- und Abgabebelegs bei lebensmittelliefernden Tieren und die Eintragung in das praxisinterne Arzneimittelbuch.
54. Bei der Aufbewahrung von Arzneimitteln müssen die Lagerungshinweise des Herstellers beachtet werden; sie müssen deutlich gekennzeichnet sein; sie müssen übersichtlich geordnet gelagert werden; Beschädigung, Verschmutzung und Witterungseinflüsse sind zu vermeiden; praxisfremden Personen dürfen die Medikamente nicht zugänglich sein.
55. Raumtemperatur: 15 bis 25 °C; kühl: 6 bis 15 °C; Kühlschrank: 0 bis 6 °C.

56. Die Behältnisse der Medikamente dürfen zu keiner Verwechselung mit anderen Stoffen, Lebensmitteln oder Getränken führen; deshalb sind Behälter, die ursprünglich für Lebensmittel gedacht waren, zu vermeiden. Es ist auf die eindeutige Kennzeichnung jeder Verpackung zu achten.
57. Arzneimittel werden in der Praxis in den Behandlungsräumen, in einem anderen kenntlich gemachten Raum und in der Autoapotheke aufbewahrt.
58. Arzneimittel werden derart betreut, dass auf das Verfalldatum geachtet wird, leicht verderbliche Stoffe häufiger überprüft werden, die Etikettierung der Behälter und der Inhalte auf Aussehen und Geruch kontrolliert werden.
59. Die Entsorgung der unbrauchbaren Arzneimittel erfolgt über die Stadtapotheke oder Sondermüllaktionen der Gemeinden.
60. Betäubungsmittel nach dem Gesetz sind Stoffe oder deren Zubereitungen, die in den Anlagen I, II und III des BtmG aufgelistet sind. Das Kriterium für die Aufnahme in eine dieser Listen ist die Eigenschaft, als Suchtmittel beim Menschen gebraucht zu werden.
61. Nein, der freie Verkauf ist nach dem Betäubungsmittelgesetz verboten.
62. Betäubungsmittel dürfen nur von Ärzten, Zahnärzten und Tierärzten auf Betäubungsmittelrezepten verschrieben werden. Die Vorschriften für den Bezug, Verbrauch und Bestand der in der Praxis verwendeten Betäubungsmittel sind in der BtMVV festgelegt.

63. Was wissen Sie über Bezug, Lagerung und Verbrauchsnachweis von Betäubungsmitteln in der tierärztlichen Praxis?

64. Was ist die Bundesopiumstelle?

65. Wie lange ab Ausstellungsdatum haben Betäubungsmittelrezepte Gültigkeit?

66. Welche Angaben auf den Betäubungsmittelrezepten dürfen von Tiermedizinischen Fachangestellten geschrieben werden?

67. Worauf ist der tägliche Einzelverbrauch an Betäubungsmitteln einzutragen?

68. Welche Unterlagen müssen laut Betäubungsmittelverschreibungsverordnung wie lange aufbewahrt werden?

Mikroskopie

1. Zählen Sie die wichtigen mechanischen und optischen Teile des Mikroskops auf.

2. Was sind Objektive des Mikroskops?

3. Was versteht man unter dem Trockensystem eines Mikroskops?

4. Was versteht man unter Ölimmersion?

5. Wozu dient der Kondensor des Mikroskops?
6. Wozu dient der Kreuztisch und wozu die Feintriebschraube des Mikroskops?

7. Wird mit der Ölimmersion mikroskopiert, sollten sich Kondensor und Blende in einer bestimmten Stellung befinden. In welcher?
8. Mit welcher Einrichtung kann man die Helligkeit im Mikroskop regulieren?

63. Betäubungsmittel werden vom Tierarzt meistens direkt vom Hersteller bezogen, seltener mit einem Betäubungsmittelrezept über die Apotheke erworben. Betäubungsmittel müssen gesondert, unter Verschluss und diebstahlsicher aufbewahrt werden. Der Verbrauch wird unter Angabe des Tierhalters, der Tierart und des Verwendungszweckes durch Eintragungen in amtliche Formblätter nachgewiesen. Beim Bezug des BtM direkt vom Hersteller muss die Bestätigung des Eingangs der Ware innerhalb von 24 Stunden nach Erhalt beim Hersteller eingegangen sein. Die Bestellung erfolgt unter Angabe der BtM-Nummer, die dem Tierarzt auf Antrag von der Bundesopiumstelle zugewiesen wird.
64. Die Bundesopiumstelle ist eine Abteilung des Bundesinstituts für Arzneimittel und Medizinprodukte (BfArM), die für den Verkehr mit Betäubungsmitteln in Deutschland zuständig ist und diesen überwacht.
65. Das Betäubungsmittelrezept verliert 7 Tage nach Ausstellungsdatum seine Gültigkeit.
66. Datum, Name des Mittels, sein Betäubungsmittelgehalt sowie die Menge und die Gebrauchsanweisung sind vom Tierarzt auf dem Rezept handschriftlich vorzunehmen und zu unterschreiben. Die übrigen Angaben können von TFA geschrieben werden.
67. Die Eintragung des Betäubungsmittelverbrauchs findet auf amtlichen Formblättern statt.
68. Die Aufbewahrungsfrist für die Verbrauchsnachweise und Teil III des Betäubungsmittelrezeptes beträgt 3 Jahre.

Mikroskopie

1. Stativ, Tubus mit Okular und Objektiv, Objekttisch, darunter Kondensor und Blende, Lichtquelle.
2. Objektive sind Linsensysteme mit unterschiedlicher Vergrößerungsmöglichkeit; sie sitzen im sogenannten Objektivrevolver am unteren Ende des Tubus.
3. Mit dem Trockensystem des Mikroskops sind alle Objektive gemeint, die für die mikroskopische Darstellung kein Öl als Medium zwischen Frontlinse und Objekt benötigen.
4. Bei der Ölimmersion ist Öl als Medium zwischen Frontlinse des speziellen Objektivs und dem zu mikroskopierenden Objekt notwendig.
5. Mithilfe des Kondensors wird das Licht gebündelt, d. h. konzentriert.
6. Der Kreuztisch trägt den Objektträger und ist mit dem Tischtrieb waagerecht in verschiedene Richtungen zu bewegen. Die Feintriebschraube erlaubt die Scharfeinstellung des Objekts.
7. Bei der Ölimmersion wird der Kondensor näher an das Objekt gebracht und die Blende geöffnet.
8. Mit den Blenden und einem Dimmer (Helligkeitsregler).

9. Was bedeutet das Dunkelfeldverfahren bei der Mikroskopie?

10. Wie berechnet man die Vergrößerung eines Objekts bei der mikroskopischen Darstellung?

Probengewinnung und Aufbereitung

1. Aus welchen Gründen werden in der tierärztlichen Praxis Proben (von Blut, Harn usw.) gewonnen?

2. In welchen Fällen muss eine Futteraufnahme vor der Blutentnahme berücksichtigt werden?
3. Wie wird eine Blutentnahme zur Gewinnung von Plasma vorbereitet?

4. Welche Gerinnungshemmer für Blutproben kennen Sie?
5. Beschreiben Sie die Arbeitsgänge zur Plasmagewinnung.

6. Welche Serum- oder Plasmaveränderungen sind nach dem Zentrifugieren makroskopisch zu erkennen?

7. Wie lange kann EDTA-Blut aufbewahrt werden, bis ein Differenzialblutbild angefertigt wird?
8. Welche Maßnahmen sind bei der Probenverwahrung von Blut zu beachten?

9. Bei welcher Temperatur können Serum- oder Plasmaproben ohne Veränderung der Inhaltsstoffe aufbewahrt werden?
10. Geben Sie die Untersuchungsfristen für Serum- und Plasmaproben bei Lagerung bei Raumtemperatur und Kühlschranktemperatur an.

11. Welche Fehler müssen bei der Blutentnahme vermieden werden?

12. Welche Fehler müssen bei der Aufbereitung und Aufbewahrung von Proben vermieden werden?

13. Was ist eine Hämolyse?

9. Beim Dunkelfeldverfahren tritt das Licht nicht von unten durch das Objekt, sondern seitlich auf das Objekt, wodurch die Konturen besser zu erkennen sind.
10. Multiplikation der Vergrößerungszahl des Objektivs mit der des Okulars.

Probengewinnung und Aufbereitung

1. Die Untersuchung von Probenmaterial im Labor ist ein wichtiger Teil der Diagnostik und dient zur Überprüfung der Wirksamkeit von Medikamenten und zur Verlaufskontrolle bei verschiedenen Krankheiten.
2. Bei der Bestimmung des Blutzuckers und der Blutfette.
3. Die Blutprobe wird sofort in einem mit Antikoagulans beschichteten Röhrchen aufgefangen.
4. EDTA, Natriumcitrat, Natriumfluorid, Lithiumheparinat.
5. Das in einem Röhrchen mit Antikoagulans aufgefangene Blut wird etwa 10 Minuten bei ca. 3000 U/Min. zentrifugiert (abhängig vom Zentrifugentyp), danach das Plasma abpipettiert und in ein anderes, sauberes Probenröhrchen gegeben.
6. Nach dem Zentrifugieren können Farbabweichungen an Serum oder Plasma festgestellt werden: Gelbfärbung (Hyperbilirubinämie), Rotfärbung (Hämolyse), weißliche Trübung (Hyperlipidämie).
7. EDTA-Blut sollte spätestens 6 Stunden nach Probengewinnung aufbereitet sein, da es sonst zu Blutzellveränderungen kommt.
8. Probenverwahrung in geschlossenen Gefäßen, um Kontamination mit anderen Stoffen und Verdunstung zu vermeiden, vor Lichteinwirkung geschützt, bei Raumtemperatur oder bei Kühlschranktemperatur. Für eine längere Aufbewahrung müssen Serum oder Plasma eingefroren werden.
9. Aufbewahrung der Serum- und Plasmaproben bei Raumtemperatur etwa 4 Stunden, bei Kühlschranktemperatur etwa 24 Stunden, tiefgefroren auch längere Zeit möglich.
10. Bilirubin- und Enzymbestimmungen sollten sofort, spätestens 2 Stunden nach Probengewinnung vorgenommen werden. Andere Blutuntersuchungen können z. T. noch nach mehrtägiger Aufbewahrung im Kühlschrank durchgeführt werden.
11. Unsaubere Gerätschaften für die Blutentnahme, falsche Wahl des Antikoagulans, Verdünnungsfehler mit dem Antikoagulans, zu starke Venenstauung, Schaumbildung durch Schütteln der Probe, fehlende oder ungenügende Beschriftung der Probenröhrchen.
12. Ungenügende Gerinnung und Trennung des Blutkuchens vor der Serumgewinnung, das Zentrifugieren mit zu hoher Umdrehungszahl, Aufbewahrung bei Lichteinwirkung, zu hohe Temperaturen, Überschreitung der zulässigen Aufbewahrungszeit.
13. Hämolyse: Auflösung, Zerstörung der Erythrozyten mit Austritt von Hämoglobin und anderen Inhaltsstoffen der Erythrozyten ins Plasma oder Serum.

14. Welche Ursachen können zu einer unerwünschten Hämolyse in der Blutprobe führen?
15. Mithilfe welcher Maßnahmen lässt sich eine Hämolyse der Blutprobe vermeiden?
16. Beschreiben Sie kurz die Vorbereitungen zum Versand einer Blutprobe.
17. Weshalb ist die längere Aufbewahrung einer Harnprobe nicht ratsam?
18. Innerhalb welcher Zeit sollten Harnsedimentuntersuchungen vorgenommen werden? (Mit Begründung!)
19. Ist die bakteriologische Untersuchung einer Harnprobe ratsam, die der Tierbesitzer selbst vom Tier aufgefangen hat?
20. Welchem Zweck dient der Zusatz von 10%iger Kalilauge zum Hautgeschabsel?
21. Warum müssen Kotproben möglichst frisch untersucht werden?
22. Was sind Agarplatten?
23. Wie lange und bei welcher Temperatur müssen beimpfte Agarplatten im Brutschrank bleiben?
24. Welche Maßnahmen müssen bei der Entsorgung von verbrauchten Agarplatten beachtet werden?

Laborgegenstände und Laborgeräte

1. Wie unterscheiden sich die Zentrifugengläser für die Harnsedimentgewinnung von denen für die Serumgewinnung?
2. Welcher Unterschied besteht zwischen Reagenzglas und Zentrifugenglas?
3. Was ist ein Blockschälchen, und wozu dient es?

14. Ursache der Hämolyse in Blutproben: übermäßige Venenstauung, unvorsichtiges Hantieren (Aspirieren, Mischen, Ausspritzen) mit der Probe, Überschreiten der zulässigen Aufbewahrungszeit, verspätete Aufbereitung von Blutproben für die Serumgewinnung, Kontamination des Blutes mit anderen Stoffen, stärkere Erwärmung des Vollblutes, Zentrifugieren mit überhöhter Umdrehungszahl.
15. Vermeidung der Hämolyse in Blutproben: Verwendung von Einmalartikeln, mäßige Venenstauung, vorsichtiges Hantieren (Aspirieren, Mischen) mit der Probe, baldiges Zentrifugieren des Vollblutes zur Serumgewinnung, kein Versand von Vollblut, kein Erwärmen und Einfrieren von Vollblut.
16. Blut-, Serum- oder Plasmaproben für den Versand: Probenröhrchen fest verschließen, wasserfest beschriften, bruchsichere Verpackung, Begleitschreiben mit Untersuchungsantrag beilegen.
17. Bei längerer Aufbewahrung einer Harnprobe kommt es zu Verfälschungen der Untersuchungsergebnisse durch Zersetzung von Inhaltsstoffen und Denaturierung der zelligen Bestandteile des Harns.
18. Harnsedimentuntersuchungen sind innerhalb von 2 Stunden nach Harnprobenentnahme vorzunehmen, da es nach dieser Zeit zu einer Veränderung der zelligen Bestandteile durch Bakterien und Pilze kommt.
19. Nein, da die Proben meistens in unsauberen oder mit anderen Stoffen kontaminierten Gefäßen aufgefangen wurden.
20. Der Kalilaugezusatz zum Hautgeschabsel dient der schnelleren Zerstörung der Krusten, Schuppen und Haare des Geschabsels.
21. Die Zuordnung gefundener Wurmeier wird durch die Weiterentwicklung (z. B. Embryonierung) der Eier in einer alten Kotprobe erschwert.
22. Agarplatten sind Nährböden in Petrischalen, die mit Bakterien- oder Pilzmaterial beimpft werden können.
23. Beimpfte Agarplatten werden zur Bebrütung mindestens 18 bis 24 Stunden bei einer Temperatur von 37 °C im Brutschrank belassen.
24. Verbrauchte Agarplatten mit Bakterien- und Pilzkulturen sind vor der Entsorgung zu autoklavieren oder mit einer Desinfektionslösung zu behandeln.

Laborgegenstände und Laborgeräte

1. Zentrifugengläser für die Harnsedimentgewinnung sind Spitzbodengläser, für die Serumgewinnung benutzt man Rundbodengläser.
2. Reagenzgläser sind dünnwandig, leicht zerbrechlich, etwa 16 cm hoch, Zentrifugengläser sind dickwandig und etwa 10 cm lang.
3. Blockschälchen sind kleine quadratische Glas- oder Porzellanblöcke mit einer muldenförmigen Vertiefung. Geringe Mengen Flüssigkeit können daraus leichter pipettiert werden.

4. Wie unterscheiden sich die Deckgläschen für die Zählkammer von denen für die Harnsedimentuntersuchung?
5. Für welche Untersuchungen werden Objektträger benötigt?

6. Womit wird die Harndichte gemessen?

7. Was ist ein Refraktometer?

8. Erläutern Sie kurz das Prinzip der Fotometrie.

9. Was sind Petrischalen?

Qualitätssicherung

1. Definieren Sie kurz den Begriff Qualitätskontrolle.

2. Was besagt die Präzision im Rahmen der Qualitätskontrolle?
3. Was besagt die Richtigkeit im Rahmen der Qualitätskontrolle?

4. Wozu dienen Kontrollseren mit Sollwertangaben?

5. Was besagt die Standardabweichung innerhalb der Präzisionskontrolle?

6. Was besagt der Mittelwert innerhalb der Präzisionskontrolle? Wie wird er berechnet?
7. In welcher Beziehung stehen Warngrenzen und Kontrollgrenzen zur Standardabweichung bei der Präzisionskontrolle?

4. Deckgläschen für die Zählkammer sind etwas dickere Glasplättchen mit geschliffenem Rand, gewöhnliche Deckgläschen sind hauchdünn und ungeschliffen.
5. Objektträger werden für das Differenzialblutbild, für Hautgeschabsel, Sekretausstriche, Kotuntersuchungen, mikrofeine Gewebsschnitte in der Histologie und Harnsedimente benötigt.
6. Die Bestimmung der Harndichte ist die Messung des spezifischen Gewichtes des Harnes und wird entweder mit dem Urometer (Harnspindel) oder mit dem Refraktometer vorgenommen.
7. Ein Refraktometer ist ein optisches Gerät, mit dem der Eiweißgehalt des Plasmas und die Harndichte bestimmt werden können. Die Messung beruht auf der Brechung von Lichtstrahlen durch die aufgetragene Untersuchungsflüssigkeit.
8. Prinzip der Fotometrie: quantitative Bestimmung eines Stoffes durch Lichtmessung mittels eines Fotometers. Durch eine zu untersuchende, chemisch aufbereitete Probe in einer Küvette wird Licht geschickt. Die Teilchen des zu bestimmenden Stoffes in der Farblösung absorbieren Licht, d. h. die Menge des austretenden Lichtes ist geringer. Je höher die Konzentration des zu bestimmenden Stoffes, desto geringer die austretende Lichtmenge.
9. Petrischalen: flache, runde Glas- oder Kunststoffschalen, die vor allem für die Anzüchtung von Bakterien und Pilzen oder als »feuchte Kammer« verwendet werden.

Qualitätssicherung

1. Qualitätskontrolle: Ermittlung der Zuverlässigkeit von klinisch-chemischen Analysen im Labor. Es werden die Richtigkeit und Präzision der Messergebnisse kontrolliert.
2. Die Präzision gibt die wiederholbare Genauigkeit eines Analysenwertes an.
3. Die Richtigkeit gibt die Übereinstimmung des Messwertes mit dem Sollwert einer Kontrollprobe an.
4. Kontrollseren mit Sollwertangaben werden ein- bis zweimal wöchentlich für die Richtigkeitskontrolle benötigt oder an etwa zwanzig Tagen für die Präzisionskontrolle.
5. Die Standardabweichung bezeichnet die Streuung der Einzelwerte um den Mittelwert und drückt die Präzision aus, mit der im Labor gearbeitet wird.
6. Der Mittelwert ist der Durchschnitt aus allen Einzelwerten. Die Einzelwerte werden summiert und durch die Anzahl der durchgeführten Bestimmungen geteilt.
7. Standardabweichungen werden auf einer Kontrollkarte zur Präzisionskontrolle eingetragen. Zuerst wird der Mittelwert errechnet. Zum Mittelwert wird die zweifache Standardabweichung addiert oder subtrahiert, das ergibt die obere und untere Warngrenze. Wird die dreifache Standardabweichung addiert oder subtrahiert, ergibt das die obere oder untere Kontrollgrenze.

8. In welchen Fällen der Präzisionskontrolle ist eine Messmethode außer Kontrolle geraten?
9. Welche Angaben können mit dem Variationskoeffizienten bei der Qualitätskontrolle gemacht werden?
10. Was wird mit dem Richtigkeitsmaß bei der Qualitätskontrolle ausgedrückt?
11. Wie hoch darf das Richtigkeitsmaß bei der Qualitätskontrolle sein?
12. Wie oft sollte die Richtigkeitskontrolle innerhalb der Qualitätskontrolle durchgeführt werden?
13. Was versteht man unter der externen Qualitätskontrolle?
14. Nennen Sie die drei Gruppen von Fehlerarten, die bei Laboruntersuchungen auftreten können.
15. Weshalb ist die Beachtung der Chargennummer eines Kontrollserums notwendig?
16. Zählen Sie einige grobe, aber vermeidbare Fehler bei der Durchführung von Laboruntersuchungen auf.
17. Auf welche Weise sind Fehler bei den Laboruntersuchungen zu vermeiden?
18. Welchen Sinn hat die Führung eines Qualitätskontrollbuches?

Blutuntersuchungen

1. Welche Untersuchungen gehören zu einem Blutstatus?

8. Eine Messmethode ist außer Kontrolle geraten, wenn ein Wert außerhalb des Kontrollbereiches liegt oder sieben Werte hintereinander auf einer Seite (ober- oder unterhalb) des Mittelwertes liegen oder sieben Werte hintereinander eine ansteigende oder abfallende Tendenz zeigen.
9. Der Variationskoeffizient, auch relative Standardabweichung genannt, gibt die prozentuale Abweichung vom Mittelwert an.
10. Das Richtigkeitsmaß bezeichnet die Abweichung (in Prozenten) des ermittelten Wertes vom Sollwert.
11. Das Richtigkeitsmaß darf nicht größer als das Dreifache des ermittelten Variationskoeffizienten sein.
12. Richtigkeitskontrollen sind ein- bis zweimal wöchentlich durchzuführen.

13. Die externe Qualitätskontrolle ergänzt die eigenen, intern durchgeführten Präzisions- und Richtigkeitskontrollen. Es werden Proben ohne Sollwertangabe an verschiedene Labors verschickt (Ringversuch).
14. (1) zufällige, unvermeidbare Fehler; (2) systematische, vermeidbare Fehler; (3) grobe Fehler.
15. Mit dem Verbrauch einer Charge des Kontrollserums ist die Kontrollperiode beendet, eine neue beginnt.
16. Grobe, aber vermeidbare Fehler: Verwechselung von Proben, Reagenzien, Pipetten; falsche Bedienung der Messgeräte; fehlerhafte Berechnungen oder Eintragungen.
17. Durch konzentriertes, diszipliniertes Arbeiten im Labor: Beachtung der Arbeitsanleitungen und Bedienungsvorschriften an Geräten, Verwendung von Monotestpackungen, sorgfältige Reinigung aller verwendeten Geräte, regelmäßige Wartung der Messgeräte, Durchführung der Qualitätskontrollen.
18. Die im Qualitätskontrollbuch unter dem jeweiligen Datum gemachten Eintragungen dienen dem Nachweis regelmäßig durchgeführter Wartungen von Messgeräten und Kontrolluntersuchungen.

Blutuntersuchungen

1. Blutstatus: Zählung der Erythrozyten und Leukozyten, Bestimmung des Hämoglobins und Hämatokrits, Differenzialblutbild, Blutsenkung.

2. Geben Sie kurz die Technik der Erythrozyten- und Leukozytenzählung mithilfe der Zählkammer an.

3. Welche Lösung wird für die Leukozytenzählung benötigt?
4. Welches Mischverhältnis weist das Blut in der Leukozytenpipette auf?
5. Welche Lösung wird für die Erythrozytenzählung benötigt?
6. Welches Mischverhältnis weist das Blut in der Erythrozytenpipette auf?
7. Geben Sie die Maßeinheit für die Blutwerte von Erythrozyten und Leukozyten an.

8. Mithilfe welcher Untersuchung kann eine Hämokonzentration festgestellt werden?
9. Was bezeichnet man als Hämatokrit?
10. Wie wird eine Hämatokritbestimmung durchgeführt?

11. Mithilfe welcher Labortechnik können Leukozyten voneinander unterschieden werden?
12. Beschreiben Sie die Anfertigung eines Differenzialblutbildes.

13. Mit welchem Objektiv des Mikroskopes wird ein Blutausstrich differenziert?
14. Auf welche Weise wird ein Blutausstrich durchgemustert?
15. Wie viele Leukozyten müssen für die Differenzierung des Blutausstriches gezählt werden?
16. Welche Leukozytenarten können aufgrund der Färbung des Blutausstriches unterschieden werden?
17. Wie unterscheiden Sie einen stabkernigen von einem segmentkernigen Granulozyten im mikroskopischen Bild?

18. Wie unterscheiden Sie einen eosinophilen und einen basophilen von einem neutrophilen Granulozyten im mikroskopischen Bild?

19. Was kann bei der Leukozytendifferenzierung im Blutausstrich außerdem noch beurteilt werden?
20. Welche Tierart weist ein lymphozytäres Blutbild auf?

2. Erythrozytenzählung: Aufziehen des Vollblutes in die Erythrozytenpipette bis zur Marke 0,5 und vorsichtiges Auffüllen der Pipette mit Hayemscher Lösung bis Marke 101; Mischen durch Drehen oder Schwenken der Pipette oder auf einem Schüttelapparat; Beschicken der Zählkammer mit der gemischten Blutverdünnung; Auszählen der Erythrozyten in fünf Gruppenquadraten und Berechnung.
   Leukozytenzählung: Aufziehen des Vollblutes bis Marke 0,5 der Leukozytenpipette, Auffüllen mit Türkscher Lösung bis Marke 11; Mischen und Beschicken der Zählkammer; Auszählen der Leukozyten in zwei Großquadraten und Berechnung der Leukozytenzahl in 1 mm^3 Blut.
3. Türck Lösung oder verdünnte Essigsäurelösung.
4. Das Mischverhältnis in der Leukozytenpipette beträgt 1:20.
5. Hayemsche Lösung.
6. Das Mischverhältnis in der Erythrozytenpipette beträgt 1:200.
7. Die Erythrozytenzahl wird in T/l (Tera [10^{12}] pro Liter Blut) angegeben. Die Leukozytenzahl wird noch häufig in 1/µl (Anzahl der Leukozyten pro Mikroliter) angegeben. Die internationale Einheit ist 1×10^9/l (Anzahl mal 10^9 pro Liter Blut).
8. Bestimmung des Hämatokrits.
9. Hämatokrit: Volumenanteil der Erythrozyten am Gesamtblut.
10. Hämatokritbestimmung: Füllung von zwei heparinisierten Kapillaren zu drei Viertel mit Blut, Verschluss der unteren Kapillarenden mit Spezialkitt, Zentrifugation 8 Minuten in einer Hämatokrit-Zentrifuge.
11. Leukozytendifferenzierung mithilfe der mikroskopischen Beurteilung eines Blutausstriches (sowie QBC und große Hämatologieautomaten).
12. Auf einem entfetteten Objektträger wird ein Tropfen Blut ausgestrichen, danach muss der Ausstrich lufttrocknen. Auf einer Färbebank wird der Blutausstrich nach Pappenheim gefärbt, anschließend wieder luftgetrocknet. Er ist dann fertig für die Durchmusterung unter dem Mikroskop.
13. Objektiv der Ölimmersion (100fache Vergrößerung).
14. Mäanderförmige Durchmusterung des Ausstrichs.
15. Mindestens 100 Leukozyten.

16. Lymphozyten, Granulozyten (neutrophile, eosinophile, basophile), Monozyten.

17. Starbkerniger neutrophiler Granulozyt: stabförmiger, S- oder U-förmig gebogener Kern; segmentkerniger neutrophiler Granulozyt: Der Kern besteht aus mehreren Segmenten, die fadenförmig miteinander verbunden sind.
18. Unterscheidung der Granulozyten nach der Anfärbbarkeit der Granula im Zellplasma: Eosinophile Granulozyten haben rote Granula, basophile Granulozyten haben blaue Granula, neutrophile Granulozyten zeigen nur blasslila angefärbte Granula.
19. Das rote Blutbild im Ausstrich: Anfärbung, Größe, Form, evtl. vorhandener Zellkern und Einschlüsse in den Erythrozyten.
20. Rinder weisen ein lymphozytäres Blutbild auf.

21. Mit welchem Prozentsatz dürfen physiologischerweise stabkernige Leukozyten im Blutbild vorkommen?
22. Wie wird Blutplasma gewonnen?
23. Was sind Antikoagulantien?
24. Beschreiben Sie kurz die Gewinnung von Blutserum.
25. Wie wird eine Urämie nachgewiesen?
26. Geben Sie die Maßeinheit für die Blutwerte von Hämoglobin und Gesamteiweiß an.
27. Für welche Untersuchungen benötigt man ein Fotometer?
28. Weshalb ist die Einhaltung der Reaktionstemperatur bei der Bestimmung der Enzymaktivitäten wichtig?
29. Was ist ein Unit (U) der Enzymaktivität?
30. Was ist mit dem Begriff Trockenchemie gemeint?
31. Was verstehen Sie unter einem Reflexionsfotometer?
32. Welcher Unterschied besteht in der Gewinnung von Blutserum und Blutplasma?

Harnuntersuchungen

1. Welche Untersuchungen gehören zu einem Harnstatus?
2. Wovon ist die Farbe des Harnesabhängig?
3. Der Harn welcher Tierarten ist physiologischerweise trüb?
4. Was ist das spezifische Gewicht des Harnes, und wie wird es bestimmt?
5. Was versteht man unter dem pH-Wert des Harns?

21. Stabkernige Granulozyten sind physiologischerweise im Blutbild mit 2 bis 4 %, je nach Tierart, vertreten.
22. Blutplasmagewinnung: Das Blut wird im Probenröhrchen mit Antikoagulanszusatz aufgefangen, sofort zentrifugiert und das überstehende Plasma in ein anderes Röhrchen abpipettiert.
23. Antikoagulantien sind gerinnungshemmende Substanzen.
24. Gewinnung von Blutserum: Das Blut wird in Zentrifugengläsern aufgefangen, bleibt danach bis zur vollständigen Gerinnung stehen, der Blutkuchen wird dann mit einem Glasstäbchen vorsichtig vom Glas gelöst, anschließend wird das Blut zentrifugiert und das überstehende Serum in ein Probenröhrchen pipettiert.
25. Urämie bedeutet Anstieg der harnpflichtigen Substanzen im Blut und wird am leichtesten durch den Anstieg der Harnstoffkonzentration im Blut nachgewiesen.
26. Der Hämoglobin- und Gesamteiweißgehalt des Blutes werden mit g/dl angegeben.
27. Fotometer sind notwendig für die Bestimmung von Hämoglobin, Substraten und Abbauprodukten des Stoffwechsels sowie von Enzymen und Elektrolyten.
28. Bei Nichteinhalten der Reaktionstemperatur von 25 °C kommt es zu Verfälschungen der Ergebnisse um 8 bis 10 %.
29. Ein Unit ist diejenige Enzymaktivität, die bei optimalen Testbedingungen 1 µmol Substrat pro Minute umsetzt.
30. Trockenchemie: Bestimmung von Blutbestandteilen mit Trockenreagenzträgern (Teststäbchen) im Reflexionsfotometer.
31. Im Reflexionsfotometer wird reflektiertes Licht gemessen. Die von einem Referenzempfänger gemessene Lichtintensität wird in Beziehung gesetzt zur reflektierten Lichtmenge des Testfeldes einer Probe.
32. Für die Plasmagewinnung ist ein Probenröhrchen mit Antikoagulans notwendig, damit die Blutflüssigkeit nicht gerinnt. Zur Serumgewinnung lässt man das Blut im Probenröhrchen gerinnen und pipettiert nach dem Zentrifugieren die Blutflüssigkeit ab.

Harnuntersuchungen

1. Harnstatus: physikalische Prüfung auf Farbe, Transparenz, Konsistenz sowie Geruch; chemischer Nachweis von Harnbestandteilen, des pH-Wertes; Bestimmung der Harndichte; mikroskopische Untersuchung des Harnsedimentes.
2. Die Harnfarbe ist abhängig von der Harnkonzentration, Beimengungen von Blut oder Blutfarbstoff, Gallenfarbstoff oder Medikamenten.
3. Pferde-, Wiederkäuer- sowie Kaninchenharn sind physiologischerweise trüb.
4. Das spezifische Gewicht des Harnes ist abhängig von den in ihm gelösten oder enthaltenen korpuskulären Substanzen. Das spezifische Gewicht wird mit der Harnspindel (Urometer) oder dem Refraktometer gemessen.
5. Der pH-Wert gibt die Wasserstoffionenkonzentration an.

6. Ab welchem pH-Wert spricht man von einer alkalischen Reaktion des Harns?
7. Welche Haustiere haben physiologischerweise einen sauren und welche Tiere einen alkalischen Harn?
8. Welche Untersuchungen des Harneskönnen mit Teststreifen durchgeführt werden?
9. Wie heißen die beiden Gallenfarbstoffe, die mit dem Harnteststreifen nachgewiesen werden können?
10. Wie wird Blut im Harn nachgewiesen?

11. Wie wird ein Harnsediment gewonnen?

12. Welche Bestandteile sind mikroskopisch im Harnsediment nachweisbar?
13. Erklären Sie nach Abb. 11 die Befunde im Harnsediment.

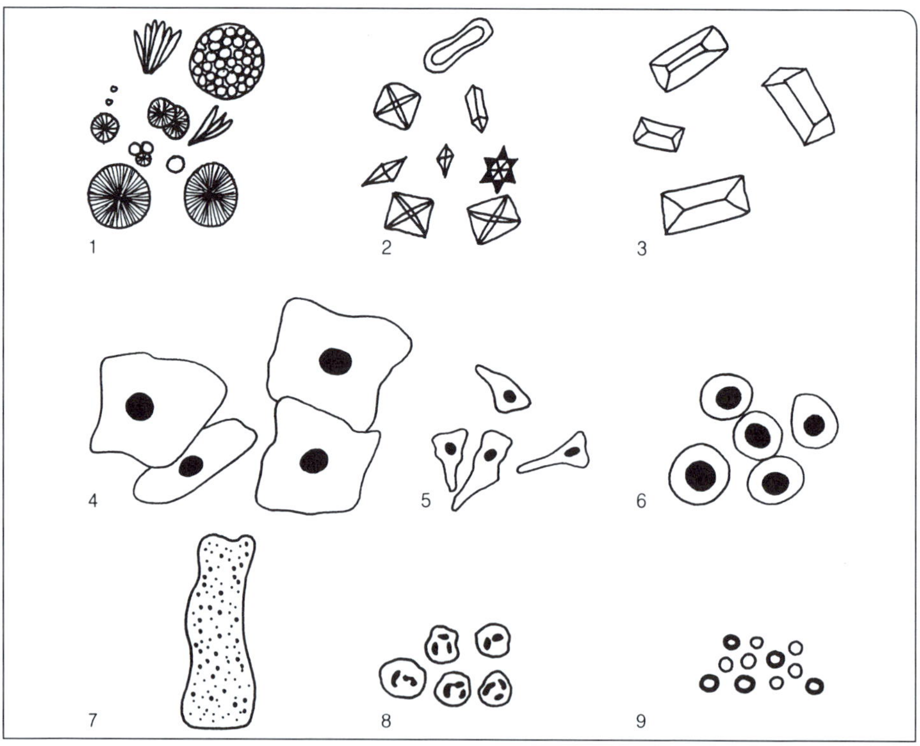

Abb: 11: Befunde im Harnsediment.

14. Welches Objektiv benutzten Sie zur mikroskopischen Untersuchung des Harnsedimentes?
15. Wie sind Leukozyten von Rundepithelzellen im Harnsediment zu unterscheiden?

6. Ein pH-Wert von mehr als 7 wird als alkalisch bezeichnet.
7. Hunde und Katzen haben einen sauren Harn, Pferde und Wiederkäuer einen alkalischen Harn.
8. Nitrit, pH-Wert, Eiweiß, Glukose, Ketonkörper, Gallenfarbstoffe, Blut, Hämoglobin.
9. Urobilinogen, Bilirubin.

10. Der Blutnachweis auf dem Teststreifen gilt für den Erythrozyten- und Hämoglobinnachweis. Blutzellen können im Sediment gefunden werden.
11. Der Harn wird in einem Zentrifugenglas 3 Minuten bei 1500 U/Min. zentrifugiert, danach der überstehende Harn abgegossen, ein Tropfen des Sedimentes vorsichtig auf einen Objektträger gegeben und mit einem einfachen Deckgläschen abgedeckt.
12. Zellige Bestandteile aus Blut oder Gewebe, kristalline Bestandteile und Bakterien.
13. **Abbildung 11:**

1	Kohlensaurer Kalk (Kalziumkarbonate)
2	Oxalsaurer Kalk (Kalziumoxalate)
3	Tripelphosphate
4	Plattenepithelien
5	Geschwänzte Epithelien
6	Rundepithelien
7	Granulierter Zylinder
8	Leukozyten
9	Erythrozyten

14. Beurteilung des Harnsedimentes zuerst mit 10fachem dann mit 40fachem Objektiv.

15. Rundepithelzellen sind die kleinsten Epithelzellen im Harnsediment, transparent, mit einem deutlich erkennbaren, runden Kern. Leukozyten sind kleiner, ihr Kern ist wegen der Segmente nicht so deutlich erkennbar.

16. Was wird als Detritus im Harnsediment bezeichnet?
17. Welche Zylinderformen können im Harnsediment nachgewiesen werden?

18. Für welche Organerkrankung spricht das Auftreten von Harnzylindern?
19. Welche Harnkristalle sind ein physiologischer Bestandteil des Pferdeharns?
20. Beschreiben oder skizzieren Sie den Unterschied zwischen Tripelphosphatkristallen und Oxalatkristallen im Harnsediment (Abb. 11).
21. Wie können Harnsedimentbestandteile deutlicher erkennbar gemacht werden?

Kotuntersuchungen

1. Weshalb ist auch die makroskopische Betrachtung des Kotes erforderlich?

2. Wie heißen die Fortpflanzungsgebilde der Bandwürmer, die makroskopisch am Kot feststellbar sind?
3. Weshalb muss Kot möglichst frisch einer parasitologischen Untersuchung unterzogen werden?
4. Geben Sie die Namen der in Abb. 12 dargestellten Parasiteneier an.

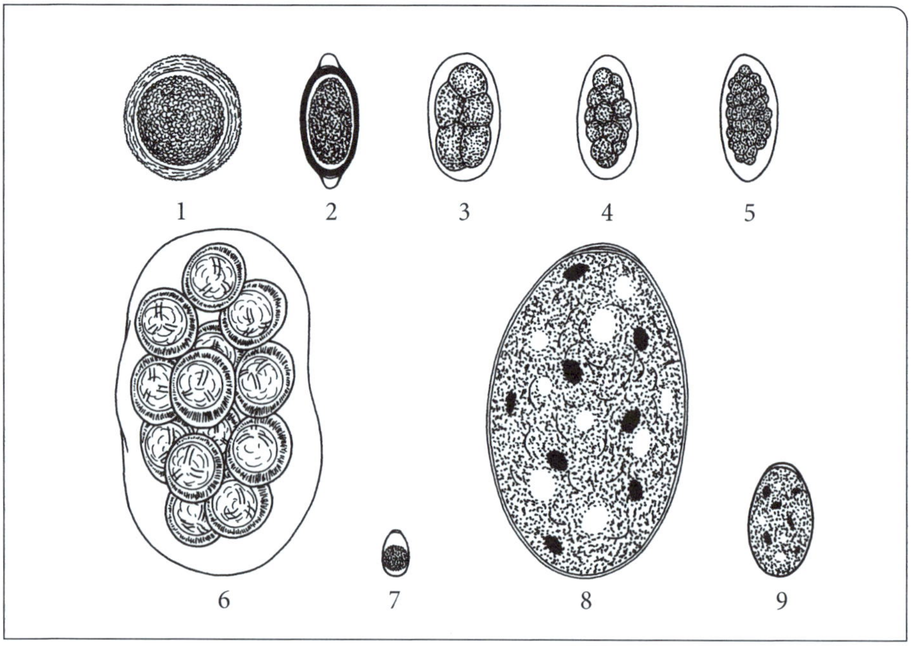

Abb. 12: Häufige Parasiteneier im Kot.

16. Detritus: Reste zerfallener Gewebs- und Zellanteile.
17. Harnzylinder sind Ausgüsse aus den Nierentubuli und bestehen aus Eiweiß (hyaliner Zylinder). Je nach Beteiligung der verschiedenen Zellarten unterscheidet man Erythrozyten- und Leukozytenzylinder, Epithelzylinder, granulierte Zylinder.
18. Harnzylinder werden im Harnsediment bei Erkrankungen der Niere gefunden.
19. Kalziumkarbonate.
20. Tripelphosphatkristalle weisen eine sogenannte Sargdeckelform auf, Oxalatkristalle haben meist eine Briefkuvertform.
21. Durch Anfärbung des Sedimentes (handelsübliche Farbstoffe) wird die Beurteilung der Bestandteile erleichtert.

Kotuntersuchungen

1. Bei der makroskopischen Betrachtung des Kotes können Wurmexemplare oder Bandwurmglieder festgestellt werden.
2. Proglottiden.
3. Die Zuordnung gefundener Wurmeier wird durch Weiterentwicklung der Eier in einer alten Kotprobe erschwert.
4. **Abbildung 12:**

1	Spulwurm (*Toxocara* sp.)
2	Peitschenwurm (*Trichuris* sp.)
3	Hakenwurm (*Ancylostoma* sp.)
4	Pferdestrongylide
5	Trichostrongylus
6	Hundebandwurm (*Dipylidium caninum*, Eipaket)
7	Kokzidienoozyste
8	Großer Leberegel (*Fasciola hepatica*)
9	Lanzettegel (*Dicrocoelium dendriticum*)

5. Was ist mit dem Nativpräparat bei der Kotuntersuchung gemeint?
6. Nach welchen Verfahren können Eier von Darmparasiten bestimmt werden? (Kurze Beschreibung der Verfahren!)

7. Was versteht man unter dem Begriff Flotationsverfahren?

8. Erläutern Sie das Prinzip der Kotuntersuchung bei Verwendung hochkonzentrierter Lösungen.

9. Warum muss die Flotationszeit bei der Kotuntersuchung eingehalten werden?

10. Welche Kriterien dienen zur mikroskopischen Unterscheidung von Parasiteneiern im Kot?
11. Mit welchen anderen Gebilden können Parasiteneier im Kot verwechselt werden?

12. Nach welchen Verfahren können Larven von Endoparasiten nachgewiesen werden?
13. Welche Endoparasitenart wird am günstigsten im Larvenstadium nachgewiesen?
14. Geben Sie die deutschen Namen folgender Parasitenarten an: Strongylide, Askaride, Trichuris, Ankylostoma, Capillaria.

Hautuntersuchungen

1. Wozu dient die parasitologische Untersuchung der Haut?
2. Nennen Sie vier Ektoparasiten des Hundes, die bereits makroskopisch erkennbar sind.
3. Welche Ektoparasiten kann man nur mit dem Mikroskop nachweisen, und wie wird das gemacht?

4. Weshalb ist die Verwendung von Kalilauge bei der Anfertigung eines Hautgeschabsels vorteilhaft?

5. Nativpräparat: Ausstrich einer unbehandelten Kotprobe auf dem Objektträger.
6. Anreicherungsverfahren: Flotations-, Sedimentations- und Auswanderverfahren. Beim Flotationsverfahren wird durch Zusatz einer hoch konzentrierten Lösung (z. B. NaCl) zum Kot das spezifisch leichtere Gewicht der Parasiteneier ausgenutzt, sie schwimmen an der Oberfläche. Beim Sedimentationsverfahren wird durch Zusatz von Wasser das höhere spezifische Gewicht der Parasiteneier genutzt, sie sind im Bodensatz zu finden. Beim Auswanderverfahren werden Lungenwurmlarven nachgewiesen, die ins feuchte Milieu (Wasser) auswandern.
7. Flotation ist die Ansammlung von Stoffen, deren spezifisches Gewicht geringer ist als das der umgebenden Flüssigkeit an der Oberfläche.
8. Wird Kot mit einer hochkonzentrierten Lösung gut vermischt und eine gewisse Zeit stehen gelassen, trennen sich alle spezifisch leichteren Teile des Kotes, auch die Parasiteneier, und steigen an die Oberfläche der Lösung, Die schweren Kotpartikel bleiben als Bodensatz liegen.
9. Die Flotationszeit muss deshalb eingehalten werden, weil es nach dieser Zeit zu einem Platzen der Wurmeier durch die hypertone Lösung kommt und die zerstörten Wurmeier wieder absinken. Das Ergebnis der Kotuntersuchung könnte dadurch falsch-negativ ausfallen.
10. Merkmale der Wurmeier: Größe, Form, Schalendicke, Farbe, Deckel oder Polpfröpfe, embryoniert oder mit Furchungskugeln.
11. Verwechselung der Wurmeier im mikroskopischen Bild mit Pflanzenteilen, Pollenkörnern, Pilzsporen.
12. Mit dem Auswanderverfahren werden Larven der Endoparasiten nachgewiesen.
13. Lungenwürmer.
14. Strongylide: Palisadenwurm; Askaride: Spulwurm; Trichuris: Peitschenwurm; Ankylostoma: Hakenwurm; Capillaria: Haarwurm.

Hautuntersuchungen

1. Feststellung von Ektoparasiten.
2. Flöhe, Läuse, Haarlinge, Zecken.

3. In der Haut sitzende Milben und Ohrmilben sind nur mikroskopisch nachweisbar. Dazu wird ein Hautgeschabsel angefertigt. Von den befallenen Stellen wird mit einem Skalpell Hautmaterial abgeschabt, dieses auf einem Objektträger breit ausgestrichen, mit ein bis zwei Tropfen 10%iger Kalilauge versetzt und mit einem zweiten Objektträger abgedeckt. Für den Nachweis von Ohrmilben wird mit dem Watteträger Material aus dem äußeren Gehörgang geholt und auf einem Objektträger ausgestrichen.
4. Durch Kalilauge werden alle epithelialen Anteile des Geschabsels angegriffen und mazeriert.

5. Wie lange kann ein Hautgeschabsel mit Kalilauge bis zur Beurteilung liegen bleiben?
6. Wie kann man Räudemilben nachweisen?
7. Geben Sie ein typisches Unterscheidungsmerkmal im mikroskopischen Bild zwischen Laus und Haarling des Hundes an.
8. Was versteht man unter einer histologischen und was unter einer mykologischen Hautuntersuchung?
9. Welches Gerät ist für die Gewinnung von Biopsieproben der Haut erforderlich?
10. Was für ein Material wird für die mykologische Hautuntersuchung entnommen?
11. Wie werden Hauptpilze nachgewiesen?
12. Was für ein Material wird für die bakteriologische Hautuntersuchung entnommen?
13. Warum sollte eine Probe von Krusten und Bläscheninhalt der Haut nur mit einem sterilen Tupfer entnommen werden?
14. Wie heißt der Test zum Nachweis von allergisch wirkenden Stoffen?
15. Auf welche Weise können Hautgeschabsel mazeriert werden?

Spezielle Laboruntersuchungen

1. Wie wird der Test zur Ermittlung einer Euterentzündung genannt und durchgeführt?
2. Welchem Zweck dient die Anwendung der Rivalta-Probe?
3. Was ist ein ELISA-Test, und in welchen Fällen wird er eingesetzt?
4. Was versteht man unter einem Antibiogramm?
5. Von welchen Körperausscheidungen können Resistenztests durchgeführt werden?
6. Wie stellt sich die Resistenz der Bakterien auf einem Nährboden mit Hemmstoffzusatz dar?
7. Welche Zellenart wird bei der Liquoruntersuchung ausgezählt und differenziert?

5. Möglichst nicht länger als 3 Stunden, weil dann auch die Milben selbst zerstört werden.
6. Nachweis von Räudemilben durch ein Hautgeschabsel.
7. Die Laus hat einen sehr kleinen, schmalen Kopf. Der Kopf des Haarlings ist fast so breit wie der Körper.
8. Die histologische Untersuchung der Haut dient der Beurteilung des Gewebes, die mykologische Untersuchung dient der Ermittlung von Hautpilzen.
9. Biopsieproben der Haut werden mit der Drillstanze gewonnen.
10. Für die mykologische Untersuchung wird Haarmaterial benötigt.
11. Hautpilze werden durch Züchtung auf Nährböden nachgewiesen. Bei Verdacht auf Mikrosporie kann eine Voruntersuchung mit der Woodschen Lampe erfolgen.
12. Für die bakteriologische Untersuchung wird das während einer Entzündung entstandene Material benötigt: Bläschen- oder Pustelinhalt, Wundsekret, Krusten.
13. Beim Arbeiten mit unsterilen Instrumenten kann es zu einer unerwünschten zusätzlichen Keimbesiedelung des Nährbodens kommen, wodurch die Feststellung der ursächlichen Keime der Hauterkrankung erschwert wird.
14. Intrakutantest.
15. Hautgeschabsel können mit 10%iger Kalilauge mazeriert werden.

Spezielle Laboruntersuchungen

1. Schalm-Test: Die Milch aus den Eutervierteln wird in eine Testschale mit vier Vertiefungen gemolken und mit einer Testlösung vermischt. Gelbildung und ein Farbumschlag deuten auf eine Euterentzündung.
2. Mit der Rivalta-Probe kann bei einer Ergussflüssigkeit zwischen Exsudat und Transsudat unterschieden werden. Exsudattropfen, in verdünnte Essigsäure gegeben, führen zu einer Trübung.
3. ELISA-Test: ein spezieller Test, der unter anderem zum Antigennachweis eingesetzt wird, z. B. Nachweis des Leukosevirus der Katze. Daneben gibt es auch spezielle ELISA-Tests zum Antikörpernachweis.
4. Antibiogramm: Überprüfung der Resistenz von Bakterien gegen Antibiotika oder Sulfonamide.
5. Nasen- und Augensekret, Liquor, Milch, Harn, Körperhöhlenflüssigkeit, Wundsekret.
6. Die Resistenz der Bakterien ist vorhanden, wenn sich um die Antibiotika- und Sulfonamid-Testblättchen keine Hemmhöfe bilden.
7. In der Liquorprobe werden die Leukozyten gezählt und differenziert.

Einsendung von Untersuchungsmaterial

1. Was ist beim Versand von Untersuchungsmaterial zu beachten?

2. Welche Maßnahmen müssen beim Verpacken von Untersuchungsmaterial aus Sicherheitsgründen beachtet werden?

3. Was muss dem Untersuchungsmaterial schriftlich beigelegt werden?
4. Was ist zu beachten, wenn Untersuchungsmaterial bei Verdacht einer Krankheit nach dem Infektionsschutzgesetz verschickt werden muss?
5. An welche staatlichen Stellen wird Untersuchungsmaterial eingeschickt?
6. In welchen Fällen ist eine telefonische Anfrage vor Einsendung des Untersuchungsmaterials notwendig?
7. Beschreiben Sie kurz, wie Proben in Glasbehältern vor dem Versand bruchsicher verpackt werden.
8. Woher kann man Verpackungsmaterial für flüssige Proben beziehen?

9. Zur Untersuchung können Nativblut und EDTA-Blut verschickt werden. Für welche Untersuchungen sind die Proben geeignet?

10. Weshalb müssen Organproben vor der Verpackung und vor dem Versand ausgekühlt sein?

11. Warum dürfen unfixierte Organproben nicht in luftdichten Behältnissen verschickt werden?

7 Betriebsorganisation und -verwaltung

Tierärztliche Abrechnung

1. Was versteht man unter dem Ausdruck »Liquidation« bei der tierärztlichen Kostenrechnung?

2. Welche Rechtsvorschriften für die tierärztliche Abrechnung sind von besonderer Bedeutung?

3. Was darf der Tierarzt nach GOT liquidieren?

Einsendung von Untersuchungsmaterial

1. Versand von Untersuchungsmaterial: schnellstmögliche Versendung, nur ausgekühltes Untersuchungsgut verschicken, bruchsichere und flüssigkeitsundurchlässige Verpackung wählen, Begleitbericht und Untersuchungsantrag beifügen.
2. Menschenpathogenes Untersuchungsmaterial muss gekennzeichnet sein, z.B. »Infektiöses Material«. Flüssige Proben werden möglichst in Original-Verpackungsröhrchen der Landesuntersuchungsämter verschickt. Glasbruch und Auslaufen von Flüssigkeit müssen vermieden werden.
3. Begleitbericht mit Untersuchungsantrag.
4. Besondere Kennzeichnung des Versandgutes, z.B. »Vorsicht, Tollwut!«.

5. Einsendung an das zuständige Veterinäruntersuchungsamt.
6. Eine telefonische Anfrage ist vor und an Sonn- und Feiertagen notwendig, da nur zu bestimmten Zeiten Untersuchungsmaterial angenommen wird.
7. Proben in Glasgefäßen werden vor der Verpackung zuerst entweder in eine gut schließende Metallhülse oder in ein Holzkästchen getan.
8. Verpackungsmaterial für flüssige Proben ist von den Landesuntersuchungsämtern zu bekommen.
9. Nativblut für die Untersuchung auf virusbedingte oder bakterielle Infektionskrankheiten, EDTA-Blut für die hämatologischen Untersuchungen in diagnostischen Labors.
10. Durch die noch bestehende Eigenwärme der Organproben kann es zur Denaturierung des Gewebes kommen. Die Probe wird dadurch für eine Untersuchung unbrauchbar.
11. In luftdicht verschlossenen Behältern kann bei unfixierten Organproben eine Fäulnis durch Anaerobier beginnen.

7 Betriebsorganisation und -verwaltung

Tierärztliche Abrechnung

1. Im Allgemeinen bezieht sich die Liquidation auf die Kostenabrechnung freier Berufe. Die tierärztliche Kostenrechnung umfasst die Rechnungslegung für die erbrachte tierärztliche Leistung.
2. Diese Rechtsvorschriften sind die Gebührenordnung für Tierärzte (GOT) und die Arzneimittel-Verordnung (AMPreisV). Die TFA sollte die Abrechnungsarbeiten selbstständig durchführen können.
3. Dem Tierarzt stehen nach der GOT Gebühren für Leistungen, Entschädigungen wie Wegegeld und Reisekostenentschädigungen sowie Entgelte für Arzneimittel und Barauslagen zu (§ 1 Grundsatz).

4. Woran bemisst sich die Höhe der einzelnen Gebühren?

5. Kann in besonderen Fällen die Gebührenhöhe nach den einfachen Gebührensätzen berechnet werden?

6. Gibt es abweichende Gebührensätze mit Überschreitung des Dreifachen oder der Unterschreitung des Einfachen der Gebührensätze?

7. Was versteht man unter Doppelbewertungen bei der tierärztlichen Abrechnung, und welche Regelung schreibt die GOT vor?

8. Wie werden allgemeine Praxiskosten und die Anwendung von tierärztlichen Instrumenten und Apparaturen abgegolten?

9. Was soll die tierärztliche Rechnung mindestens enthalten?

10. Gibt es tierärztliche Leistungen, die im tierärztlichen Gebührenverzeichnis nicht aufgeführt sind?

11. Gibt es Vorschriften über die von Tierärzten abgegebenen Arzneimittel?

12. Was sind verschreibungspflichtige Tierarzneimittel?

13. Was sind verschreibungspflichtige Humanarzneimittel?

14. Welche Entschädigungen für tierärztliche Krankenbesuche und welches Wegegeld erhalten Tierärzte?

4. Die Gebührenhöhe bemisst sich im Allgemeinen nach dem Einfachen bis zum Dreifachen des Gebührensatzes (§ 2 Gebührenhöhe).
5. Ja, wenn der Tierhalter aufgrund einer allgemeinen öffentlich-rechtlichen Anordnung oder im Rahmen eines mit öffentlichen Mitteln geförderten Verfahrens tierärztliche Leistungen in Anspruch nimmt (§ 3 Gebührenhöhe in besonderen Fällen). Nachts, an Wochenenden sowie an Feiertagen wird der 2fache Satz, bei landwirtschaftlich genutzten Tieren der 1,5fache Satz berechnet.
6. Nach der geltenden GOT ist eine Unterschreitung des 1fachen Satzes grundsätzlich unzulässig. Nur in begründeten Einzelfällen, z. B. einer tierschützerischen Notlage, darf der 1fache Satz unterschritten werden. Eine Überschreitung des 3fachen Gebührensatzes ist im begründeten Einzelfall vor Erbringung der Leistung des Tierarztes in einem Schriftstück zu vereinbaren (§ 4 Abweichende Gebührensätze).
7. Nach den Leistungssätzen des Gebührenverzeichnisses darf eine tierärztliche Leistung nicht doppelt bewertet werden. Die chirurgische Naht zum Verschluss der Bauchhöhle wird nicht gesondert in Rechnung gestellt (§ 5 Verbot von Doppelbewertungen).
8. Neben den Gebühren der Grundleistungen und Leistungen nach Organsystemen stehen dem Tierarzt Entschädigungen (Wegegeld, Reiseentschädigungen), Barauslagen und Entgelte für Arzneimittel zu (§ 6 Gebühren- und Rechnungsbestandteile).
9. Die Rechnung wird folgenderweise aufgelistet:
   - das Datum der Erbringung der Leistung;
   - die Tierart, für die die Leistung erbracht worden ist;
   - die Diagnose;
   - die berechnete Leistung;
   - den Rechnungsbetrag;
   - die Umsatzsteuer.
10. Ja, es fehlten bereits bei Erscheinen der GOT wichtige Positionen für die Liquidation. Die Gebühren richten sich nach den Gebührensätzen, die für gleichwertige Leistungen gewährt werden. Dabei sind insbesondere Schwierigkeit und erforderlicher zeitlicher und technischer Aufwand zu berücksichtigen (§ 7 Außerordentliche Leistungen).
11. Die Arzneimittelpreisverordnung (AMPreisV) regelt Vorschriften in der jeweils geltenden Fassung. Die Vorschriften betreffen Tierärzte bei der Abgabe und der Anwendung von Arzneimitteln (§ 8 Arzneimittelpreise).
12. Für verschreibungspflichtige Tierarzneimittel gelten ausgewiesene Höchstzuschläge zuzüglich Umsatzsteuer.
13. Für verschreibungspflichtige Humanarzneimittel darf zur Berechnung des Abgabepreises höchstens ein Zuschlag von 3 % sowie Umsatzsteuer erhoben werden.
14. Tierärzte erhalten als Entschädigungen für tierärztliche Krankenbesuche Wegegeld oder ggf. Reiseentschädigungen. Zeitversäumnisse können Mehrkosten bedingen (§ 9 Entschädigungen, Wegegeld).

15. Was versteht man unter »Betreuungsverträgen«?

8 Infektionskrankheiten und Seuchenschutz

Spezielle Viruserkrankungen

1. Nennen Sie fünf wichtige, durch Viren hervorgerufene Infektionskrankheiten beim Hund!

2. Wie heißt die hochansteckende, akut verlaufende Infektionskrankheit bei Welpen und alten Hunden?
3. Was wissen Sie über die Hundestaupe?

4. Wie heißt die ansteckende Leberentzündung bei jungen Hunden und Bären und was sind die Symptome?

5. Was verstehen Sie unter dem Ausdruck »Zwingerhusten«?

6. Was versteht man unter dem »Infektiösen Welpensterben« und was sind die Symptome?
7. Nennen Sie fünf wichtige, durch Viren hervorgerufene Infektionskrankheiten bei der Katze!

8. Was wissen Sie über die »Katzenseuche«?

9. Was ist »FIP« und wie heißt der Erreger?

10. Welches Krankheitsbild zeigen Stadtkatzen häufig und wie erfolgt die Erregerübertragung?

11. Wie heißt die Sammelbezeichnung für eine ansteckende Erkrankung der Atemwege und Schleimhäute?

15. In der Landwirtschaft ist eine ökonomische und intensive tierärztliche Betreuung in größeren Tierbeständen erfolgreich. Mit dem Betreuungsvertrag § 4 Abs. 2 der GOT ist eine rechtliche Grundlage für den Abschluss eines schriftlichen Vertrages zwischen Landwirt und Tierärztin/Tierarzt gegeben.

8 Infektionskrankheiten und Seuchenschutz

Spezielle Viruserkrankungen

1. **Wichtige Virusinfektionskrankheiten beim Hund:** Parvovirose, Hundestaupe, Infektiöse Hundehepatitis (HCC = Hepatitis contagiosa canis), Zwingerhusten (Viren und Bakterien übertragend), Herpesvirusinfektion des Hundes (Infektiöses Welpensterben).
2. Parvovirose ist eine hochansteckende und akut verlaufende Infektionskrankheit von Hunden. Empfänglich sind Welpen im Alter von 2 bis 16 Wochen und alte Hunde.
3. Hundestaupe ist eine hochansteckende Virusinfektion mit dem Staupevirus bei Hundeartigen (Canoidea) mit hohem Fieber, Futterverweigerung und Nasen- und Augenausfluss.
4. Die ansteckende Leberentzündung (Hepatitis contagiosa canis = HCC) kommt bei sehr jungen Hunden vor. Symptome sind Fieberschübe, Fressunlust, Erbrechen, Durchfall und Ikterus.
5. Junge Hunde wurden oft in Zwingern gehalten. Im gesamten Bestand trat plötzlich eine Erkrankung der oberen Atemwege mit anhaltendem Husten, Nasenausfluss und Fieber auf (Zwingerhusten). Die Genesung war oft zögerlich.
6. Die Herpesvirusinfektion des Hundes (Infektiöses Welpensterben) erkennt man durch Saugunlust, grüngelben Kot, später Durchfall und Erbrechen.
7. Wichtige Virusinfektionskrankheiten bei der Katze: Panleukopenie (»Katzenseuche«, Feline infektiöse Parvovirusinfektion), Feline infektiöse Peritonitis (FIP), Katzenleukose (FeLV-Infektion), Katzenschnupfenkomplex (Viren und Chlamydien), Felines Immundefizienz Virus (FIV).
8. Katzen und Katzenartige (Waschbären, Nerze) sind für die Katzenseuche oder Panleukopenie (Feline Parvovirusinfektion) sehr empfänglich, mit Gefahr der Dauerausscheidung.
9. Die feline infektiöse Peritonitis (FIP) ist eine durch das feline Coronavirus ausgelöste Infektionskrankheit. Das Krankheitsbild ist eine Bauchfellentzündung (Peritonitis).
10. Bei Stadtkatzen kommt die Katzenleukose (FeLV-Infektion) häufig vor. Die Inkubationszeit liegt zwischen 2 bis 3 Monaten und Jahren. Die Übertragung erfolgt durch Kontakt. Infizierte Tiere sind Dauerausscheider.
11. Katzenschnupfen ist eine Sammelbezeichnung für eine ansteckende Erkrankung der Atemwege und Schleimhäute.

12. Wie entsteht die Immunschwäche der Katze? Nennen Sie Erreger, Übertragungswege und häufige Symptome.

13. Nennen Sie vier wichtige, durch Viren hervorgerufene Infektionskrankheiten beim Pferd!

14. Was wissen Sie über die »Bornasche Krankheit«?

15. Bei welcher wichtigen Virusinfektionskrankheit beim Pferd besteht Anzeigepflicht wegen Ansteckungsgefahr?

16. Bei welcher Pferdekrankheit kommt es zu einer Tröpfcheninfektion mit Nasen- und Augenausfluss?

17. Welche Pferdekrankheit ist die Equine Herpesvirus-Infektion?

18. Nennen Sie sechs wichtige Virusinfektionskrankheiten bei Klauentieren!

19. Was wissen Sie über die Europäische Schweinepest?

20. Was ist die Aujeszkische Krankheit oder Pseudowut?

21. Wer kann an Maul- und Klauenseuche erkranken? Nennen Sie wichtige Symptome.

22. Warum sind bei der Bovinen Virusdiarrhoe Meldepflicht und Schutzimpfung geboten?

12. Das Feline Immundefizienzvirus (FIV) wird mit Blut und Speichel übertragen. Immunschwäche führt zu Abmagerung, Fieberschüben, Dermatitiden und Pneumonie.
13. Wichtige Virusinfektionskrankheiten beim Pferd: Bornasche Krankheit, Infektiöse Anämie der Einhufer, Pferdeinfluenza, Equine Herpesvirus-Infektion (Rhinopneumonitis/Virusabort).
14. Die Bornasche Krankheit (BD) ist eine akut bis subakut verlaufende Gehirnentzündung mit Rückenmarksbeteiligung (Meningoenzephalomyelitis) bei Pferden und Schafen.
15. Die Infektiöse Anämie der Einhufer wird durch wiederkehrendes Fieber, Anämie, Ikterus, Ödeme und zunehmende Abmagerung des Pferdes dargestellt. Aufgrund der Ansteckungsgefahr ist eine schnelle Anzeige erforderlich (anzeigepflichtige Krankheit).
16. Pferdeinfluenza ist eine Infektion mit dem Equinen Influenzavirus (EIV) und eine Tröpfcheninfektion mit Nasen- und Augenausfluss, trockenem Husten und Fieber. Bei trächtigen Stuten sollte im 4. bis 5. Monat der Trächtigkeit eine Impfung gegen das Influenzavirus durchgeführt werden.
17. Die equinen Herpesviren Typ 1 und Typ 4 sind weltweit verbreitete Erreger von Atemwegsinfektionen bei Pferden. Bei Fohlen und Jungpferden ist im lymphatischen Rachenring eine deutliche Verdickung mit bläschenförmigen Läsionen zu sehen.
18. Wichtige Virusinfektionskrankheiten bei Klauentieren: Europäische Schweinepest, Aujeszkysche Krankheit (Pseudowut), Maul- und Klauenseuche (MKS), Bovine Virus-Diarrhoe (BVD, Mucosal Disease), Bovine-Herpes-Typ-1-Infektion (BHV1, früher: Infektiöse Bovine Rhinotracheitis IBR), Enzootische Leukose des Rindes, juvenile Kälberleukose.
19. Die Europäische Schweinepest kommt bei empfänglichen Schweinen und auch bei Wildschweinen vor. Klinische Symptome sind variabel, es kommt zu Fieber, Mattigkeit, Fressunlust, Hinterhandschwäche. Zur Vorbeugung bestehen Anzeigepflicht und Schutzimpfung.
20. Die Aujeszkysche Krankheit (Pseudowut) betrifft meist Schweine (Hauptwirt). Die Übertragung geht direkt von Schwein zu Schwein und hat einen tödlichen Ausgang. Es besteht Anzeigepflicht. Wegen der mögliche Übertragung sollte kein rohes Schweinefleisch an Fleischfresser gefüttert werden. Durch Einfrieren verliert das Virus seine Infektiosität nicht.
21. Die Maul- und Klauenseuche (MKS) betrifft Rind, Schwein, auch andere Tierarten und den Menschen. Empfänglich sind neben Rind und Schwein alle Klauentiere und der Mensch. Entzündungen der Mundschleimhaut und der Klauen sind wichtige Hinweise für die Erkrankung. Anzeigepflicht!
22. Rind und Schaf sind empfänglich für die Bovine Virusdiarrhoe (BVD) oder Mucosal Disease. Die Übertragung ist direkt und läuft über Futter, Geräte, Personal und auch intrauterin. Zur Vorbeugung ist Meldepflicht und Schutzimpfung geboten.

23. Bei welcher Virusinfektion von Rindern und weiteren Wiederkäuern wird eine Bestandssanierung durchgeführt? Nennen Sie den Erreger und wichtige Symptome der Erkrankung!

24. Bei welcher Virusinfektion von Rindern und Kälbern wird eine staatliche Bekämpfung durchgeführt?

25. Welche wichtigen Virusinfektionskrankheiten bei Hasen und Kaninchen kennen Sie?
26. Was wissen Sie über die Myxomatose bei Hasen und Wildkaninchen?

27. Was wissen Sie über die Bluterkrankheit der Haus- und Wildkaninchen?

28. Nennen Sie virusbedingte Durchfälle bei Jungtieren, bei denen die Übertragung durch verunreinigtes Futter und Wasser die Ursache war.

29. Ist die Tollwut weiterhin eine Gefahr bei Mensch und Tier?

30. Was versteht man unter übertragbaren spongiformen Enzephalopathien?

23. Das Bovine Herpesvirus Typ 1 (BHV1) verursacht nach kurzer Inkubationszeit von 2 bis 6 Tagen hohes Fieber. Nasenausfluss und Speicheln, Atemwegsentzündungen und Aborte fallen auf. Zur Vorbeugung sind Anzeigepflicht, Schutzimpfung und Bestandssanierung geboten.
24. Die Enzootische Leukose des Rindes und juvenile Kälberleukose kommt bei Rindern, Schafen und Ziegen vor. Die Inkubationszeit dauert über 3 Monate. Klinische Symptome sind Knotenbildung in der Haut, Atemnot, Husten, Ödeme und Schwellungen der Lymphknoten. Zur Vorbeugung sind Anzeigepflicht, serologische Untersuchung und staatliche Bekämpfung geboten.
25. **Wichtige Virusinfektionskrankheiten bei Hase und Kaninchen:** Myxomatose, Hämorrhagische Krankheit der Kaninchen (RHD).
26. Für die Myxomatose empfänglich sind Haus- und Wildkaninchen, selten Hasen. Stechende Insekten führen zur Übertragung. Die Inkubationszeit beträgt 5 bis 10 Tage. Klinische Symptome sind Fieber, Schwellungen im Kopfbereich am Genitale und After. Zur Vorbeugung gibt es eine Schutzimpfung, Insektenbarrieren in Ställen und Verzicht auf Grünfutter in der Zeit von Seuchenzügen.
27. Die hämorrhagische Krankheit der Kaninchen (Rabbit Haemorrhagic Disease) ist eine Erkrankung der Haus- und Wildkaninchen, selten Hasen. Bei perakutem Verlauf gibt es plötzliche Todesfälle und bei akutem Verlauf respiratorische Symptome, Zyanose und Hämaturie. Zur Vorbeugung gibt es eine Schutzimpfung.
28. Neugeborene und Jungtiere haben eine hohe Empfänglichkeit für Rota- und Coronaviren, dies führen nicht selten zu Todesfällen. Die Übertragung ist verunreinigtes Futter und Wasser. Klinische Symptome sind nach kurzer Inkubationszeit von 1 bis 3 Tagen Schwäche, Durchfall und Erbrechen, zentralnervöse Störungen und Austrocknung.
29. Säugetiere einschließlich Mensch sind empfänglich für Tollwut. Die Überträger sind hauptsächlich infizierte Hunde, Katzen, Füchse, Marder. Der Speichel ist infektiös. Zur Vorbeugung besteht Anzeigepflicht und Schutzimpfung für Hund, Katze, Rind, Pferd und Mensch. Beim Fuchs wird eine Schluckimpfung durch Köder vorgenommen. Tollwutkranke Tiere zeigen Wesensveränderungen. Sie verlieren häufig die natürliche Scheu vor dem Menschen. Eine beim Menschen ausgebrochene Tollwuterkrankung verläuft in der Regel tödlich. Obwohl die Tollwut bei Haustieren seit 2008 nicht mehr vorkommt, ist sie weiterhin eine Gefahr für Mensch und Tier, da ihr Vorkommen bei Wildtieren nicht ausgeschlossen werden kann und eine Übertragung somit möglich ist.
30. Übertragbare spongiforme Enzephalopathien (Gehirnerkrankungen) sind bei Mensch und Tier schwammartige Auflösungen des Nervengewebes im Gehirn, die zentralnervöse Störungen verursachen. Der Krankheitsverlauf ist tödlich. Beispiele: **TSE** = Transmissible Spongiforme Enzephalopathien. **BSE** = **B**ovine **S**pongiforme **E**nzephalopathie, auch Rinderwahn genannt. Prionen sind proteinähnliche, infizierende Eiweißpartikel, die als infektiöses Agens angesehen werden. Prionen sind äußerst gegen Hitze, Strahlen, sauren pH, Formalin etc.

Spezielle bakterielle Infektionskrankheiten

1. Wie sind Bakterien aufgebaut?
2. Welche Eigenschaften haben Bakterien?
3. Durch welche Art der Vermehrung entstehen Bakterien?
4. Auf welche Art gelingt die Anzüchtung auf Nährböden?
5. Wie kann man Bakterien sichtbar machen?
6. Was benötigen Bakterien zur ungehinderten Vermehrung?
7. Warum hat Fieber eine biologische Bedeutung?
8. Welche vier Bakteriengruppen unterscheidet man nach ihrer Form?
9. Nennen Sie zwei wichtige Kokkengattungen, die bei Wundinfektionen besondere Bedeutung haben!
10. Welche Kokken sind im Darm nützlich?
11. Ordnen Sie folgende grampositive Bakterien den bekannten Formen (Kokken, Stäbchen, Filamentbildner) zu: Staphylococcus, Listeria, Rhodococcus.
12. Ordnen Sie folgende gramnegative Bakterien den bekannten Formen (Schrauben, Stäbchen, Zellparasiten) zu: Borrelia, *E. coli*, Haemobartonella.
13. Nennen Sie einen bakteriellen Eitererreger mit traubenförmiger Anordnung.
14. Nennen Sie einen bakteriellen Eitererreger mit kettenförmiger Anordnung.
15. Welcher Erreger führt zur »Frühlähme« des Fohlens, und welche Symptome werden beobachtet?
16. Was ist die »Spätlähme« des Fohlens?

Spezielle bakterielle Infektionskrankheiten

1. Bakterien bestehen aus einer Zelle mit kernähnlicher Struktur, Zellplasma und fester Zellwand.
2. Bakterien besitzen einen eigenen Stoffwechsel und nehmen ihre Nährstoffe durch die Zellwand auf.
3. Bakterien vermehren sich ungeschlechtlich durch einfache Zellteilung.
4. Die Anzüchtung der Bakterien gelingt auf geeigneten Nährböden, z.B. auf Nähragar mit Bakterienkolonien und Blutagar mit Bakterienwachstum.
5. Die Anfärbung der Zellwand mit der Färbung nach GRAM erfolgt durch besondere Farbstoffe. Bakterien werden als grampositive (blaue Anfärbung) oder als gramnegative (rote Anfärbung) klassifiziert.
6. Bakterien benötigen für sich günstige Umweltbedingungen wie bestimmte Nährsubstanzen, Temperatur, pH-Wert, Wasser.
7. Das Optimum der Temperatur für Krankheitserreger der Säugetiere liegt bei 37 °C. Deshalb ist das Fieber ein biologisch sinnvoller Abwehrmechanismus.
8. Unterschieden werden Kugelbakterien (Kokken), Stäbchenbakterien, Bazillen und Spirochäten.
9. Aus veterinärmedizinischer Sicht sind Staphylokokken (traubenförmige Anordnung) und Streptokokken (kettenförmige Anordnung) zu nennen.
10. Als nützliche Keime im Darm sind sogenannte Enterokokken bekannt.
11. Staphylococcus: Kokken; Listeria: Stäbchen, Rhodococcus: Filamentbildner.

12. Borrelia: Schrauben, *E. coli*: Stäbchen, Haemobartonella: Zellparasiten.

13. Staphylokokken, auch Traubenkokken genannt, sind wichtige sekundäre Eitererreger bei Mensch und Tier. Sie sind Infektionserreger der Atemwege und an der Haut (Pyodermie) sowie Verursacher von Lebensmittelvergiftungen. In der Folge einer Infektion kann es zu Eitererregern im Blut (Pyämie) und Blutvergiftung (Sepsis) kommen. *Staphylococcus equi* ist der Erreger einer knötchenartigen Veränderung der Haut bei Pferden (Botryomykose). Staphylokokken sind auch Erreger des Ferkelrußes, einer nässenden Oberhautentzündung der Ferkel (Exsudative Epidermitis).
14. Streptokokken sind die wichtigsten Eitererreger beim Tier. Schwerwiegende Krankheiten durch Streptokokken sind Mastitis beim Rind durch *Streptococcus agalactiae*, die Druse beim Pferd durch *Streptococcus equi* und Erkrankungen der Atemwege beim Pferd durch *Streptococcus zooepidemicus*.
15. Die Frühlähme des Fohlens ist eine durch *Actinobacillus equuli* (stäbchenförmige Bakterien) hervorgerufene Erkrankung, die unter Bildung zahlreicher Abszesse in den Nieren innerhalb der ersten vier Lebenstage zum Tod führt.
16. Die Spätlähme des Fohlens ist eine meist vom Nabel aus erfolgende Streptokokkeninfektion, die sich nach dem 8. Lebenstag vor allem in eitrigen Entzündungen der Gelenke äußert.

17. Warum verläuft bei der Spätlähme des Fohlens die Ansteckung bereits intrauterin?

18. Welche Bedeutung hat der Milzbrand für Mensch und Tier, und welcher Erreger ist für die Erkrankung verantwortlich?

19. Welche sporenbildenden Stäbchen kennen Sie?

20. Welche grampositiven Stäbchen sind nicht sporenbildend?

21. Welche nicht sporenbildenden, stäbchenförmige Bakterien verursachen die Strahlenpilzkrankheit bei Wiederkäuern?
22. Was sind Filamentbildner bei aeroben grampositiven Bakterien?

23. Was verstehen Sie unter einer Lungenform der *Rhodococcus-equi*-Infektion?

24. Welche schraubenförmigen Bakterien kennen Sie? Nennen Sie die dazugehörigen Erkrankungen.

25. Was verursachen aerobe gramnegative Stäbchen?

17. Bei der klassischen Fohlenlähme (Spätlähme) verläuft die Ansteckung bereits im Uterus der Stute. Die Fohlen sind nicht selten in verseuchten Beständen postnataler Ansteckung ausgesetzt. Zudem besteht bei unhygienischer Manipulation bei der Geburt und Abnabelung eine hohe Wahrscheinlichkeit einer Lochiometra (bakterielle Infektion des Uterus mit ubiquitären Keimen) und mit verzögerter Uterusinvolution.
18. Der Milzbrand (Anthrax) ist ein vom Tier (Rind, Schaf, Schwein, Pferd) auf den Menschen übertragbare, meldepflichtige Infektionskrankheit. Der Erreger heißt *Bacillus anthracis*. Milzbrand ist eine Zoonose.
19. Clostridien sind sporenbildende, grampositive, stäbchenförmige Bakterien. Deren Toxine können neurologische Erkrankungen wie Tetanus (Wundstarrkrampf) und Botulismus (schlaffe Lähmung) mit einem tödlichen Ausgang bei Mensch und Tier verursachen. Lokale Infektionen mit Erregern wie *Clostridium septicum* und *Clostridium perfringens* können auch akute und gefährliche Wundinfektionen an Injektionsstellen hervorrufen.
20. *Listeria monocytogenes* verursacht Gehirn- und Hirnhautentzündungen, generalisierte Entzündungen bei Jungtieren und Mastitis bei Wiederkäuern (Zoonose). *Erysipelothrix rhusiopathiae* ist der Erreger des Rotlaufs beim Schwein (Zoonose). *Corynebacterium diphtheriae* ist der Erreger der Diphtherie des Menschen.
21. Der bakterielle Erreger heißt *Actinomyces bovis* und ist der Erreger der Rinder-Aktinomykose/-bazillose.
22. Mykobakterien sind wichtige Krankheitserreger bei Mensch und Tier. Es sind schlanke, filamentbildende, säurefeste Stäbchen. Gelegentlich gibt es bei Pferden eine Tuberkulose, die durch *Mycobacterium avium* Läsionen in der Lunge und dem Darm hervorruft. Weitere Filamentbildner sind Nocardia-Formen. Diese können bei der Stute in Verbindung mit Aktinomyzeten eine chronische Plazentitis verursachen.
23. Zahlreiche Abszesse werden bei der Sektion des Fohlens in der Lunge und im Abdomen gefunden. Große Abszesse können im Lungengewebe rupturieren und sich in die Luftwege entleeren. *Rhodococcus equi* ist ein Filamentbildner der grampositiven Bakterien.
24. Wichtige schraubenförmige Bakterien sind die Gattungen Borrelia, Leptospira und Treponema. Die Erreger der Lyme-Borreliose werden durch Zecken übertragen und sind Krankheitsverursacher bei Mensch und Tier. Leptospiren verursachen schwere Allgemeininfektionen mit Ikterus bei Mensch und Tier (Zoonose). Treponema-Arten übertragen die Kaninchensyphilis und die Syphilis des Menschen.
25. *Pseudomonas aeruginosa* ist ein fakultativ pathogener Keim und Sekundärerreger. *Brucella abortus* ist ein Aborterreger bei Rind und Schwein, und *Brucella melitensis* ist der Erreger des Maltafiebers des Menschen. Bordetellen sind Erreger des Keuchhustens (Pertussis) und Sekundärerreger bei der Hundestaupe. *Francisella tularensis* ist der Erreger der Hasenpest (Zoonose).

26. Was sind fakultativ anaerobe gramnegative Stäbchen?

27. In welche Kategorie gehören Klebsiellen und Pasteurellen? Nennen Sie einige Arten und die dazugehörigen Krankheiten.

28. Welche fakultativ gramnegativen Anaerobier sind bedeutend?

29. Was sind Fusobakterien?

30. Was wissen Sie über *Campylobacter* spp. und *Helicobacter* spp.

31. Welche gramnegativen Stäbchen haben keine Zellwand?

32. Was wissen Sie über *Chlamydia* spp.

33. Welche Krankheiten werden durch *Haemophilus*-Arten verursacht?

26. *Escherichia-coli*-Arten sind Erreger von Durchfallerkrankungen bei Jungtieren, Mastitiden beim Rind und verursachen Lebensmittelinfektionen (EHEC). Zudem lösen sie Schleimhautentzündungen sowie die Ödemkrankheit beim Schwein aus. *Salmonella*-Arten sind Erreger akuter und chronischer Magen-Darm-Infektionen bei Mensch und Tier und verursachen Lebensmittelinfektionen (Zoonose). Besonders wichtig sind inapparente Infektionen!
27. Klebsiellen und Pasteurellen sind fakultative gramnegative Anaerobier. *Klebsiella pneumoniae* ist ein Erreger eitriger Infektionen der Atemwege des Menschen und Verursacher von Jungtierinfektionen sowie von Endometritiden und Aborten beim Pferd. *Proteus*-Arten sind Fäulniskeime und fakultativ pathogen. *Mannheimia*-Arten und Pasteurellen sind wichtige Sekundärerreger, die hämorrhagische Septikämien, Atemwegsinfektionen sowie Geflügelcholera verursachen können.
28. *Yersinia pseudotuberculosis* ist der Verursacher der Pseudotuberkulose beim Tier. *Yersinia enterocolitica* ist ein Krankheitserreger bei Durchfällen (Zoonose). *Yersinia pestis* ist der Verursacher der Pest beim Mensch (Zoonose). *Taylorella equigenitalis* ist der Verursacher einer *Contagiösen equinen Metritis* (CEM) beim Pferd (Zoonose).
29. Fusobakterien sind anaerobe, gramnegative Stäbchen, die human- und tierpathogen sind. *Fusobacterium necrophorum* ist der Erreger der Sphaerophorose, mit Mischinfektionen, z. B. Harnwegsinfektionen, Appendizitis, Otitis, Puerperalfieber und eitrigen Wundinfektionen. *F. necrophorum* ist auch der Erreger der Kälberdiphtherie.
30. *Campylobacter* spp. sind gramnegative gebogene Stäbchen, die bei Diarrhoe (Hund, Katze, Mensch) und bei massiver Ausscheidung eine Zoonosegefahr werden. *Helicobacter* spp. sind ebenso gewundene Stäbchen mit Hakenform und gelten als Erreger der Enteritis und wichtiger Faktor für die Entstehung von Ulzera in Magen und Dünndarm.
31. *Mycoplasma* spp. sind gramnegative, kleine kokkoide Stäbchen. Pneumonien treten besonders bei Schwein, Wiederkäuer und Mensch auf. Bei Klauentieren kommt es zur Polyarthritis und zur Mastitis der Wiederkäuer. Atemwegsinfektionen, Arthritiden und Septikämien kommen vor. Anämien treten beim Hund (*Mycoplasma haemocanis*) und der Katze (*Mycoplasma haemofelis*) auf.
32. Diese gramnegativen intrazellulären Stäbchen sind nicht auf Nährböden für bakteriologische Untersuchungen anzuzüchten. Der Nachweis ist nur mit ELISA, PCR oder Immunchromatografie und weniger mikroskopisch möglich. *Chlamydia* sp. sind Zellparasiten und Verursacher von Katzenschnupfen und Aborten beim Schaf (Zoonose). *Chlamydia psittaci* ist der Erreger der Chlamydiose der Vögel.
33. *Haemophilus* sp. verursacht die Infektiöse Septikämische Thrombosierende Meningoenzephalitis (ISTME) beim Rind und die Serosen- und Gelenkentzündung beim Schwein.

34. Wie werden bakterielle Infektionskrankheiten bekämpft?

35. Was dient zur Prophylaxe bakterieller Infektionskrankheiten?

Pilze und Pilzkrankheiten (Mykosen)

1. Auf welche Weise können Pilze den menschlichen und tierischen Körper schädigen?
2. Welche Schimmelpilze dienen der Antibiotikaherstellung?
3. Welche wichtigen pathogenen Pilze kennen Sie?
4. Welche Erkrankungen werden durch Trichophyton- und Microsporum-Arten hervorgerufen?
5. Nennen Sie Infektionen, die durch Candida-Arten verursacht werden!
6. Wofür sind Kryptokokken verantwortlich?
7. Welche Krankheiten werden durch Schimmelpilze verursacht?
8. Wie gelingt der Nachweis von bestimmten Pilzarten?
9. Mit welchem Nachweisverfahren können Microsporum- und Trichophyton-Arten unterschieden werden?
10. Wie können Pilzinfektionen bekämpft werden?

34. Bakterien werden in der tierärztlichen Praxis durch Chemotherapeutika (Antibiotika, Sulfonamide) im Körper abgetötet (bakterizide Wirkung) oder zumindest in ihrem Wachstum gehemmt (bakteriostatische Wirkung). Viele Bakterienarten zeigen sich aber gegenüber bestimmten Antibiotika und Sulfonamiden resistent, ein Problem, das bei Mensch und Tier immer mehr an Bedeutung zunimmt (z. B. durch Hospitalisierung). Vor einer Behandlung muss eine Resistenzbestimmung (Antibiogramm) erfolgen.
35. Zur Prophylaxe dienen Impfstoffe, z. B. gegen Schweinerotlauf, gegen Wundstarrkrampf (Tetanus) sowie gegen Borreliose und Leptospirose beim Hund.

Pilze und Pilzkrankheiten (Mykosen)

1. Als Infektionserreger von Lokal- und Allgemeininfektionen oder durch ihre giftigen Stoffwechselprodukte (Mykotoxikosen durch Aufnahme verschimmelten Futters) können Pilze Schaden verursachen.
2. Das sind *Penicillium*-Arten.
3. Arten der Gattungen Trichophyton, Microsporum, Candida und Cryptococcus sowie Schimmelpilze.
4. Sie verursachen leichte bis schwere Hautinfektionen (Flechten) bei Mensch und Tier (Zoonose).
5. Das sind Erkrankungen des oberen Verdauungstraktes (Soor) sowie von Pneumonien, Mastitis beim Rind und Genitalinfektionen.
6. Sie sind Erreger einer systemischen Mykose bei Mensch und Tier (Zoonose).
7. Rhinitis beim Hund, Luftsackmykose beim Pferd, Mastitis und Aborte beim Rind, systemische Mykose und Luftsackmykose beim Geflügel, Mykotoxikosen durch verpilztes Futter/Lebensmittel bei Mensch und Tier.
8. Bestimmte Pilzarten wachsen auf geeigneten Nährböden und können dann mykologisch untersucht und bestimmt werden.
9. Bei Betrachtung mit der Woodschen Lampe (UV-Licht) erzeugt die Gattung Microsporum ein Leuchten (Fluoreszenz) und kann so direkt auf der Haut des Patienten nachgewiesen werden. Auf diese Weise unterscheidet sich die Gattungen Microsporum von Trichophyton.
10. Zur Behandlung von Pilzerkrankungen werden Antimykotika eingesetzt. Pilzinfektionen sind allgemein sehr hartnäckig und die Behandlung ist oftmals langwierig.

9 Strahlenschutz in der Tierheilkunde

Physikalische Grundlagen

1. Woraus besteht Materie?
2. Welches sind die Grundbausteine der Materie?
3. Was ist ein chemisches Element?
4. Wo sind die chemischen Elemente aufgelistet?
5. Was versteht man unter Elementarteilchen?
6. Worin unterscheiden sich die Elementarteilchen voneinander?
7. Welche Ladungen haben die verschiedenen Elementarteilchen?
8. Welche Massen haben die verschiedenen Elementarteilchen?
9. Wie ist ein Atom aufgebaut?
10. Definieren Sie den Begriff »Ordnungszahl«.
11. Was versteht man unter der Massenzahl?
12. Wie ermittelt man die Anzahl der verschiedenen Elementarteilchen in einem Atom?
13. Was sind Isotope?
14. Was sind Ionen?
15. Was ist ein Kation?
16. Was ist ein Anion?
17. Welche Ladungen ziehen sich gegenseitig an?
18. Welche Ladungen stoßen sich gegenseitig ab?

9 Strahlenschutz in der Tierheilkunde

Physikalische Grundlagen

1. Jede Materie besteht aus Atomen.
2. Die Grundbausteine der Materie sind die Atome.
3. Als chemisches Element bezeichnet man die Gesamtheit aller Atome, die dieselbe Anzahl von Protonen im Kern haben.
4. Alle bekannten chemischen Elemente sind im Periodensystem der Elemente (PSE) aufgelistet.
5. Elementarteilchen sind die Bausteine der Atome. Man unterscheidet Protonen, Elektronen und Neutronen.
6. Die Elementarteilchen unterscheiden sich in ihrer Masse und ihrer Ladung.
7. Protonen sind positiv, Elektronen sind negativ geladen. Neutronen sind elektrisch neutral, sind also nicht geladen.
8. Protonen und Neutronen haben etwa die gleiche Masse von 1 u. (u steht für »unified atomic mass unit« und ist die Einheit der Atommasse), während Elektronen so wenig Masse haben, dass man diese vernachlässigen kann. Sie beträgt circa 0,0005 u. Damit sind Protonen und Neutronen relativ schwere Teilchen, während Elektronen sehr klein und leicht sind.
9. Ein Atom besteht aus einem Atomkern aus Neutronen und Protonen und einer Atomhülle aus Elektronen.
10. Die Ordnungszahl eines Elements ist die Nummer des jeweiligen Elements im PSE. Sie entspricht der Anzahl der Protonen im Kern.
11. Die Massenzahl leitet sich aus der Gesamtmasse des Atoms ab und entspricht der Summe der Protonen und Neutronen im Kern eines Atoms.
12. Die Anzahl der Protonen und Elektronen kann man von der Ordnungszahl ablesen. Natrium hat die Ordnungszahl 11, besteht also aus elf Protonen und 11 Elektronen. Die Anzahl der Neutronen ermittelt man, indem man die Ordnungszahl von der Massenzahl subtrahiert. Zieht man von der Massenzahl 23 (ebenfalls im PSE angegeben) die Ordnungszahl 11 ab, erhält man die Anzahl der Neutronen. In diesem Beispiel sind dies zwölf.
13. Isotope sind Atome desselben Elements, deren Neutronenanzahl verschieden ist. Es gibt Elemente, deren Isotope unterschiedlich stark radioaktiv sind.
14. Ionen sind Atome oder Atomgruppen, deren Ladung nicht neutral ist. Sie enthalten unterschiedlich viele Protonen und Elektronen.
15. Ein Kation ist ein positiv geladenes Ion. Hier überwiegt die Anzahl der Protonen gegenüber den Elektronen.
16. Ein Anion ist ein negativ geladenes Ion. Hier überwiegt die Anzahl der Elektronen gegenüber den Protonen.
17. Ungleiche Ladungen ziehen sich gegenseitig an.
18. Gleiche Ladungen stoßen sich gegenseitig ab.

19. Wie entstehen Ionen?

20. Was versteht man unter »ionisierender Strahlung«?

21. Warum ist ionisierende Strahlung schädigend für lebende Organismen?

22. Was versteht man unter Radioaktivität?

23. Welche Arten der radioaktiven Strahlung unterscheidet man?
24. Woraus bestehen α-Strahlung, β-Strahlung und γ-Strahlung jeweils?

25. Welche der drei Strahlungsarten sind ionisierend?
26. Wie wird γ-Strahlung beschrieben?

27. Ordnen Sie die folgenden Strahlungsarten aufsteigend nach ihrem Energiegehalt. Röntgenstrahlen – Mikrowellen – γ-Strahlung – sichtbares Licht – Ultrakurzwellen
28. Welche Wellenlänge hat ionisierende Strahlung?

29. Was versteht man unter der Halbwertszeit?

30. Warum ist es wichtig, die Halbwertszeiten von verschiedenen Radioisotopen zu kennen?

31. Wie entstehen Röntgenstrahlen?

32. Beschreiben Sie den Aufbau der Röntgenröhre.

33. Woraus besteht die Anode in der Röntgenröhre?

19. Ionen entstehen meistens durch Elektronenbewegungen. Nimmt ein Atom ein oder mehrere Elektronen auf, entstehen durch den Elektronenüberschuss negativ geladene Anionen. Werden Elektronen abgegeben, entstehen positiv geladene Kationen.
20. Strahlung ist dann ionisierend, wenn sie genug Energie transportiert, um Elektronen aus der Atomhülle zu entfernen, also Ionen entstehen zu lassen.
21. Wenn aus den Atomen des Organismus Ionen entstehen, werden die chemischen und physikalischen Eigenschaften der Verbindungen, die aus diesen Atomen bestehen, verändert. Damit werden die normalen Funktionen des Körpers geändert und gestört. Es kommt zu unerwünschten chemischen Reaktionen im Organismus, die diesen krank machen können.
22. Radioaktivität ist die Eigenschaft von Stoffen, spontan, d. h. ohne Einfluss von außen, Strahlung abzugeben.
23. Man unterscheidet α-Strahlung, β-Strahlung und γ-Strahlung.
24. α-Strahlung besteht aus Heliumkernen. Es handelt sich um Teilchen mit jeweils zwei Protonen und zwei Neutronen. β-Strahlung besteht aus Elektronen. γ-Strahlung ist keine Teilchenstrahlung, sondern reine Energiestrahlung. Sie entsteht als Begleiterscheinung der α-Strahlung und der β-Strahlung.
25. Jede dieser Strahlungsarten ist ionisierend.
26. γ-Strahlung wird als eine Welle beschrieben. Man unterscheidet die Wellenlänge, die Amplitude und die Frequenz.
27. Ultrakurzwellen – Mikrowellen – sichtbares Licht – Röntgenstrahlen – γ-Strahlung.
28. Ab einer Wellenlänge von weniger als circa 200 nm sind die Strahlen energiereich genug, um Atome zu ionisieren.
29. Die Halbwertszeit ist die Zeitspanne, nach deren Ablauf ein radioaktives Isotop auf die Hälfte seiner spaltbaren Masse (Atomkerne) zerfallen ist.
30. Wenn man Radioisotope in der Tiermedizin anwendet, muss man abschätzen können, wie lang noch eine signifikante Strahlung von dem betreffenden Patienten ausgeht. Alle Menschen, die mit der Strahlung in Kontakt kommen können, müssen vor dieser so effektiv wie möglich geschützt werden.
31. Röntgenstrahlen entstehen, wenn Elektronen mit hoher Geschwindigkeit auf Materie treffen.
32. Umgeben ist die Röntgenröhre von dem Strahlenschutzgehäuse, das den Austritt von Röntgenstrahlung verhindern soll. In der Röntgenröhre befinden sich die Kathode und die Anode, die einander gegenüberliegen. In der Röhre herrscht ein Vakuum. In das Schutzgehäuse ist das Strahlenfenster, durch das die erzeugten Röntgenstrahlen austreten können, integriert. Außerdem enthält die Röntgenanlage einen Starkstromanschluss, damit die erforderliche Hochspannung erzeugt werden kann. Als Kühlmittel wird Öl verwendet.
33. Die Anode ist die positiv geladene Elektrode und besteht meistens aus einer Wolframlegierung.

34. Beschreiben Sie den Vorgang, bei dem Röntgenstrahlung in der Röntgenröhre entsteht.

35. Wozu dient das Vakuum, das in der Röntgenröhre herrscht?

36. Was entsteht neben der Röntgenstrahlung außerdem in einer Röntgenröhre?
37. Welche Eigenschaften haben Röntgenstrahlen?

38. Nennen Sie zwei Beispiele für die schädigende Wirkung von Röntgenstrahlen.

Röntgendiagnostik

1. Wie sieht ein Röntgenfilm, der nicht belichtet ist, aus?
2. Wie verändert sich der Röntgenfilm, wenn er bestrahlt (»belichtet«) ist?
3. Warum bezeichnet man das Röntgenbild als ein Röntgennegativ?

4. Ordnen Sie die folgenden Gewebe/Stoffe absteigend nach ihrer Röntgendichte: Muskelgewebe – Knochengewebe – Luft – Cerclagedraht.
5. Was ist eine a) Verschattung, b) Aufhellung?

6. Beschreiben Sie den Aufbau einer Röntgenfilmkassette.

7. Was wird in der digitalen Radiologie anstelle eines Röntgenfilms verwendet?
8. Was ist eine Verstärkerfolie?

9. Wie ist eine Verstärkerfolie aufgebaut?

34. Von der negativ geladenen Kathode aus werden die Elektronen durch Energiezufuhr in Form von elektrischer Hochspannung in Richtung der Anode hin beschleunigt. Dort treffen sie auf und werden abrupt abgebremst. Dieser Vorgang setzt Röntgenstrahlung frei. Außerdem entsteht eine große Menge Wärmeenergie.
35. Das Vakuum ist ein leerer Raum, der den Elektronen auf ihrem Weg zur Anode hin keinen Widerstand entgegensetzt, damit die Elektronen auf die erforderliche Geschwindigkeit beschleunigt werden können.
36. Es entsteht hauptsächlich Wärme.
37. Röntgenstrahlen sind elektromagnetisch, sehr energiereich, kurzwellig, unsichtbar, können Materie durchdringen, regen manche Stoffe zur Lumineszenz an und schädigen lebende Zellen.
38. Beispiel 1: Hormone werden fehlerhaft hergestellt. Beispiel 2: Die Zellvermehrung gerät außer Kontrolle.

Röntgendiagnostik

1. Der Röntgenfilm ist hell.
2. Der Röntgenfilm wird geschwärzt.
3. Die Schwärzung des Films ist das positive Ereignis, das auf dem Film stattfindet. Der Bereich, der weiß bleibt, wo also das Ereignis nicht (»negativ«) stattgefunden hat, ist jedoch derjenige, welcher dem Betrachter die Bereiche des Körpers zeigt, die tatsächlich (»positiv«) vorhanden sind.
4. Cerclagedraht – Knochengewebe – Muskelgewebe – Luft.

5. Da die Interpretation des Röntgenbildes darauf abzielt, die tatsächlichen Gegebenheiten bei dem Patienten zu erfassen, wird im Sprachgebrauch von dem Röntgennegativ gesprochen, als sei es ein Positiv. Deshalb ist a) eine Verschattung eine Veränderung, die heller als das umliegende Gewebe erscheint, und b) eine Aufhellung eine Veränderung, die dunkler als das umliegende Gewebe erscheint.
6. Die Kassette besteht aus einem Leichtmetall- oder Kunststoffboden, einem Andruckschaumstoff oder einer Filzschicht, der vorderen und hinteren Verstärkerfolie, zwischen denen der Röntgenfilm liegt, einer weiteren Filzschicht und dem Deckel, der undurchlässig für Röntgenstrahlen ist.
7. Es werden spezielle Speicherfolien oder sogenannte Detektoren verwendet.
8. Eine Verstärkerfolie ist eine Folie, die durch ihren speziellen Aufbau Röntgenstrahlen derart verstärkt, dass man viel weniger Strahlung einsetzen muss, um die qualitativ gleichen Ergebnisse zu erhalten.
9. Eine Verstärkerfolie besteht aus einer Schutzschicht aus transparenten Kunstharzlacken, einer Leuchtschicht aus $CaWO_4$ oder Seltenen Erden, einer Reflexionsschicht aus Schwermetalloxiden und einer Trägerschicht aus Polyester.

10. Aus welchen Materialien besteht eine Verstärkerfolie?

11. Wie werden verschiedene Verstärkerfolien eingeteilt?
12. Wonach richtet sich die Einteilung und wie wird sie kenntlich gemacht?

13. Was versteht man unter Streustrahlung?

14. Wie entsteht Streustrahlung?
15. Welches Problem in der Röntgendiagnostik ergibt sich durch das Vorhandensein von Streustrahlung?

16. Was ist ein Streustrahlenraster?

17. Wie ist ein Streustrahlenraster aufgebaut?

18. Welche Arten von Streustrahlenrastern unterscheidet man?

19. Welche Typen von Streustrahlenrastern unterscheidet man?
20. Nach welcher Regel verändert sich die Intensität der Streustrahlung, wenn man sich von der Stahlenquelle entfernt?

21. Wie wird ein Röntgenfilm entwickelt?

10. Eine Verstärkerfolie ist eine Kunststofffolie mit Kalziumwolframat oder Seltenen Erden.
11. Verstärkerfolien werden in Empfindlichkeitsklassen (EK) eingeteilt.
12. Sie richtet sich nach der Dicke der Leuchtschicht. Eine Folie ist umso empfindlicher, je dicker die Leuchtschicht ist. Die Kennzeichnung erfolgt in Zahlenangaben. Es gibt die EK 50, 100, 200, 400 und 800.
13. Streustrahlung ist die Strahlung, die beim Auftreffen auf einen Körper durch Ablenkung der Primärstrahlung entsteht. Sie strahlt in alle Richtungen und entsteht bei jeder Art von Körper. Das bestrahlte Material kann fest, flüssig oder auch gasförmig sein. Streustrahlung ist schwächer als Primärstrahlung, aber dennoch in der Lage, Atome zu ionisieren.
14. Streustrahlung entsteht durch Ablenkung von Strahlen an Materie.
15. Die Streustrahlung erreicht den Röntgenfilm und verursacht dadurch Schwärzungen an Stellen des Films, die normalerweise nicht geschwärzt würden. Das Röntgenbild wird unscharf. Außerdem sind sämtliche anwesenden Menschen, Tiere und Gegenstände sowie die Raumluft dieser immer noch ionisierenden Strahlung ausgesetzt.
16. Ein Streustrahlenraster ist eine Einrichtung in der Röntgenanlage, die Streustrahlung absorbiert und damit das Auftreffen der Streustrahlen auf den Röntgenfilm verhindert.
17. Ein Streustrahlenraster besteht aus einem Rahmen mit dazwischenliegenden Lamellen. Zwischen den Lamellen befindet sich das Schachtmedium aus Kunstharz oder Kohlefaser.
18. Man unterscheidet Festraster und Laufraster. Laufraster werden auch »Bucky-Blende« genannt.
19. Man unterscheidet Parallelraster, pseudofokussierte Raster und fokussierte Raster.
20. Abstandsgesetz: Die Strahlenbelastung verringert sich bei zunehmender Entfernung. Die Abnahme verhält sich proportional zum Quadrat der Entfernung. Beispiel: eine Strahlendosis, die in 50 cm Entfernung von der Strahlenquelle auf die Körperoberfläche von 1 cm^2 auftrifft, verringert sich bei einer Entfernung von 100 cm auf 1/4 der Dosis, bei einer Entfernung von 150 cm auf 1/9 der zuerst gemessenen Dosis pro gleicher Fläche usw.
21. Zunächst wird der Film nach Abdunkelung des Raumes (Dunkelkammer) aus der Kassette genommen. Nun wird er in das Entwicklerbad getaucht. Nach einigen Minuten – hier richtet man sich nach den Herstellerangaben; die Zeitempfehlungen hängen von der Konzentration, dem Alter sowie der Temperatur der Chemikalien ab – entnimmt man den Film und taucht ihn für eine kurze Zwischenwässerung in ein Wasserbad. Daraufhin wird der entwickelte Film in die Fixierlösung getaucht und für weitere Minuten dort belassen. Nun kann man den Film schon herausnehmen und einer Schlusswässerung zuführen. Danach wird der Film getrocknet.

22. Wie funktioniert ein Filmentwicklungsautomat und welche Vorteile gegenüber der Handentwicklung bietet er?

23. Wie werden Röntgenaufnahmen gekennzeichnet?

24. Wie werden Röntgenaufnahmen aufbewahrt?

25. Wonach richtet sich die Lagerung des Patienten während einer Röntgenaufnahme?

26. Was ist der Strahlengang, und welche Strahlengänge unterscheidet man?

27. Nennen Sie fünf mögliche Lagerungshilfen.

28. Was ist ein Kassettenhalter, und wofür wird er verwendet?

29. Wofür verwendet man Kontrastmittel?

30. Welche Arten von Kontrastmitteln unterscheidet man? Geben Sie auch jeweils ein Beispiel an.
31. Was ist ein Radiopharmakon und bei welchem diagnostischen Verfahren wird es eingesetzt?

22. Der Entwicklungsautomat funktioniert im Prinzip genauso wie die Entwicklung per Hand. Der Film wird mithilfe von speziellen Chemikalien entwickelt. Dazu wird er automatisch zu den verschiedenen Tauchbädern transportiert. Die Vorteile gegenüber der Handentwicklung bestehen in der Zeitersparnis, der automatischen Trocknung und damit einer besseren Wirtschaftlichkeit.
23. Röntgenaufnahmen werden mit einem Filmscribor gekennzeichnet. Mit diesem werden die erforderlichen Daten auf den Film aufbelichtet. Auch ein spezieller Röntgenmarker oder beschriftete selbstklebende Streifen können zum Beschriften verwendet werden.
24. Röntgenaufnahmen werden zehn Jahre lang aufbewahrt. Es gibt verschiedene Archivierungssysteme. Zum Beispiel können sie nach Jahrgängen verwahrt werden. Innerhalb des aktuellen Jahres können die Aufnahmen alphabetisch nach Tierhalternamen oder Tierarten sortiert werden. Die Praxis legt selbst fest, welches System am geeignetsten ist.
25. Die Lagerung richtet sich danach, welche Einzelheiten der Tierarzt erkennen muss, um den größtmöglichen diagnostischen Nutzen zu erzielen. Dabei muss das Wohl des Patienten natürlich berücksichtigt werden. Verletzte Tiere beispielsweise lagert man derart, dass möglichst wenig zusätzliche Schmerzen für den Patienten zu erwarten sind. Die Anweisungen für eine Röntgenaufnahme enthalten die zu beurteilende Körperregion, den gewünschten Strahlengang und die Anzahl und Art der Ebenen, in denen die betroffene Region betrachtet werden soll.
26. Der Strahlengang beschreibt den Weg der Röntgenstrahlen durch den Körper. Dabei verwendet man die entsprechenden Lage- und Richtungsbezeichnungen. Beispiele: Wird der Patient für eine Aufnahme des Rumpfes auf der Seite liegend gelagert, handelt es sich um einen latero-lateralen Strahlengang. Auf dem Bauch liegend ist der Strahlengang dorso-ventral; die Gliedmaßen werden bei mediolateralem oder dorso-palmarem (dorso-plantarem) Strahlengang geröntgt und so weiter.
27. Lagerungshilfen sind z. B. Schaumstoffkissen, Krippen, Klebeband, Sandsäcke oder Gazebinden.
28. Ein Kassettenhalter ist eine Vorrichtung, die die Röntgenfilmkassette in der richtigen Position hält. Er wird z. B. bei Aufnahmen, die am stehenden Tier durchgeführt werden, verwendet, damit die assistierende Person möglichst viel Abstand zu den Strahlen halten kann und die Aufnahme nicht durch Bewegungen der haltenden Person eine zusätzliche Unschärfe bekommt.
29. Kontrastmittel werden verwendet, um den Übergang zu anderen Organen oder Geweben deutlicher darzustellen.
30. Man unterscheidet röntgennegative (z. B. Luft) und röntgenpositive (z. B. Bariumsulfat) Kontrastmittel.
31. Ein Radiopharmakon ist ein radioaktiv markiertes Arzneimittel. Es wird in der Szintigrafie eingesetzt.

32. Welche Verfahren, die mit Röntgenstrahlen funktionieren, kommen in der Tierarztpraxis außerdem zum Einsatz?
33. Beschreiben Sie kurz das Prinzip der Digitalen Röntgendiagnostik und der Computertomografie.

Strahlenschutz

1. Was ist die Strahlenenergiedosis, und in welcher Einheit wird sie gemessen?

2. Was ist die Organäquivalentdosis, und in welcher Einheit wird sie gemessen?

3. Was ist die Effektive Dosis, und in welcher Einheit wird sie gemessen?

4. Welche Arten von Strahlenschäden unterscheidet man?

5. Erläutern Sie die Begriffe »deterministisch« und »stochastisch« in diesem Zusammenhang und geben Sie jeweils zwei Beispiele für solche Strahlenschäden an.

6. Welche Rechtsvorschriften gelten für den Umgang mit ionisierender Strahlung in der Tierarztpraxis?
7. Welches sind die Grundsätze des Strahlenschutzes?

32. Es kommen die Computertomografie und die Durchleuchtung zum Einsatz.

33. Beim Digitalen Röntgen verwendet man keine Röntgenfilme, sondern spezielle Speicherfolien oder Detektoren. Das Röntgenbild kann im Nachhinein digital bearbeitet werden. Es wird auf einem Monitor dargestellt und kann beliebig oft ausgedruckt und außerdem digital gespeichert und/oder versendet werden. Ansonsten gilt dasselbe Prinzip wie beim herkömmlichen Röntgen. Die Computertomografie ist ein Schichtbildverfahren, bei dem das bestrahlte Objekt Schicht für Schicht dargestellt wird. So erhält der Tierarzt eine dreidimensionale detaillierte Darstellung der betroffenen Region.

Strahlenschutz

1. Die Strahlenenergiedosis ist die Arbeit, die die aufgenommene Strahlung in Materie leisten kann. Die Einheit ist Gray (Gy).
2. Die Organäquivalentdosis ist die Energiedosis für ein bestimmtes Organ. Sie wird in Sievert (Sv) bzw. Millisievert (mSv) gemessen.
3. Die Effektive Dosis ist die Summe aller Organäquivalentdosen, nachdem jede Organäquivalentdosis noch einmal mit einem speziellen Gewebewichtungsfaktor multipliziert worden ist. Sie wird in mSv angegeben.
4. Man unterscheidet deterministische und stochastische Strahlenschäden. Vielfach wird auch die Einteilung in Frühschäden, Spätschäden und Erbschäden vorgenommen.
5. Deterministische Strahlenschäden stehen in direktem Zusammenhang mit der Strahlendosis. Sie sind umso schwerer, je höher die Strahlendosis ist. Für diese Schäden gibt es einen Schwellenwert, unterhalb dessen ein solcher Schaden nicht auftritt. Anders ist es bei den stochastischen Strahlenschäden: für das Auftreten dieser Schäden gibt es keinen konkreten Schwellenwert, sondern es kann lediglich eine Wahrscheinlichkeit angegeben werden. Frühschäden sind meistens deterministisch (z. B. Kopfschmerzen, Übelkeit, Hautrötungen), während Spät- und Erbschäden stochastisch sind (z. B. Leukämien, Mammakarzinome, Trisomie 21).
6. Atomgesetz, Röntgenverordnung RöV, Strahlenschutzverordnung StrSchV, Richtlinie »Strahlenschutz in der Tierheilkunde«.
7. Die Grundsätze des Strahlenschutzes sind Rechtfertigung, Dosisbegrenzung und Vermeidung unnötiger Strahlenexposition und Dosisreduzierung.

8. Nennen Sie zehn Maßnahmen, die ergriffen werden müssen, um Menschen und Tiere vor übermäßiger Strahlenbelastung zu schützen.

9. Welche räumliche Ausstattung ist für das Röntgen notwendig?

10. Was sind beruflich strahlenexponierte Personen?

11. Wie werden beruflich strahlenexponierte Personen eingeteilt?

12. Welche Kontrolltermine müssen nach Röntgenverordnung eingehalten werden?

13. Wovor schützt die vorgeschriebene Schutzkleidung beim Röntgen?
14. Welche Schutzkleidungsstücke stehen TFA und anderen Mitarbeitern sowie eventuell bei der Röntgenaufnahme anwesenden Tierbesitzern zur Verfügung?
15. Welche räumlichen Bereiche in der Tierarztpraxis im Bezug auf die Röntgenanlage unterscheidet man?

16. Welche Arten von Dosismessgeräten werden in der Praxis verwendet?
17. Ist ein Dosimeter von einer Person auf eine andere übertragbar?

18. An welcher Körperstelle sollte ein Dosimeter getragen werden?

19. Welche Maßnahmen werden ergriffen, wenn bei einer Person die maximal zulässige Strahlendosis erreicht oder überschritten wurde?
20. Dürfen auszubildende TFA, die noch nicht volljährig sind, beim Röntgen assistieren?

8. Kennzeichnung des Kontrollbereichs mit einem Warnschild; Überprüfung der Röntgenanlage auf einwandfreie Funktion durch einen Sachverständigen alle fünf Jahre; Bereitstellung von Schutzkleidung in einwandfreiem Zustand; halbjährliche Belehrung der Mitarbeiter; Schwangere und minderjährige Personen dürfen beim Röntgen im Kontrollbereich nicht anwesend sein (Ausnahmen beachten!); Personen, die selbstständig röntgen, müssen über die notwendige Fachkunde verfügen (Teilnahme an einem anerkannten Strahlenschutzkurs alle fünf Jahre); Dosimetrie; RöV muss vorhanden und für alle Mitarbeiter zugänglich sein; keine unnötigen Röntgenaufnahmen; Vermeidung von Fehlern, um zusätzliche Aufnahmen zu verhindern.
9. In Abhängigkeit von der Röntgenröhre müssen die Wände und Türen des Röntgenraumes bautechnisch so ausgerüstet sein, dass keine Röntgenstrahlen in benachbarte Räume gelangen können. An den Türen muss ein Schild, z. B. »Kein Zutritt – Röntgen« (rote Schrift auf weißem Grund) angebracht sein.
10. Alle Personen, die in Ausübung ihres Berufs mit ionisierenden Strahlen zu tun haben, sind beruflich strahlenexponierte Personen.
11. Die Einteilung erfolgt in die Kategorien A und B. Sie richtet sich nach der Höhe der Strahlenexposition.
12. Abnahme der Röntgenanlage sofort nach Installation der Anlage; Zustandsprüfung alle fünf Jahre; Dosimeterauswertung jeden Monat (auf Antrag alle sechs Monate); Belehrung der Mitarbeiter halbjährlich; Belehrung der sonstigen Anwesenden (Tierhalter) vor jeder Aufnahme; jährliche ärztliche Untersuchung der Personen der Kategorie A.
13. Die Schutzkleidung schützt vor Streustrahlung, nicht vor Primärstrahlung.
14. Es müssen Röntgenschürze/-kittel und Handschuhe zur Verfügung stehen.

15. Man unterscheidet den Kontrollbereich im direkten Umfeld der Röntgenanlage (der Kontrollbereich ist der Bereich, in dem Personen im Kalenderjahr eine effektive Dosis von mehr als 6 Millisievert (mSv) erhalten können) und den Überwachungsbereich, innerhalb dessen noch erhöhte Werte gemessen werden können. Die Ausmaße der Bereiche werden von Sachverständigen für jede Anlage festgelegt.
16. Man unterscheidet Plakettendosimeter, Stabdosimeter und Ringdosimeter.
17. Nein, weil der nummerierte Film einer bestimmten, strahlenexponierten Person zugeordnet ist, deren persönliche Monatsdosis erfasst werden soll.
18. Das Personendosimeter (Plakette) soll an der Rumpfvorderseite der strahlenexponierten Person unter der Röntgenschürze getragen werden.
19. Der betroffenen Person wird für einen bestimmten Zeitraum untersagt, sich im Kontrollbereich aufzuhalten.
20. Prinzipiell dürfen Personen, die nicht volljährig sind, nicht beim Röntgen anwesend sein. Allerdings können Auszubildende zum Assistieren hinzugezogen werden, wenn dies zu Ausbildungszwecken stattfindet.

21. Welche Tätigkeiten dürfen schwangere Auszubildende beim Röntgen ausführen?

22. Welche allgemeinen Maßnahmen gibt es zum Schutz vor Röntgenstrahlen?

10 Wirtschafts- und Sozialkunde

Für die Inhalte aus diesem Prüfungsbereich sei an dieser Stelle auf die Fachliteratur der Wirtschaftslehre für TFA hingewiesen.

21. Schwangere Auszubildende können die Kassetten vorbereiten, Filme entwickeln, die Einstellungen am Röntgengerät vornehmen und den Patienten vorbereiten. Ausnahmsweise dürfen sie auch beim Röntgen selbst assistieren, allerdings nur mit spezieller Dosimetrie, das heißt mit einem Dosimeter, welches direkt ausgelesen werden kann (Stabdosimeter).
22. (1) Abstand halten, d.h. so weit wie möglich vom Strahlengang entfernt stehen; (2) Abschirmung, d.h. immer Bleischürze und Bleihandschuhe tragen; (3) Aufenthalt im Röntgenraum (beim Durchleuchten) so kurz wie möglich; (4) Primärstrahlenbündel so klein wie möglich ausblenden; (5) Verwendung hochverstärkender Folien.

10 Wirtschafts- und Sozialkunde

Für die Inhalte aus diesem Prüfungsbereich sei an dieser Stelle auf die Fachliteratur der Wirtschaftslehre für TFA hingewiesen.

TEIL II: MEDIZINISCHES WÖRTERBUCH

Abkürzungen: s. a. = siehe auch, siehe dort = siehe dort, v. a. = vor allem.

Hinweis: Fachbegriffe werden lateinisch mit C, deutsch mit K oder Z geschrieben. Sofern die eingedeutschte Schreibweise üblich ist, werden beide Formen aufgeführt.

A

Abdomen: Bauch

Abdominalhernie: Bauchmuskelbruch

Abdominozentese: Punktion der Bauchhöhle, s. a. Zöliozentese

Abduktor, Abductor: Auswärtszieher

Aberration: Verirrung, s. a. Chromosomenaberration

Ablatio: operative Entfernung, Ablösung
- **corneae:** operative Abtragung des Hornhautepithels
- **retinae:** Netzhautablösung

AB0-System: Blutgruppensystem beim Menschen

Abomasum: Labmagen

Abortus, Abort: vorzeitige Beendigung einer Schwangerschaft bzw. Trächtigkeit; Verwerfen der Frucht

Abrasio: Ausschabung, Auskratzung, z. B. bei Entzündung des dritten Augenlids beim Hund
- **corneae:** therapeutische Abschabung des Hornhautepithels

Absorption: Aufsaugung; Schwächung von Strahlen beim Durchgang durch ein Medium

Absorptionsphotometer: Laborgerät zur quantitativen Bestimmung von Bestandteilen einer klinisch-chemischen Probe unter Verwendung von Analysenlösungen in Küvetten (Nasschemie)

Abszedierung: Hohlraumbildung mit Gewebseinschmelzung; Abszessbildung

Abszess: im Gewebe abgekapselte Eiteransammlung

Abszisse: waagerechte Achse im Koordinatensystem

Acanthosis nigricans: Hauterkrankung beim Hund mit übermäßiger Verhornung und Pigmentablagerung

Acetabulum: Beckenpfanne; Gelenkgrube für den Oberschenkelkopf

ACTH, adrenokortikotropes Hormon: regt die Nebennierenrinde zur Hormonbildung an

ad libitum: nach Belieben

ad usum humanum (ad us. hum.): zum Gebrauch beim Menschen

ad usum proprium: zum eigenen Gebrauch des Arztes

ad usum veterinarium (ad us. vet.): zum Gebrauch bei Tieren

Adaptation: Anpassung an die umgebende Helligkeit

Adduktor, Adductor: Einwärtszieher

Adenohypophyse: Vorderlappen der Hypophyse (HVL), Drüsenteil

Adenokarzinom: bösartige Drüsengeschwulst

Adenom: gutartige Drüsengeschwulst

Adenoviren: verbreitete DNS-Viren bei Mensch und Tier; Erreger des Zwingerhustens

Aderlass: therapeutische Entnahme größere Blutmengen aus einer Vene mittels weitlumiger Kanüle

Adhäsion: Aneinanderhaften; Verklebung und Verwachsung von Organabschnitten nach Bauchoperationen

Adipositas: Fettleibigkeit

Aditus: Zugang

nasolacrimalis: Zugang zum Tränen-Nasen-Kanal

Adjuvans: Zusatzstoff mit begünstigender Wirkung auf Arzneimittel bzw. Antigene

Adrenalektomie: operative Entfernung der Nebenniere

Adrenalin: Hormon des Nebennierenmarks; Stresshormon

Adrenergika: kreislaufanregende und blutdrucksteigernde Mittel

Adsorbat-Impfstoff: Impfstoff mit Adsorbatzusatz zur langsameren Resorption und stärkeren Antikörperbildung

Adsorbentia: Präparate in Pulver- oder Granulatform mit der Fähigkeit, andere Stoffe physikalisch zu binden, z. B. Kohle

Adsorption: physikalische Anhaftung von Stoffen

Adspektion: Besichtigen der Körperoberfläche und der natürlichen Körperöffnungen

Adstringentia: äußerliche Mittel mit entzündungshemmender, austrocknender und blutstillender Wirkung auf Haut und Schleimhäuten

adult: erwachsen; voll entwickelt

Adventitia: Außenschicht der Blut- und Lymphgefäße

aerob: mit Sauerstoff

Aerosoltherapie: Behandlung durch Anwendung von Inhalaten

Aerozystitis, Aerocystitis: Luftsackentzündung

Äther: flüchtige, wasserabweisende und sehr leicht entzündliche Flüssigkeit mit berauschender Wirkung; als Narkose-Äther früher verbreitetes Narkosemittel zur Inhalation

Ätiologie: Lehre von den Krankheitsursachen

Affinität: Neigung, Tendenz zur Verbindung

Afrikanische Pferdepest: schwere Allgemeinerkrankung beim Pferd durch das Pferdepestvirus; anzeigepflichtige Tierseuche!

Agarplatte: Gussplatte aus getrocknetem Schleim von roten Meeresalgen zur Bakterienanzüchtung, s. a. Nähr- und Blutagar

Agglutination: Verklumpung des Blutes

Aggregation: Zusammenballung, z. B. von Blutplättchen

Agonie: Todeskampf; Endstadium eines Krankheitszustandes

Agranulozytose: starke Verminderung oder Fehlen von Granulozyten im peripheren Blut

AIDS: erworbenes Immunschwäche-Syndrom beim Menschen

Akkomodation: Scharfeinstellung des Auges; Anpassung an die Entfernung eines Objekts

Akne follicularis: eitrige Entzündung der Haarfollikel

Akren: Körperspitzen, z. B. Nasen-, Ohrspitze, Gliedmaßenenden

Aktinomyzeten: fadenförmige Stäbchenbakterien; Erreger der Strahlenpilzerkrankung (Wundinfektion) bei Rind und Schwein

Aktionspotenzial: Zustand elektrischer Spannung bei der Muskelkontraktion

Aktionsstrom: bioelektrischer Strom, der bei Erregung von Muskel- oder Nervenfasern auftritt

aktive Immunisierung: Herbeiführen einer Immunität durch direkten Kontakt des Organismus mit einem Antigen (Lebend- oder Totvakzine)

Akupunktur: Behandlung von Krankheiten und Schmerzzuständen durch Einstich von Nadeln an geeigneten Punkten der Körperoberfläche
akustische Impedanz: spezifischer Widerstand eines Mediums gegenüber Schallwellen
akut: plötzlich auftretend; von kurzer Dauer
akzessorische Genitaldrüsen: zusätzliche Geschlechtsdrüsen zur Bildung der Genitalsekrete
Albumin: wichtiger Eiweißkörper im Blut, Trägerstoff
Albuminurie: Ausscheidung von Albumin im Harn
alimentär: durch die Nahrung bedingt
alkalische Phosphatase (AP): wichtiges Enzym zur Diagnostik von Leber- und Knochenkrankheiten
Alkaloide: basische Pflanzenstoffe mit spezifischer Wirkung auf verschiedene Organe
Alkalose: Vermehrung von Basen in Blut und Geweben
Allantois: mittlere Eihautaussackung, Harnsack der Frucht
Allergene: körperfremde Stoffe, auf die der Organismus überempfindlich reagiert
Allergie: Zustand der Überempfindlichkeit gegen verschiedenartigste Stoffe
Allgemeininfektion: Ausbreitung der Erreger über den gesamten Körper
Allopathie: Heilmethode mit Arzneimitteln, die gegen die Krankheit wirken (Schulmedizin)
Alloplastik: operative Wiederherstellung mit künstlichem, körperfremdem, aber gewebefreundlichem Material
Alopezie: Haarausfall
Alteration: Schädigung von Geweben oder Organen
Alveole: Zahnfach; Lungenbläschen
Amaurosis: schwarzer Star; Lähmungszustände des Sehnerven oder der Netzhaut; Blindheit
ambulante Behandlung: Patientenversorgung in der Praxis oder in der Klinik ohne stationären Aufenthalt
Aminosäure: Eiweißbaustein; Endprodukt der Eiweißspaltung
Amitose: direkte Zellteilung
Amnesie: Bewusstlosigkeit, Erinnerungslücke
Amnion: innere Eihaut, Schafshaut
Amöben: Wurzelfüßer; harmlose Dickdarmbewohner und Erreger von ruhrartigen Durchfällen beim Menschen
Amplitude: Scheitelwert; jeweils höchster Wert einer veränderlichen Größe, z. B. Puls- oder Blutdruckamplitude
Ampulle: bauchige Erweiterung
Amputation: operatives Abtrennen eines endständigen Körper- oder Organabschnitts
Amylase: kohlenhydratspaltendes Verdauungsenzym
Anabolika: Medikamente, die den Eiweißaufbau fördern
Anabolismus: aufbauende Stoffwechselvorgänge
anaerob: ohne Sauerstoff lebend, ohne Sauerstoffzufuhr
Analbeutel: drüsiges Hautorgan beidseits der Afteröffnung bei Hund und Katze
Analeptika: Weckmittel, zentral erregende Mittel
Analgetika: Schmerzmittel

analgetisches Stadium: erstes Narkosestadium mit Dämpfung der Schmerzempfindung
Analyse: Zerlegung; Untersuchung von Bestandteilen
Analysenprobe: zu untersuchende Farblösung, mit der eine Küvette gefüllt ist
Anamnese: Vorbericht
Anaphylaxie: Schutzlosigkeit; Sonderform der Allergie mit schockartiger Sofortreaktion
Anastomose: Verbindung zweier Hohlorganlichtungen, z. B. bei Darmnaht; physiologisch zwischen zwei Blutgefäßen
Anatomie: Lehre vom Bau des Körpers
Anämie: Blutarmut
Anästhesie: Unempfindlichkeit, Unempfindlichmachung
Ancylostoma caninum: Hakenwurm des Hundes
Androgene: Hormone, die zur Ausbildung der männlichen Geschlechtsmerkmale führen, z. B. Testosteron
Andrologie: Lehre von den Krankheiten der männlichen Geschlechtsorgane
Aneurysma: Erweiterung von Arterien, z. B. von Baucharterien beim Pferd durch Wurmschäden
Angina: klinischer Ausdruck für Entzündungen im gesamten Rachenraum
Angina pectoris: Brustenge durch organisch bedingte Herzschmerzen
Angiografie: Röntgen-Kontrastdarstellung von Blutgefäßen
Angiokardiografie: Röntgen-Kontrastdarstellung des Herzens und herznaher Blutgefäße
Angiopathie: Gefäßerkrankung
Angiospasmus: Gefäßkrampf
Anion: elektronegativ geladenes Teilchen, z. B. Cl^-
Anioskorie: ungleiche Pupillenweite
Anisozytose: ungleiche Größe der Erythrozyten
Ankylose: Gelenkversteifung
Anode: positive Elektrode
Anomalie: Abweichung von der Norm
Anopheles-Mücke: Überträger der Malaria-Plasmodien
Anoplocephala: Bandwurm beim Pferd
Anorexie: Nahrungs- bzw. Futterverweigerung
Anöstrie: Brunstlosigkeit
Antagonisten: Gegenspieler; Muskeln mit entgegengesetzter Wirkung
ante partum: vor der Geburt
anterior: vorne liegend
anterograd: nach vorn gerichtet
Anthelminthika: Wurmmittel
Anthropozoonose: vom Mensch auf das Tier übertragbare Krankheit
Antiallergika: Mittel gegen Allergien
Antianämika: Mittel gegen Blutarmut
Antiarrhythmika: Arzneimittel zur Behandlung von Herzrhythmusstörungen
Antibiogramm: Resistenzprüfung von Bakterien gegenüber Antibiotika
Antibiotika: Mittel gegen bakterielle Infektionen
Antidot: Gegengift
Antiepileptika: Mittel gegen epileptische Anfälle
Antigen: Fremdstoff, der eine Immunantwort des Körpers auslösen kann
Antigen-Antikörper-Reaktion: die Wechselwirkung zwischen einem Fremdstoff (Antigen) und Abwehrstoffen (Antikörpern) im Organismus; s. a. Immunreaktion

Antihistaminika: Mittel gegen Histaminfreisetzung
Antihypertonika: Mittel gegen hohen Blutdruck
Antihypotonika: Mittel gegen niedrigen Blutdruck
Antikoagulans: Gerinnungshemmer
Antikonzeptiva: Mittel zur Verhinderung der Empfängnis bzw. der Befruchtung
Antikörper: Eiweißkörper, die spezifisch gegen Fremdstoffe (Antigene) gebildet werden
Antimykotika: Mittel gegen Pilzbefall
Antiparasitika: Mittel gegen Hautparasiten
Antiphlogistika: entzündungshemmende Mittel
Antiproliferativa: Mittel gegen Gewebszubildung oder Tumore, z. B. Kortisonpräparate
Antisepsis: Maßnahmen zur Erzielung weitgehender Keimarmut, z. B. im Operationsgebiet (Desinfektion)
Antiseptika: keimtötende Mittel
Antitussiva: Hustenmittel
Antrum: Höhle, Hohlorgan
Anurie: fehlender Harnabsatz
Anus: After
Anzeigepflicht: gesetzliche Pflicht zur Anzeige von Krankheiten nach dem Tiergesundheitsgesetz beim zuständigen Veterinäramt
Aorta: Hauptschlagader
- **abdominalis:** Bauchschlagader

Aortenstenose: Verengung der Aorta
Apathie: Teilnahmslosigkeit
Aphakie: Fehlen der Augenlinse
apikal: spitzenwärts
Apnoe: Atemstillstand
Apoplexie: Gehirnschlag, Schlaganfall
Appendicitis: Entzündung des Wurmfortsatzes am Blinddarm des Menschen
Appendix: Anhangsgebilde
Applikation: Verabreichung eines Arzneimittels
Approbation: staatliche Zulassung der Berufsausübung, Bestallung
Arachnoidea: bindegewebige mittlere Gehirn- und Rückenmarkshaut
Archiv: Einrichtung zur Verwahrung von Schrift- und Bildgut
Areflexie: Fehlen von physiologischen Reflexen
Argentum nitricum: Silbernitrat; Höllenstein
Arrhythmie: Rhythmusstörung; Unregelmäßigkeit z. B. der Herzaktion
Artefakt: Kunstprodukt
Arteria, Arterie: Schlagader
- **carotis:** Halsschlagader
- **femoralis:** Schlagader an der Innenseite des Oberschenkels
- **maxillaris externa:** äußere Oberkieferarterie
- **pulmonalis:** Lungenschlagader

Arteriitis: Entzündung der Arterienwand
Arteriole: kleinstes arterielles Blutgefäß vor den Kapillaren
Arteriosklerose: Verhärtung und Verkalkung der Arterien
Arthritis: Gelenkentzündung
- **urica:** Gicht; Gelenkentzündung durch Ausfällung von harnsauren Salzen

Arthrodese: operative Gelenkversteifung
Arthropathie: Gelenkserkrankung
Arthroplastik: Gelenkplastik zur Wiederherstellung der Beweglichkeit, z. B. bei Hüftgelenken
Arthropoden: Gliederfüßer

Arthrose: Gelenkabnutzung und -verknöcherung, s. a. Degeneration
Arthroskopie: innere Betrachtung der Gelenkhöhle
Articulatio: Knochenverbindung, Gelenk
artifiziell: künstlich
Arytaenoid: Stellknorpel im Kehlkopf
Asepsis: Verhütung von Infektionen durch alle Maßnahmen zur Erzielung von Keimfreiheit, z. B. bei Operationen (Sterilisation)
Askariden: Spulwürmer
Aspergillose: Pilzinfektionskrankheit der Atemwege durch Aspergillusarten
Aspergillus: Gießkannenschimmel; Gattung von Schimmelpilzen
Asphyxie: Pulslosigkeit
Asphyxiestadium: viertes Narkosestadium mit maximaler Pupillenerweiterung, fehlendem Puls und Atemlähmung
Aspiration: Ansaugen von festen, flüssigen oder gasförmigen Stoffen
Assimilation: Aufbau von Nährstoffen in körpereigene Substanzen
assistiert: gestützt
assistierte Atmung: künstliche Atemhilfe bei nicht ausreichender spontaner Atmung, z. B. in Narkose, bei Vergiftung
Assoziation: Verknüpfung, Verkoppelung
Asthenie: Kraftlosigkeit, allgemeine körperliche Schwäche
Asthma: anfallsweise hochgradige Atemnot
Asystolie: Ausbleiben der Herzkontraktion, Herzstillstand
Aszites: Bauchwassersucht
Ataxie: Störung der Bewegungskoordination
Atelektase: fehlende Entfaltung der Lunge; Lungenkollaps
Atherom: Talg- und Grützbeutel
Atlas: erster Halswirbel
Atonie: mangelnder bis fehlender Spannungszustand der Muskulatur, z. B. Darmatonie
Atopie: erbliche Überempfindlichkeit
Atresie: Fehlen der natürlichen Mündung eines Hohlorganes, z. B. an der Zitze, am Anus
Atriovenrikularklappen: Herzklappen zwischen Vorhöfen und Kammern
Atrium: Herzvorhof
Atrophie: Gewebeschwund
Atropin: Gift der Tollkirsche, hemmt die Wirkung des Parasympathikus
attenuiert: abgeschwächt; verminderte Infektionskraft eines Erregers ohne Schwächung der antigenen Wirkung
Attest: ärztliche Bescheinigung
Aujeszkysche Krankheit (Pseudowut): seuchenartig verlaufende Herpesviruserkrankung beim Schwein; bei Hund, Katze und Rind akute, tödliche Gehirnentzündung; anzeigepflichtige Tierseuche!
Auskultation: Abhorchen von Organen, die durch ihre Tätigkeit Geräusche erzeugen, z. B. Lunge, Darm
Auswanderverfahren: geeignete Methode zum Nachweis von Lungenwurmlarven; Trichterverfahren
Autoantigen: vom Immunsystem nicht als körpereigen akzeptierte Substanz
autochthon: an Ort und Stelle ohne Fremdwirkung entstanden
autogen: von selbst im Körper entstehend
autoimmune hämolytische Anämie: Zerfall von roten Blutzellen durch Autoimmunreaktionen

Autoimmunkrankheit: krankhafte Störung des Abwehrsystems mit Bildung von Antikörpern gegen körpereigene Substanzen
Autoimmunreaktion: Bildung spezifischer Antikörper gegen Autoantigene als Grundlage der Autoimmunkrankheit
Autointoxikation: Selbstvergiftung durch Stoffwechselprodukte, z. B. bei Darmverschluss
Autoklav: Spezialgefäß für die Sterilisation mit gespanntem Dampf; »Dampfkochtopf«
Autolyse: Selbstverdauung von abgestorbenen Zellen durch Enzyme
autonom: unabhängig, selbständig
Autopsie: Eröffnung und Untersuchung eines toten Tieres oder Menschen zur Feststellung der Krankheits- und Todesursache
AV-Knoten: Herznervenknoten zwischen Vorhöfen und Kammern
aviär: den Vogel bzw. das Geflügel betreffend
Avitaminose: Vitaminmangelkrankheit
Azeton: Abbauprodukt des Intermediärstoffwechsels; tritt vermehrt bei Hungerzuständen und Störungen des KH-Stoffwechsels im Harn auf; Ketonkörper, siehe dort
Azetonämie: schwere Stoffwechselstörung beim Rind mit Vermehrung von Ketonkörpern im Blut
Azetonurie: Ausscheidung von Ketonkörpern im Harn
Azidität: saure Eigenschaft einer Flüssigkeit
azidophil: säureliebend; auf sauren Nährböden gut wachsend
Azidose, Azidämie: Übersäuerung des Blutes
Azotämie: Vermehrung von Harnstoffen im Blut

B

B-Lymphozyten: beim Säuger im Knochenmark gebildete Lymphozyten, die auf ihrer Oberfläche Immunglobuline tragen
Babesia canis: Blutzellparasit beim Hund, der eine Anämie verursacht
Babesiose: durch Babesiaarten hervorgerufene schwere Blutkrankheit mit Anämie bei Hund, Rind und Pferd
Bacillus anthracis: Anthraxbazillus; Erreger des Milzbrandes bei Mensch und Tier
Bakteriämie: Anwesenheit und Vermehrung von Bakterien im Blut
Bakterien: einzellige Kleinlebewesen mit großer biologischer Bedeutung
Bakterienflora: Lebensgemeinschaft von nützlichen Bakterien auf Schleimhäuten und in Körperhöhlen, z. B. Pansen-, Darmflora
Bakteriologie: Lehre von den Bakterien und den durch sie hervorgerufenen Krankheiten
bakteriostatisch: das Bakterienwachstum hemmend
bakterizid: bakterienabtötend
Balanoposthitis: Entzündung der Schleimhäute von Schwellkörper und Vorhaut
Barbiturate: »Schlafmittel«; intravenöse Narkosemittel
basophil: Zellen, die sich bevorzugt mit basischen Farbstoffen anfärben lassen, z. B. Mastzellen
basophile Granulozyten: weiße Blutzellen, deren Granula mit basischen Farbstoffen anfärbbar sind

Basophilie: Vermehrung der basophilen Granulozyten
Bazillen: sporenbildende Stäbchenbakterien
Becquerel (BQ): Einheit für die Aktivität einer radioaktiven Substanz
benigne: gutartig
Benignität: Gutartigkeit einer Krankheit
Betarezeptoren: Aufnahmestellen des sympathischen Nervensystems an Herz-, Gefäß-, Bronchial- und Uterusmuskulatur
Betarezeptorenblocker: Mittel, die die Reaktion von Betarezeptoren hemmen; Einsatz v. a. bei bestimmten Störungen des Herzrhythmus und zur Blutdrucksenkung
Betäubungsmittel: Arzneimittel und sonstige Stoffe und ihre Zubereitungen, die als Suchtstoffe im Sinne des Gesetzes gelten
Bikuspidalis, Bicuspidalis: zweizipflige Herzklappe zwischen linkem Vorhof und linker Herzklappe
Bilirubin: gelbbrauner Gallenfarbstoff
Bilirubinurie: Auftreten von Bilirubin im Harn; nur beim Hund in geringen Mengen physiologisch
Biokatalysator: Wirkfaktor im Körper; Stoffwechselbeschleuniger
Biometrie: Anwendung statistischer Methoden in der Medizin
Biopsie: Gewebsentnahme zur histologischen Untersuchung
Bioptat: durch Biopsie entnommenes Gewebsstück
Biosynthese: Auf- und Umbau von körpereigenen Stoffen im Organismus, z. B. Eiweißbiosynthese
Biotop: Lebensraum von Organismen
bipolare Ableitung: Stromableitung zwischen zwei Polen
Blastula: Keimblase
Blepharitis: Lidentzündung
Blepharon: Augenlid
Blepharorrhaphie: Nahtvereinigung von Ober- und Unterlid zur Verkleinerung der Lidspalte, z. B. bei der Entropiumoperation
Blepharospasmus: Lidkrampf
Blutagar: mit Blut versetzter Nähragar zum Nachweis von Bakterienwachstum mit Hämolyse
Blutkörperchensenkungsreaktion (BSR): Sichabsetzen der roten Blutzellen in ungerinnbar gemachtem Blut entsprechend der Schwerkraft nach unten
Blutstatus: Erhebung von Blutbefunden; Blutbild
Bluttransfusion: Blutübertragung
Bogengänge des Labyrinths: Sitz des Gleichgewichtssinns im Innenohr
Bornasche Krankheit: virusbedingte Gehirn- und Rückenmarksentzündung beim Pferd
Botulismus: Vergiftung durch Toxine des Botulinusbazillus in Lebensmitteln, besonders in Konserven
bovin: das Rind betreffend
Brachycephalie: Verkürzung des Gesichtsschädels als Rassemerkmal, z. B. beim Boxer, Pekinesen
Bradykardie: Verminderung der physiologischen Herzschlagfolge
Bradypnoe: verlangsamte Atmung
Braunüle: Venenverweilkanüle zur Infusion
Brillantkresylblaulösung: geeignete Lösung zur Färbung von unreifen, kernlosen Erythrozyten (Retikulozyten, siehe dort)

Bronchialasthma: wiederkehrende Atemnotanfälle infolge funktioneller Verengung der unteren Atemwege
Bronchialkarzinom: bösartige Geschwulst der Bronchien
Bronchialödem: Schwellung der Bronchialschleimhäute
Bronchiektasie: krankhafte Erweiterung der Bronchien
Bronchien: Luftröhrenaufzweigungen
Bronchioli: knorpellose Verzweigungen der Segmentbronchien
Bronchiolitis: Entzündung der Bronchiolen
Bronchitis: Entzündung der Bronchien
Bronchopneumonie: Entzündung der Bronchien und des Lungengewebes
Bronchospasmolytika: Medikamente zur Lösung des Bronchialkrampfes
Bronchospasmus: Bronchialkrampf
Brucellen: kleine Stäbchenbakterien; Verwerfenserreger beim Rind und Erreger des Mittelfiebers bei Schafen
Brucellose (Bangsche Krankheit): durch Brucellen verursachtes seuchenhaftes Verkalben; Zoonose! Anzeigepflichtige Tierseuche!
Bürzeldrüse: Talgdrüse im Kreuzbeinbereich beim Geflügel, die ein wasserabstoßendes Sekret für das Gefieder liefert
Buiatrik: Lehre von den Krankheiten des Rindes
Bulbus oculi: Augapfel
Bursa Fabricii: wichtiges lymphatisches Organ der Vögel; Bildungsort der B-Lymphozyten
Bursitis: Schleimbeutelentzündung
Bypass: operativ herbeigeführter Umgehungskreislauf

C

(s. a. K und Z)

Calcaneus: Fersenbein
Calcinosis, Kalzinose: Verkalkung
Calor: Wärme
Cancer: Krebs
Candida: Gattung von Hefepilzen; Erreger der Soorkrankheit
canin, kanin: den Hund betreffend
Canini: Haken- oder Eckzähne
Capillaria plica: Blasenhaarwurm bei Hund und Katze
Capillaria tenue: Lungenhaarwurm des Igels
Caput: Kopf
Carcinoma, Karzinom: vom Epithelgewebe ausgehender bösartiger Tumor; Krebsgeschwulst
Cardiaca: Arzneimittel zur Behandlung einer Herzschwäche
cardiale Hypertrophie: Zunahme von Herzmuskelgewebe durch Zellvergrößerung
Cardiomyopathie: Herzmuskelerkrankung
Cataracta, Katarakt: Linsentrübung; grauer Star
Cauda: Schwanz
Causa: Ursache
Cavum: Höhle
- **abdominis:** Bauchhöhle
- **oris:** Mundhöhle
- **pectoris:** Brusthöhle
- **pelvis:** Beckenhöhle
- **tympani:** Paukenhöhle; Mittelohr

CEM: ansteckenden Metritis des Pferdes; bakterielle Deckseuche
Cerebellum: Kleinhirn
Cerebrum: Großhirn
Cervix uteri: Gebärmutterhals
Charge: Herstellungsserie, z. B. eines Fertigarzneimittels, Impfstoffes oder Kontrollserums

Chemotherapeutika: Infektions- und Tumorbehandlung mit chemischen Mitteln
Cheyletiella: Raubmilbe
Chirurgie: Handwirkung; medizinisches Fachgebiet, in dem Krankheiten mechanisch oder durch operative Eingriffe behandelt werden
Chlamydien, Bedsonie: Zwischenformen zwischen Viren und Bakterien, Zellparasiten; Erreger der Ornithose und Psittakose
Cholangitis: Gallengangsentzündung
Cholagoga: den Gallenfluss anregende Mittel
Cholelithiasis: Gallensteinkrankheit
Cholesterin: fettähnlicher Stoff im Organismus
Cholezystitis: Gallenblasenentzündung
Cholezystografie: Kontrastdarstellung der Gallenblase
Cholinesterase: plasmaspezifisches Enzym, das in der Leber gebildet wird
Chondritis: Knorpelentzündung
Chondrom: gutartige Geschwulst des Knorpelgewebes
Chondromalazie: krankhafte Erweichung der Knorpelgrundsubstanz
Chondrosarkom: bösartige Geschwulst des Knorpelgewebes
Chondrotom: spezielles Knorpelmesser
Chorioidea: Aderhaut des Auges
Chorioiditis: Aderhautentzündung
Choriomeningitis: virusbedingte Gehirnhautentzündung, s. a. LCM
Chorion: äußere Eihaut, Zottenhaut
Chromatografie: Labormethode zur Anreicherung und Trennung löslicher Stoffe für analytische Zwecke
Chromosomen: Träger der Erbanlagen; Kernschleifen
Chromosomenaberration: genetisch oder durch äußere Einwirkung (Strahlen, Gifte) eintretende Änderung der Struktur oder natürlichen Zahl von Geschlechtschromosomen
chronisch: schleichend, von langer Dauer
chronisch obstruktive Pneumopathie (COPD): chronische Lungenerkrankung durch Verschluss der Bronchien mit zähem Sekret
Chylothorax: krankhafte Ansammlung von Chylus in der Brusthöhle
Chylus: fettreiche Darmlymphe; Milchsaft
Chymotrypsin: labähnliches, eiweißspaltendes Pankreasenzym
Cilium, Zilie: Wimper
Citratblut: durch Natriumzitratlösung ungerinnbar gemachtes Blut
CK: Abkürzung für Kreatinkinase, siehe dort
Clavicula: Schlüsselbein
Clearance: Bestimmung eines Klärwertes zur Ermittlung der Funktion von Niere oder Leber
Clostridien: sporenbildende Erreger des Wundstarrkrampfs, des Rausch- und Gasbrandes und des Botulismus (Lebensmittelvergiftung)
Clostridium tetani: Erreger des Wundstarrkrampfes
Cnemidocoptes: Kalkbeinmilbe beim Vogel
Collum: Hals
Columna vertebralis: Wirbelsäule
Coma diabeticum: schwere Bewusstseinsstörung bei Zuckerkrankheit
Coma hepaticum: Leberkoma; Bewusstseinsstörung bei schweren Leberkrankheiten
Combustio: Verbrennung

Commotio cerebri: Gehirnerschütterung
Compressio: Quetschung einer Körperregion oder eines Organes
Computertomografie: röntgenologisches Schichtaufnahmeverfahren mit elektronischer Verarbeitung der Messdaten
Computerdiagnostik: medizinische Diagnostik mit Einsatz elektronischer Datenverarbeitung
Congelatio: Erfrierung
Conjunctivitis, Konjunktivitis: Bindehautentzündung
Conjunctivitis follicularis: Entzündung der Lymphknötchen in der Nickhaut
Contusio, Kontusion: Prellung mit Quetschungsfolge
Coombs-Test: Labormethode zum Nachweis von Antikörpern gegen Erythrozyten
Cor: Herz
Cor pulmonale: Vergrößerung des rechten Herzens infolge einer hochgradigen Lungenerkrankung
Coronaviren: RNS-Virusgruppe bei Mensch und Tier; Erreger der felinen infektiösen Peritonitis
Corpus, Korpus: Körper
- **ciliare:** Strahlenkörper; Linsenhalteapparat
- **luteum:** Gelbkörper
- **luteum graviditatis:** bleibender Gelbkörper in der Trächtigkeit
- **luteum periodicum:** Gelbkörper im Zyklus
- **luteum-Phase:** Zeit der Gelbkörperbildung und -reifung
- **vitreum:** Glaskörper; gallertige Masse im Augeninneren

Cortex, Kortex: Rinde
Cortisches Organ: Sinnesorgan des Gehörs in der Schnecke des Innenohrs
Costa: Rippe
Coxarthrose: Hüftgelenksabnutzung
Crenosoma: Lungenwürmer des Igels
Ctenocephalides canis: Hundefloh
Cumarin: gerinnungshemmender Pflanzenstoff
Cushing-Syndrom: spezifisches Krankheitsbild mit Haarausfall, Stammfettsucht und Ödembildung bei Überfunktion der Nebennierenrinde
Cyanhämoglobinverfahren: Verfahren zur photometrischen Bestimmung von Hämoglobin

D

Dämpfigkeit: chronische, unheilbare Erkrankung der Lunge und/oder des Herzens beim Pferd (Hauptmangel)
Dasselbeule: Hauterkrankung, v. a. beim Rind durch Larven der Dasselfliege
Dauerausscheider: laufende Ausscheidung von Krankheitserregern, z. B. von Salmonellen, bei Mensch oder Tier, die klinisch nicht krank erscheinen
debil: schwächlich
Defibrillation: Beseitigung eines Herzkammerflimmerns
Degeneration: Entartung, minderwertiger Gewebsersatz
Dehydratation: Wassermangel im intra- und extrazellulären Raum
Dekompensation: nicht mehr gewährleisteter Ausgleich einer gestörten Funktion
Dekubitus, Decubitus: Wundliegen
Delta-Liste: kaufmännisches Verzeichnis von veterinärmedizinischen Präparaten
Demodex canis: Haarbalgmilbe beim Hund

Demodikose: durch die Haarbalgmilbe verursachte tiefgreifende Hauterkrankung des Hundes
Denaturierung: Zerstörung von Eiweißkörpern, z. B. durch Fällung, Erhitzen oder Bestrahlung
Dentes: Zähne
Dentin: Zahnbein
Depotpräparat: Arzneimittel mit verzögert eintretender und länger anhaltender Wirkung
Dermatika: Mittel zur Behandlung von Hautkrankheiten
Dermatitis: Hautentzündung
Dermatologie: Lehre von den Hautkrankheiten
Dermatomykose: Hautpilzerkrankung
Desinfektion: gezielte Vernichtung von Krankheitserregern
Desmopathie: Erkrankung der Bänder
Desmotomie: Durchschneiden eines Bandes, z. B. bei Kniescheibenverrenkung des Pferdes
Desoxyribonukleinsäure (DNS): Träger der Erbinformation im Zellkern
Detergentien: synthetische Netzmittel zur Herabsetzung der Oberflächenspannung von Flüssigkeiten, z. B. Seifen
dexter, -tra, -trum: rechts, der rechte …
Dexamethason: synthetisch hergestelltes Nebennierenrindenhormon
Diabetes insipidus: Störung des Wasserstoffwechsels: »Wasserharnruhr«
Diabetes mellitus: Zuckerkrankheit
Diagnose: Erkennen und Benennung einer Krankheit
Diagnostik: Methoden und Maßnahmen zur Krankheitserkennung
Diagramm: zeichnerische Darstellung von Rechenwerten
Dialyse: physikalisches Verfahren zur Ausscheidung von Schlackenstoffen (z. B. bei Nierenversagen)
Diaphragma: Zwerchfell
Diaphyse: Knochenschaft
diaplazentar: auf dem Wege durch die Plazenta
Diarrhoe: Durchfall
Diastole: Füllungszeit der Herzkammern
Diathermie: Maßnahmen zur Elektrowärmebehandlung
Diathese: Krankheitsbereitschaft
Dichte: spezifische Masse eines Stoffes pro Volumeneinheit; Wasser hat die Dichte 1 kg/l; die physiologische Harndichte beträgt 1,015 bis 1,040 kg/l; s. a. spezifisches Gewicht
Dicrocoelium: Lanzettegel; kleiner Lebergel bei Schaf und Ziege
Dictyocaulus: Lungenwürmer bei Wiederkäuern und beim Esel
Dicumarolintoxikation: Vergiftung durch Aufnahme von Rattengift, das zu Gerinnungsstörungen führt
Diencephalon: Zwischenhirn, s. a. Thalamus
Differenzialblutbild: prozentuale Verteilung der weißen Blutzellen im gefärbten Blutausstrich
Differenzialdiagnose: Abgrenzung und Bestimmung einer Krankheit gegenüber anderen Diagnosen
Differenzierung: Unterscheidung
diffus: ausgebreitet, zerstreut
Diffusion: Streuung; gleichmäßige Verteilung von Molekülen nach Übertritt in ein anderes Medium
Diffusionsstörung: Gasaustauschstörung in der Lunge
Digestion: Verdauung
Digit-us, -i: Finger, Zehen

digital: die Finger oder Zehen betreffend; mit Ziffern arbeitend (Datenverarbeitung)
Digitalis: Pflanzengattung »Fingerhüte«
Digitalisglykoside: Pflanzeninhaltsstoffe aus dem Fingerhut zur Herzbehandlung, z. B. Digoxin
Digitalisintoxikation: Vergiftung durch Überdosierung mit Digitalispräparaten
Digitalrechner: datenverarbeitender Rechner, der mit Ziffern mathematische Vorgänge ausführt
Dignität: Krankheitswert oder -bedeutung, bes. bei Tumoren
Dilatation: Erweiterung
Dilution: Verdünnung
Diöstrus: brunstfreie Zeit bei der Hündin
Diphterie: akute, ansteckende bakterielle Infektionskrankheit des Rachenraums, v. a. beim Säugling
diphtheroid: entzündlicher Prozess, der diphtherieähnlich mit Bildung einer Pseudomembran verläuft
Diphyllobothrium: Bandwurm bei Fleischfresser und Schwein
Diplococcus pneumoniae: bakterieller Erreger einer Lungenentzündung
diploid: zweifach
Diplokokken: paarweise auftretende Kugelbakterien
Dipylidium caninum: kürbiskernartiger Bandwurm des Hundes
Dirofilaria immitis: Herzwurm
Discus intervertrebralis: Bandscheibe
Diskette: Speicherplatte zur elektronischen Datenverarbeitung
Diskopathie, Discopathie: Bandscheibenschaden, z. B. bei Dackellähme
Dislocatio abomasi: Labmagenverlagerung
Dispensette: Laborgerät als Flaschenaufsatz zur automatischen Abmessung einer gewünschten Flüssigkeitsmenge
Dispensierrecht: Recht des Tierarztes, Arzneimittel selbst herzustellen, vom Großhandel zu beziehen, zu lagern und abzugeben
Disposition: Krankheitsbereitschaft, Veranlagung
disseminiert: Streuung, z. B. von Krankheitserregern innerhalb des Organismus
Dissertation: wissenschaftliche Arbeit; Doktorarbeit
Dissimilation: Abbau von Nährstoffen unter Energiefreisetzung
Dissoziation: Aufhebung oder Zerfall einer chemischen Verbindung; Störung eines natürlichen Zusammenspiels von Organen
distal: weiter entfernt von Körpermitte; bei Gliedmaßen im Sinne: entfernt vom Rumpf
Distorsion: Verstauchung, Zerrung der Gelenkkapselbänder
Distractio cubiti: operative Streckung der Gliedmaße im Ellbogenbereich
Diurese: Harnbildung und -ausscheidung
Diuretika: harntreibende Mittel
Divergenz: Auseinanderweichen
Diverticulum, Divertikel: sackförmige Ausstülpung eines Hohlorganes
– **tubae auditivae:** Luftsack des Pferdes
DNS-Viren: Viren mit DNS als genetisches Material, (z. B. doppelsträngig: Adeno-, Herpes- oder Pockenviren, einzelsträngig: Parvoviren)
Dokumentation: Erfassen, Einordnen und Sammeln von Daten, z. B. klinischer Befunde

Dolor: Schmerz
Domestikation: Haustierwerdung; Umformung von Wildtieren zu Haustieren durch genetische Auslese
dominant: beherrschend; im Erbgang vorherrschend
Doping: künstlich herbeigeführte Leistungssteigerung durch bestimmte Medikamente
Doppelkontrastverfahren: gleichzeitige Verwendung eines positiven Kontrastmittels und von Luft zur röntgenologischen Darstellung
dorsal: rückenwärts, oben, oberer Teil
Dosimeter: Messgerät, in Plaketten- oder Stabform, das unter der Bleischürze beim Röntgen getragen wird
Dosis: das verordnete Maß; Arzneigabe
Dottersackkreislauf: geschlossenes Blutkreislaufsystem des Embryos
Drain: Gaze oder Schlauch zur Ableitung von Wundsekret
Druse: durch *Streptococcus equi* bedingte, eitrig abszedierende Entzündung der Kehlgangslymphknoten beim Pferd
Ductus: Gang, Kanal
- **arteriosus Botalli:** im Fetalkreislauf angelegte arterielle Verbindung zwischen Aorta und Lungenarterie
- **choledochus:** Gallengang außerhalb der Leber, s. a. Ductus hepaticus
- **hepaticus:** Hauptgallengang
- **pancreaticus:** Ausführungsgang der Bauchspeicheldrüse
- **parotideus:** Ohrspeicheldrüsengang

Dummkoller: chronische, unheilbare Gehirnerkrankungen beim Pferd (Hauptmangel)
Duodenitis: Entzündung des Zwölffingerdarms
Duodenum: Zwölffingerdarm
Dura mater: harte Gehirn- und Rückenmarkshaut
Dysenterie: Störung der Darmfunktion; ruhrartige Durchfälle
Dysfunktion: Fehlfunktion
Dyskrinie: Sekretionsstörung
Dysphagie: Schluckbeschwerden
Dysplasie: angeborene Fehlbildung, z. B. des Hüftgelenks bei jungen Schäferhunden
Dyspnoe: Atembeschwerde, Atemnot
Dysproteinämie: Missverhältnis zwischen der Albumin- und Globulinkonzentration im Blut
Dysregulation: Fehlregulation
Dystokie: abnormer Geburtsverlauf; Schwergeburt
Dystrophie: durch Mangel- oder Fehlernährung entstehende Störung eines Organes, z. B. Leberdystrophie

E

Echinococcus granulosus: Hülsenbandwurm des Hundes
Echinokokkose: durch die Finnenblase des Hülsenbandwurms des Hundes verursachtes schweres Krankheitsbild, besonders beim Menschen; Zoonose!
Echografie: Aufzeichnung von reflektiertem Ultraschall (Echo)
EDTA: Ethylendiamintetraessigsäure; geeigneter Gerinnungshemmer für Blutuntersuchungen
EDV: elektronische Datenverarbeitung
Effloreszenzen: Hautveränderungen
Einbrennzeit: Zeitdauer der Aufheizung eines Photometers bis zur Funktionsbereitschaft
Einschlussphlegmone: flächenhafte Gewebsvereiterung mit Lymphstauung, bes. an den Hintergliedmaßen beim Pferd auftretend

Ejakulation: Samenerguss
Eklampsie: falsche Bezeichnung für im Zusammenhang mit Geburt und Laktation stehende Krampfzustände (besser: puerperale Tetanie) aufgrund Kalziummangels bei Hündin oder Kätzin in der Säugezeit
Ektoderm: äußere Keimschicht
Ektomie: Herausschneiden; vollständige operative Entfernung eines Organes
Ektoparasiten: Hautschmarotzer
Ektropium: Auswärtsstülpung des Lidrandes
Ekzem: häufig mit Juckreiz einhergehende Hautentzündung
Elektrode: Kontaktfläche eines Leiters; Übertrittstelle elektrischer Energie
Elektroenzephalogramm (EEG): Hirnstromkurve
Elektrokardiogramm (EKG): Herzstromkurve
Elektrokardiografie: Aufzeichnung von Herzströmen
Elektrokoagulation: operative Verödung und Zerstörung von Gewebebezirken bei Tumoren oder von blutenden Gefäßen zum Zwecke der Blutstillung durch elektrischen Strom
Elektrolyte: in Wasser gelöste Salze, die in ionisierter Form im Organismus vorkommen
Elektromyogramm (EMG): Muskelstromkurve
Elektronenmikroskop: optisches Gerät zur Darstellung von Zellorganellen oder Viren unter Benutzung von Elektronenstrahlen als Lichtquelle
Elektrophorese: Verfahren zur Auftrennung bestimmter Stoffe, z. B. von Serumeiweiß, mithilfe von elektrischem Strom
Elektroschocktherapie: geeignete Wechsel- oder Gleichstromstöße über Elektroden an die Thoraxwand zur Wiederbelebung bei Herzstillstand
Elektrotherapie: Behandlungsverfahren durch Anwendung von elektrischem Strom
Elimination: Ausscheidung; Beseitigung
ELISA-Test: wichtiges immunologisches Untersuchungsverfahren durch einen Antigen-Antikörper-Test auf enzymchemischer Basis, z. B. zur Untersuchung der Leukämie der Katze
Embolie: Verschluss von Blutgefäßen durch einen weggeschwemmten Thrombus oder Fremdkörper im Blut
embolisch-thrombotische Kolik: Koliken beim Pferd durch Verschluss von Darmarterien als Folge von Wurmschäden
Embryo: Keimling bis zum Ende der Organentwicklung
Embryologie: Lehre von der Entwicklung des Embryos
Embryopathie: krankhafte Schädigung des Embryos
Embryotomie: Zerlegung von toten Früchten bei Stute und Kuh im Geburtskanal
Embryotransfer: Übertragung von befruchteten Säugetiereizellen
Emesis: Erbrechen
Emetika: Brechmittel
Emission: Entleerung; Abgabe von Stoffen in die freie Luft; Aussendung elektromagnetischer Wellenstrahlung
Emphysem: Luftansammlung in Geweben oder Körperhöhlen
empirisch: auf Erfahrung beruhend
Empyem: Eiteransammlung in einer Körperhöhle

Emulsion: Feinverteilung zweier ineinander nicht oder nur begrenzt löslicher Flüssigkeiten, z. B. Öl in Wasser
End- oder Hauptwirt: Wirtstier, in dem Parasiten mit Wirtswechsel die Geschlechtsreife erlangen
Endemie bzw. Enzootie: (Infektions-) Krankheit bei Mensch bzw. Tier, die ohne zeitliche Beschränkung in einem bestimmten Gebiet vorkommt
endogen: innerlich bedingt; von innen entstanden
Endokard, Endocard: Herzinnenschicht
Endokarditis, Endocarditis: Entzündung der Herzinnenhaut
endokrin: nach innen, ins Blut absondernd
Endokrinium: Gesamtheit der hormonbildenden Drüsen (endokrines System)
Endokrinologie: Lehre von den Hormonen und Drüsen innerer Sekretion
Endolymphe: Flüssigkeit im Innenohr
Endometritis: Gebärmutterentzündung
Endometrium: Gebärmutterschleimhaut
Endoparasiten: Schmarotzer im Inneren des Wirtstieres
Endoplasmatisches Retikulum: Netzwerk mit wichtigen Zellbestandteilen im Zellkörper
Endoskop: starres oder flexibles, röhrenförmiges optisches Gerät
Endoskopie: innere Betrachtung von Körperhohlräumen
Endothel: Innenschicht von Blut- und Lymphgefäßen
Endotoxin: Giftstoff, der bei der Zellauflösung von Darmbakterien freigesetzt werden kann
Endotrachealkatheter: röhrenförmiges Instrument aus Gummi mit aufblasbarer Manschette, das zur künstlichen Beatmung im Notfall und bei der Narkose in die Luftröhre eingeführt wird
Enteritis: Darmschleimhautentzündung
Enterokokken: nützliche Darmkeime
Enterozentese: Punktion des Darms, z. B. bei Aufblähung
Entoderm: innere Keimschicht
Entropium: Einstülpung des Lidrandes
Entwesung: Beseitigung von Ungeziefer; Schädlingsbekämpfung
Enzephalitis: Gehirnentzündung
Enzephalon: Gehirn
Enzootie: in einem Gebiet geografisch begrenzt vorkommende Tierkrankheit bzw. -seuche
Enzym: unentbehrlicher Eiweißkörper zur Regulierung des Stoffwechsels; Ferment
Enzymdiagnostik: Erkennung von Organkrankheiten durch Bestimmung von Enzymen
Eosin: saurer, roter Farbstoff
Eosinopenie: Verminderung der eosinophilen Granulozyten
eosinophil: Zellen, die sich bevorzugt mit Eosin anfärben lassen
eosinophile Granulozyten: weiße Blutzellen, deren Granula sich mit Eosin oder sauren Farbstoffen anfärben lassen
eosinophiles Granulom: Entzündungsgeschwulst in der Haut mit Vermehrung von eosinophilen Zellen, v. a. bei der Katze
Eosinophilie: Vermehrung der eosinophilen Granulozyten
Epidemie: gehäuftes Auftreten einer seuchenhaften Infektionskrankheit beim Menschen
Epidemiologie: Infektions- und Seuchenlehre

Epidermis: Oberhaut
Epididymis: Nebenhoden
Epididymitis: Nebenhodenentzündung
Epiduralanästhesie: Betäubung der Rückenmarksnerven durch Einspritzung eines örtlichen Betäubungsmittels in den Epiduralraum
Epiduralraum: sackartige Ausstülpung des Wirbelkanals zwischen harter Rückenmarkshaut und Wirbelknochenhaut
Epiglottis: Kehldeckel
Epikard, Epicard: Herzaußenschicht
Epilepsie: plötzliche, wiederholte Krampfanfälle, »Fallsucht«
Epiphyse: Knochenende; Zirbeldrüse
Epiphysiolyse: krankhafte Lösung der Knochenenden
Epistaxis: Nasenbluten
Epistropheus: zweiter Halswirbel
Epithelgewebe: Oberflächen- oder Deckgewebe
Epitheliom: gutartige Geschwulst des Epithelgewebes
Epizootie: gehäuftes Auftreten einer seuchenhaften Infektionskrankheit beim Tier
Epulis: Zahnfleischgeschwulst
equin: das Pferd betreffend
Erlenmeyer-Kolben: Laborgerät aus einem konisch zulaufenden Glaskolben mit breiter Grundfläche und engem Hals
Erosion: nässender, nicht blutender Epithelverlust an Haut oder Schleimhaut
Erysipelothrix: grampositives Stäbchenbakterium; Erreger des Schweinerotlaufs
Erythem: Hautrötung
Erythropenie: Verminderung der Erythrozyten im Blut
Erythropoese: Bildung der roten Blutkörperchen
Erythrozyten: rote Blutkörperchen
Erythrozytenagglomeration: Zusammenballung der roten Blutzellen, »Geldrollenbildung«
Erythrozytose: Vermehrung der Erythrozyten im Blut
Escherichia coli: Kolibakterienart
essenziell: selbstständig; lebensnotwendig
Ethmoid: Siebbein
Ethologie: Verhaltensforschung
Eustachische Röhre: Ohrtrompete; Verbindung zwischen Rachen und Mittelohr
Euthanasie: schmerzlose Tötung
Exanthem: Hautausschlag mit Quaddel-, Bläschen- oder Pustelbildung
Exenteration: Herausnahme der Baucheingeweide, z. B. bei einer Sektion
Exitus letalis: Tod; tödlicher Ausgang
Exkremente: Kot (Stuhl) und Harn (Urin)
Exkret: Absonderung von Drüsen äußerer Sekretion, z. B. Talg, Schweiß, Galle, Verdauungssaft
exogen: äußerlich bedingt; von außen entstanden
exokrin: nach außen absondernd
Exophthalmus: Vorfall des Augapfels
Exostose: Knochenauswuchs, zackenartige Knochenzubildung
expansiv: sich ausbreitend, verdrängend
Expectorantia: auswurffördernde Medikamente
Exprimat: das ausgedrückte Drüsensekret, z. B. der Prostata, oder Organmaterial
Exsikkose: Austrocknung durch Flüssigkeitsverlust
Exspiration: Ausatmung

Exstirpation: Entfernung eines umschriebenen Gewebeteils oder Totalentfernung eines Organes

Exsudat: entzündlicher, zellhaltiger Erguss

Exsudation: »Ausschwitzung«, Austritt von Flüssigkeit aus den venösen Gefäßen ins Gewebe oder in Körperhöhlen

Extension: Streckung; Dehnung; Zug

Extensor: Strecker

extern-us, -a, -um: außen liegend

Extinktion: Verhältniszahl bei der Photometrie, die sich aus der Konzentration der Farblösung und der Schichtdicke der Küvette ergibt

extrahieren: herausziehen

extrakardial: außerhalb des Herzens

Extrakt: Auszug

Extraktion: Herausziehen, z. B. Fruchtextraktion, Zahnextraktion

extrarenale Urämie: Vergiftung des Körpers mit harnpflichtigen Stoffen, deren Ursache außerhalb der Niere liegt, z. B. im Magen oder Darmkanal

Extrasystole: vorzeitige Kontraktion des Herzmuskels infolge fehlerhafter Erregungsbildung

extrazellulär: außerhalb der Zelle

Extremitäten: Gliedmaßen

Extremitätenableitungen: Ableitungen der Herzströme durch Anlegen von Elektroden an den Gliedmaßen

Exzision: Entfernung eines Gewebe- oder Organteils

Exzitation: Aufregung, Erregung

Exzitationsstadium: zweites Narkosestadium mit verstärkter Muskelerregung

F

Facies: Gesicht

Färbeindex (FI): Hämoglobingehalt der Erythrozyten

Fäzes, Faeces: Stuhl, Kot

fakultativ pathogen: unter Umständen, möglicherweise krankmachend

falsus, falsa: falsch, unecht

Faradisation: Anwendung von Reizstromgeräten bei Kombination von niederfrequentem Wechselstrom und Gleichstrom

Fasciola hepatica: großer Leberegel beim Rind; Saugwurm

Faszie, Fascia: Muskelbinde

Faszientransplantation: operative Überpflanzung von Muskelbinden

Fauna: Tierwelt

Favus: Grind; Hautpilzkrankheit

Fazialislähmung: meist einseitige Lähmung der Gesichtsmuskeln durch Ausfall des Nervus facialis

Febris: Fieber

Fecundatio: Befruchtung

Federlinge: flügellose Insekten; Vogelläuse

Feedback-Mechanismus: Regulationsvorgänge mit Selbststeuerung, s. a. Rückkoppelungseffekt

felin: die Katze betreffend

feline infektiöse Peritonitis (FIP): chronische, virusbedingte Bauch- und Brustfellentzündung mit Ergussbildung bei der Katze

felines urologisches Syndrom (FUS): Krankheitsbild bei der Katze mit Entzündung und Verschluss der Harnwege durch Konkremente

FeLV: Leukämievirus der Katze

Femur: Oberschenkelknochen

Ferment: ältere Bezeichnung bes. für Verdauungsenzyme

Fermentation: Gärungsprozess

Fertilität: Fruchtbarkeit

Fetalkreislauf: Blutkreislaufsystem der Frucht zwischen Nabelschnurgefäßen und Plazentagefäßen

Fetotom: Instrument zur Zerlegung von toten Früchten

Fetus, Foetus, Fötus: Frucht nach Abschluss der Organentwicklung

Fiberskop: flexibles Endoskop, das über ein Lichtleitkabel mit einer Kaltlichtquelle verbunden ist

Fibrillen: mikroskopisch erkennbare feine Fasern

Fibrin: Blutfaserstoff, der bei der Blutgerinnung entsteht

Fibrinogen: Faktor I der Blutgerinnung aus Eiweiß

Fibrinolyse: Auflösung von Fibringerinnseln im Körper

fibrinös: fibrinhaltig

Fibrom: Bindegewebsgeschwulst

Fibrosarkom: bösartige Bindegewebsgeschwulst

Fibrose: krankhafte Bindegewebszubildung in Organen, z. B. Lungenfibrose

Fibula: Wadenbein

Filarien: subtropische und tropische Fadenwürmer bei Mensch und Tier, die innere Krankheiten und Hautgeschwüre verursachen

Filter: Einrichtung, die der Abtrennung von festen Stoffen aus Flüssigkeiten und Gasen sowie der Zurückhaltung von Lichtwellen dient

Filtration: Vorgang der Abtrennung fester Stoffe durch Siebwirkung und Teilchenablagerung

Finne: besonderes Larvenstadium bei Bandwürmern

Fissur: Knochenriss, Haarbruch des Knochens

Fistel, Fistula: abnormer, röhrenförmiger Gang, der von einem Hohlraum im Gewebe oder einem Hohlorgan ausgeht und an der Körperoberfläche mündet

Fistulektomie: komplette operative Entfernung eines Fistelgangs

FIV: Immunschwächevirus der Katze

Flagellaten: Geißeltierchen; tierische Einzeller

Flexor: Beuger

Flexur: Biegung

Flöhe: flügellose Insekten; temporäre Hautparasiten

Flora: Pflanzenwelt; s. a. Bakterienflora

Flotation: Aufsteigen von spezifisch leichteren Stoffen im umgebenden Lösungsmittel

Flotationsverfahren: geeignete Methode zum Nachweis von Parasiteneiern, die spezifisch leichter als das Lösungsmittel sind

Fluktuation: Schwankung; wellenförmige Flüssigkeitsbewegung, z. B. bei Aszites oder Abszess

Fluor vaginalis: Scheidenausfluss

Fluoreszenz: farbiges Aufleuchten von Substanzen im UV-Licht

Fluoreszenzmikroskop: optisches Gerät zur Betrachtung organischer Bestandteile, die durch Zusatz fluoreszierender Substanzen zum Aufleuchten gebracht werden

Fluoreszein-Augenprobe: Prüfung der Intaktheit der Hornhautoberfläche durch Einträufeln von Fluoreszein in den Bindehautsack

Foetor ex ore: übler, stinkender Mundgeruch

Fokus: Brennpunkt; Herd, lokale Gewebeveränderung

Follikel: bläschenartiges oder festes Gebilde, z. B. Eierstocksfollikel oder Lymphfollikel

Follikelkontrolle: Eierstocksuntersuchung während der Brunst
Follikelphase: Zeit der Follikelbildung und -reifung im Eierstock
Fontanelle: Knochenlücke am Schädel des Neugeborenen
Foramen: Loch, Öffnung
- **lumbosacrale:** Lenden-Kreuzbein-Öffnung
- **occipitale:** Hinterhauptsloch

Forensik: gerichtliche Medizin; Rechtsmedizin
Fossa: Grube, Graben
Fragment: Bruchstück, z. B. Knochenfragment
Fraktionierung: Aufteilung in Einzelportionen
Fraktur: Knochenbruch
Frequenz: Häufigkeit einer Tätigkeit oder Schwingungszahl pro Minute, z. B. Anzahl der Pulswellen
Fruchtmazeration: Erweichung einer abgestorbenen Frucht durch das Fruchtwasser
FSH: Follikelreifungshormon
Fuchsinrot: Farbstoff zur Anfärbung von Bakterien, Zell- und Gewebebestandteilen
Fütterungsarzneimittel: besteht aus einer Arzneimittelvormischung und einem Futtermittel
Functio laesa: gestörte Funktion eines Organes
Fundus: Grund oder Bodenteil eines Hohlorganes
- **oculi:** Augenhintergrund
- **ventriculi:** Magengrund

fungizid: pilzabtötend
Funktion: Tätigkeit, Ablauf von physikalischen und chemischen Vorgängen
Furunkel: Eitergeschwür, schwere Haarbalgentzündung

G

Galvanisation: Anwendung von Reizstromgeräten mit konstantem Gleichstrom (galvanischer Strom)
Galvanometer: Messgerät für galvanischen Gleichstrom
Gamet: reife, befruchtungsfähige Keimzelle
Gamma-GT: Gamma-Glutamyl-Transferase; wichtiges, v. a. in der Leber und Niere vorhandenes Enzym
Ganglienzellen: Zellen des Nervengewebes
Ganglion: Nervenzellknoten außerhalb des Zentralnervensystems
Gangrän: Brand; durch tiefgreifende Schädigung und Fäulnis hervorgerufener Gewebsuntergang
Gasbrand: Luftansammlung im Gewebe durch anaerobe Bazillen
Gaster: Magen
Gasterophilus: Magendassellarve beim Pferd
Gastritis: Magenschleimhautentzündung
Gastroenteritis: Magen- und Darmschleimhautentzündung
Gastropexie: operative Anheftung des Magens an die Bauchwand, z. B. bei Torsio ventriculi
Gastroskopie: Magenspiegelung
Gastrotomie: operative Mageneröffnung
Gaze: Verbandmull
Gebärparese: durch Kalziummangel auftretendes Festliegen der Kuh mit Lähmungserscheinungen
Geflügelcholera: durch Pasteurellen verursachte, bei allen Vogelarten auftretende ansteckende Infektionskrankheit; anzeigepflichtige Tierseuche!
Geflügelpest: virusbedingte, septikämische Allgemeinerkrankung der Hühner; anzeigepflichtige Tierseuche!

Geflügeltuberkulose: bakterielle Infektionskrankheit durch den aviären Typ des Tuberkelbakteriums; Zoonose!
Gen: Erbanlage, Erbfaktor
Generalisierung: Ausbreitung einer Krankheit auf den ganzen Körper
Generationswechsel: Wechsel zwischen vegetativer und geschlechtlicher Entwicklung bei einem Parasiten
Generationszyklus: Lebensdauer einer Körperzelle von Teilung über Wachstum und Differenzierung zur erneuten Teilung
Genese, Genesis: Entstehung, Entwicklung
Genetik: Vererbungslehre
Genitalien: Geschlechtsorgane
Genitalsekret: Absonderung aus Geschlechtsdrüsen
Genotyp: das anteilig von beiden Elternteilen stammende Erbgut eines Organismus
Gentechnologie: Wissenschaft, die sich mit der Übertragung von Genen auf fremde Organismen befasst
Gentianaviolett: antiseptisch wirkender Farbstoff zur Färbung von Bakterien (GRAM-Färbung) und von Gewebeschnitten
Gentransfer: Übertragung von Erbanlagen
genuin: echt, selbstständig
Geriatrie: Altersheilkunde
Geriatrika: kräftigende und anregende Arzneimittel im Alter
Gerinnungsenzyme: Stoffwechselregulatoren beim Gerinnungsvorgang
Gestagene: Schwangerschaftsschutzhormone aus Gelbkörper und Plazenta
Gewährfrist: Zeit, innerhalb der ein Hauptmangel festgestellt werden muss (14-Tage-Frist)
Gewährs- oder Hauptmangel: gesetzlicher Fehler oder definierte Krankheit beim Tierkauf mit Haftung des Verkäufers
Gicht: krankhafte Ablagerung von harnsauren Salzen in den Gelenken
Giemsa-Lösung: geeignete Azur-Eosin-Methylenblau-Lösung zur differenzierenden Färbung von Blutparasiten, Zell- und Knochenmarkausstrichen
Gingiva: Zahnfleisch
Gingivektomie: operative Entfernung des Zahnfleisches
Gingivitis: Zahnfleischentzündung
Glandula: Drüse
- **bulbourethralis:** Harnröhrenzwiebeldrüse
- **lacrimalis:** Tränendrüse
- **palpebrae tertiae:** Nickhautdrüse
- **sublingualis:** Unterzungenspeicheldrüse

Glaukom: grüner Star, erhöhter Augeninnendruck
GLDH: Glutamat-Dehydrogenase; wichtiges Enzym in den Mitochondrien der Leberzelle
Gliagewebe: Nervenstütz- und Nervennährgewebe
Gliom: Geschwulst der Gliazellen
Globuline: wichtige Eiweißkörper im Blut, Transportstoffe
Glomerul-um, -a: in der Rindenschicht der Niere liegende Gefäßknäuel
Glomerulonephritis: Nierenentzündung der Gefäßknäuel
Glossa: Zunge
Glossitis: Zungenentzündung
Glottis: stimmbildender Teil des Kehlkopfes; Stimmritze
Glukagon: Pankreashormon, das den Glykogenabbau in der Leber fördert; Gegenspieler des Insulins

Glukokortikoide: Gruppe natürlicher und synthetisch hergestellter Nebennierenrindenhormone, s. a. Kortisone
Glukosurie: Ausscheidung von Glukose im Harn
Glutarsel-Test: einfache Blutuntersuchung zum Nachweis chronischer Entzündungsprozesse bei Rind und Schwein
Glykogen: tierische Stärke, Speicherform des Zuckers im Körper
Glykogenolyse: Glykogenabbau
Glykolyse: Abbau von Glukose im Zellplasma
Golgi-Apparat: Membransystem im Zellkörper zur Speicherung und zum Transport von Stoffen
Gonaden: Keimdrüsen
Gonadotropine: Hormone, die die Keimdrüsen zur Hormonbildung anregen
Gonarthrose: Kniegelenksverknöcherung
Gonitis: Kniegelenksentzündung
GOT (AST): Aspartat-Amino-Transferase; wichtiges Enzym im Leber- und Muskelstoffwechsel
GPT (ALT): Alanin-Amino-Transferase; wichtiges Enzym der Leberzelle
Gram-Färbung: Bakterienfärbung mit Gentianaviolett und Fuchsinrot zur Differenzierung
gramnegativ: nach GRAM rot gefärbte Bakterien, v. a. Darmbakterien
grampositiv: nach GRAM dunkelblau erscheinende Bakterien
Granula: körnchenartige Gebilde
Granulationsgewebe: Gewebsneubildung bei der Wundheilung
granulierter Zylinder: häufig vorkommende Ausgüsse bei Nierenentzündungen, die durch Degeneration von Epithelzellen und Leukozyten zustande kommen
Granulom: Geschwulst, die bei chronischer Entzündung und Wundheilung entstehen kann
Granulozyten: weiße Blutzellen mit Körnchen im Zellplasma (Mikrophagen); dienen der Infektionsabwehr
Gravidität: Trächtigkeit
grippaler Infekt: durch Viren verursachte katarrhalische Entzündung der oberen Luftwege
Grundimmunisierung: wiederholte Impfung zur Erreichung einer belastungsfähigen Immunität
Gutachten: fachmännische Beurteilung eines Sachverhaltes
Gynäkologie: Lehre von den Krankheiten der weiblichen Geschlechtsorgane

H

Haarlinge: flügellose Insekten; Beißläuse bei Hund, Pferd und Wiederkäuern
habituell: gewohnheitsgemäß; wiederholt auftretend
Habitus: Aussehen, Eigenart des Körperbaus und des Verhaltens
Habronema: Magenwurm beim Pferd
Hämagglutination: Verklumpung von Erythrozyten durch Antikörper
Hämangiom: gutartige Geschwulst durch Wucherung von Blutgefäßen mit Neigung zu maligner Entartung
hämatogen: in oder auf dem Blutweg entstanden
Hämatokrit: Bestimmung des prozentualen Anteils der Blutzellen im Gesamtblut (Volumenprozente der Erythrozyten)
Hämatom: Bluterguss
Hämatopoese: Blutbildung

Hämaturie: Absatz von blutigem Harn
Hämodilution: Blutverdünnung
Hämoglobin: roter Blutfarbstoff
Hämoglobinurie: Auftreten von Hämoglobin im Harn nach Hämolyse durch Giftstoffe oder Infektionserreger
Hämokonzentration: Bluteindickung durch Flüssigkeitsverlust
Hämolyse: Auflösung der roten Blutkörperchen; Austritt von Blutfarbstoff
hämolysierende *E. coli*: bakterielle Erreger ruhrartiger Durchfälle bei Jungtieren, der Pyometra bei der Hündin und der Euterentzündung bei der Kuh
hämolysierende Steptokokken: Eitererreger der Schleimhäute, v. a. der Atemwege und der Gebärmutter
hämolytische Anämie: Blutarmut durch Auflösung der roten Blutkörperchen
hämolytischer Ikterus: Gelbsucht durch verstärkte Auflösung und Abbau von roten Blutkörperchen
Hämometra: Blutansammlung in der Gebärmutter, bes. beim Hund vorkommend; s. a. Metrorrhagie
Hämophilie: Bluterkrankheit
hämoretikuläres Gewebe: Teil des Bindegewebes; Bildungsort von Granulozyten und Erythrozyten (Knochenmark)
Hämorrhagie: Blutung
hämorrhagisch: blutig
hämorrhagische Diathese: Blutungsbereitschaft
hämorrhagische Infarzierung: blutige Durchtränkung von Geweben oder Organen mit Behinderung des Blutabflusses
Hämorrhoiden: Erweiterung venöser Gefäße im Analbereich
Hämostase: Blutgerinnung
Hämostyptika: blutstillende Mittel
Hämothorax: krankhafte Ansammlung von Blut in der Brusthöhle
Halbwertszeit: Zeit, in der nur noch die Hälfte der Ausgangskonzentration eines Stoffes vorhanden ist
Halothan: flüssiges Narkosemittel zur Inhalation
haploid: einfach
Hardware: Zentraleinheit, Tastatur, Bildschrim und Drucker einer EDV-Anlage
Harnstatus: Erhebung von Harnbefunden
Hayemsche Lösung: Verdünnungsflüssigkeit für die Erythrozytenzählung
HD: Abkürzung für angeborene Fehlbildung des Hüftgelenks (Hüftgelenksdysplasie)
Heilimpfung: Impfung von erkrankten Tieren
Heliotherapie: Wärmebehandlung durch UV- und Infrarotstrahlen
Helminthen: parasitisch lebende Würmer
Hemianopsie: einseitige Blindheit
Hemiparese: unvollständige Halbseitenlähmung
Hemiplegia, Hemiplegie: einseitige Lähmung
- **laryngis:** einseitige Kehlkopflähmung
- **laryngis sinistra:** linksseitige Kehlkopflähmung, verursacht Kehlkopfpfeifen (siehe dort)

Hemisphäre: Gehirnhälfte
Hepar: Leber
Heparin: Wirkstoff, der die Blutgerinnung hemmt und die Auflösung des Fibrins fördert
Hepatitis: Leberentzündung

Hepatitis contagiosa canis (HCC): ansteckende, hochfieberhafte, virale Leberentzündung der Junghunde
Hepatomegalie: Lebervergrößerung
Hepatose: degenerative Leberveränderung
Herbivoren: Pflanzenfresser
hereditär: erblich
Hernia, Hernie: Eingeweidebruch
- **diaphragmatica:** Zwerchfellsbruch
- **inguinalis:** Leistenbruch
- **omentalis:** Netzbeutelbruch
- **perinealis:** Dammbruch
- **umbilicalis:** Nabelbruch

Herniotomie: operative Behandlung eines Eingeweidebruchs
Herpesviren: artenreiche DNS-Virusgruppe mit vielen Erregern von Infektionskrankheiten bei Mensch und Tier
Herpes simplex: Bläschenausschlag beim Menschen
- **Zoster:** Gürtelrose

Hertz (Hz): Frequenzeinheit, benannt nach dt. Physiker (1857–1894)
Herzblock: Verzögerung oder Unterbrechung der Erregungsausbreitung im Herzen
Herzglykoside: die Arbeitskraft des Herzens stärkende Mittel
heterogen: ungleichartig, von verschiedenartiger Struktur
heterolog: nicht übereinstimmend, artfremd
heterozygot: mit ungleichartiger Erbanlage versehen
Hiatus: Spalt, Öffnung
Hiatushernie: Eingeweidebruch durch Spalt im Zwerchfell
Hilus: strangförmige Einziehung eines Organes mit Gefäßen, Nerven und Ausführungsgängen, z. B. Nierenhilus oder Lungenhilus
Hippologie: Lehre vom Pferd
Histamin: Gewebshormon aus den Mastzellen; wird bei allergischen Reaktionen freigesetzt
Histologie: Gewebelehre
Hitzschlag: mit Wärmestau verbundene, schwerste Form des Hitzeschadens
HIV: Immunschwächevirus des Menschen
Hochfrequenzstrom: Strom mit einer Frequenz zwischen 10 kHz und 300 MegaHz
holosystolisch: während der gesamten Systole verlaufend
homogen: gleichartig, von gleicher Struktur
homolog: übereinstimmend
homozygot: mit gleichartiger Erbanlage versehen
Homöopathie: Heilmethode mit kleinsten Dosen von Stoffen, die bei Gesunden gleiche Krankheitserscheinungen hervorrufen würden
Homöopathika: Arzneimittel, die v. a. aus pflanzlichen oder tierischen Stoffen in abgestuften Verdünnungen hergestellt werden
Homöostase: Selbstregulation eines Organismus in einem dynamischen Gleichgewicht
Hordeolum: Gerstenkorn; eitrige Lidrandentzündung
horizontal: waagerecht
Hormone: Wirkstoffe aus spezialisierten Drüsenzellen, die direkt mit dem Blut- und Lymphstrom verbunden sind
Humerus: Oberarmknochen
humorale Immunität: Reaktion von B-Lymphzyten bzw. Plasmazellen im Blut
Hyalin: elastische Eiweißsubstanz im Knorpel

hyaline Zylinder: entstehen bei Proteinurie und kommen durch Eiweißgerinnung zustande
Hydatide: Wasserblase, Zyste der Echinokokkus-Finnen
Hydramnion: übermäßige Fruchtwasserbildung; Eihautwassersucht
hydrophob: wasserabstoßend
Hydrops: krankhafte Ansammlung von Flüssigkeit in Körperhöhlen
Hydrothorax: krankhafte Ansammlung von Flüssigkeit in der Brusthöhle
Hydrozephalus: Wasserkopf bei extremer Liquorbildung
Hygiene: Gesundheitslehre; Gesundheitspflege
hygroskopisch: wasseranziehend
Hypästhesie: Unterempfindlichkeit
Hyperammonämie: Vermehrung von Ammoniak im Blut
Hyperämie: verstärkte Durchblutung
Hyperästhesie: Überempfindlichkeit
Hyperbilirubinämie: Vermehrung von Bilirubin im Blut; Gelbsucht
Hyperglykämie: Erhöhung der Blutzuckerkonzentration
Hypergranulation: überschießende Wundheilung
Hyperkrinie: vermehrte Drüsenabsonderung
Hyperlipämie: Vermehrung von Fettstoffen im Blut
Hypermetropie: Weitsichtigkeit
Hyperplasie: Gewebszubildung
Hyperproteinämie: Erhöhung der Bluteiweißmenge
Hyperreflexie: erhöhte Reflexerregbarkeit
Hyperthermie: erhöhte Körpertemperatur, z. B. bei Fieber, nach körperlichen Belastungen, bei Hitzschlag
Hyperthyreose: Schilddrüsenüberfunktion
Hypertrophie: Gewebszunahme durch Zellvergrößerung
Hyperurikämie: zu viel Harnsäure im Blut, Ursache der Gicht (siehe dort)
Hyperventilation: vertiefte und beschleunigte Atmung
Hypervitaminose: krankhafte Störung durch übermäßige Vitaminzufuhr
Hypnotika: den Schlaf herbeiführende Mittel mit der Gefahr der Gewöhnung und suchtähnlichen Abhängigkeit
Hypoderma bovis: Dasselfliege des Rindes
Hypoglykämie: Blutzuckermangel
Hypokalzämie: Verminderung des Kalziumgehaltes im Blut, bes. um die Geburt
Hypokrinie: verminderte Drüsenleistung
Hypophyse: Hirnanhangsdrüse
Hypoproteinämie: Bluteiweißmangel
Hypothalamus: Teil des Zwischenhirns
Hypothermie: Untertemperatur, z. B. bei Kälte, Schock, im Koma
Hypothyreose: Schilddrüsenunterfunktion
Hypovitaminose: Vitaminmangelkrankheit
Hypoxie: Sauerstoffmangel
Hysterektomie: operative Gebärmutterentfernung
Hysteroskopie: Gebärmutterspiegelung

I

iatrogen: durch ärztliche Einwirkung entstanden
Idiosynkrasie: Überempfindlichkeit ohne Nachweis einer vorausgegangenen Sensibilisierung, s. a. Allergie, Atopie

idiopathisch: ohne erkennbare Krankheitsursache
Ikterus: Gelbsucht; Gelbfärbung von Haut und Schleimhäuten
Ileitis: Darmentzündung im Bereich des Hüftdarms
Ileus: Darmverschluss, Verlegung des Darmlumens
Imago: voll entwickeltes, geschlechtsreifes Insekt
Immersion: Eintauchen; s.a. Ölimmersion
Immobilisation: Unbeweglichkeit, Unbeweglichmachung
Immundefekt, Immundefizit: Störung der physiologischen Immunität; Immunschwäche
Immundiffusion: wichtige immunologische Untersuchungsmethode, die auf der Diffusion von Antigenen und Antikörpern in ein Gel beruht und zu einer sichtbaren Ausfällung des Immunkomplexes führt
Immunglobuline: Antikörper zur spezifischen körpereigenen Abwehr
Immunisierung: Herbeiführen einer Immunität; Impfung
Immunität: Verschontbleiben; spezifische Unempfindlichkeit dank wirksamer Krankheitsbekämpfung mit spezifischen Antikörpern und Zellen
Immunkompetenz: Fähigkeit, auf ein bestimmtes Antigen spezifisch mit einer Antikörperbildung zu reagieren
Immunkörper: Antikörper, Abwehrstoffe aus Eiweiß
Immunoblasten: verantwortliche Lymphozyten für die zellvermittelte Immunität
Immunogenität: die Fähigkeit eines Antigens, Immunität herbeizuführen
Immunprophylaxe: vorbeugende Maßnahmen zur Erreichung einer Immunität; Impfung
Immunreaktion: Bildung eines Antigen-Antikörper-Komplexes, um Antigene durch Antikörper im Plasma zu binden und dadurch unwirksam zu machen
Immunserum: Serum mit spezifischen Antikörpern zur passiven Immunisierung
Immunstimulantien: Substanzen, die das Immunsystem aktivieren, z.B. Interferon
Immunsuppression: künstliche Unterdrückung von Immunreaktionen
Impetigo: Eiter-, Pustelflechte
Implantation: Einpflanzung
Impotenzia, Impotenz: Unvermögen, Unfähigkeit
Impression: Eindruck, Eindellung
Impuls: Antrieb, Anstoß
in vitro: im Reagenzglas, außerhalb des Körpers
in vivo: im lebenden Körper
Inaktivierung: Unwirksammachung
Inaktivität: Untätigkeit
Inanition: Hungerzustand
inapparent: nicht in Erscheinung tretend, symptomlos
Inappetenz: Appetitlosigkeit
Incisio, Inzision: operatives Eröffnen; Operationsschnitt
Incisivi: Schneidezähne
Incontinentia urinae: unwillkürlicher Harnabgang; Harninkontinenz
Index: Anzeiger; Inhaltsverzeichnis
Indigestion: Verdauungsstörung
Indikan: Darmfäulnisprodukt
Indikation: Anzeige; Grund der Durchführung einer ärztlichen Maßnahme

Indikator: Anzeiger; Substanz zur Sichtbarmachung und Messung z. B. einer chemischen Reaktion
indiziert: angezeigt
Induktion: Beeinflussung, Veranlassung oder Auslösung eines Vorgangs
Induration: Verhärtung des Gewebes
induriert: verhärtet, verdichtet
inert: untätig, träge
Infarkt: Durchblutungsstörung in einem von dem verschlossenen Blutgefäß versorgten Bereich
infaust: aussichtslos
Infektion: Ansteckung; Eindringen, Haftung und Vermehrung von Krankheitserregern
Infektionskette: typische Ausbreitung von Erregern einer Seuche
Infektionskrankheit: Krankheitsbild nach Auftreten einer Infektion
Infektionsschutzgesetz: gesetzliche Grundlage zum Schutz des Menschen vor übertragbaren Krankheiten
Infektiosität: ungehinderte Vermehrung eines Krankheitserregers in der Wirtszelle
infektiös: ansteckend
Infektiöse Anämie der Pferde (EIA): ansteckende, zur Blutarmut führende Virusinfektionskrankheit der Pferde
Infektiöse bovine Rhinotracheitis (IBR): seuchenartig verlaufende, hochansteckende, virale Entzündung der Schleimhäute der oberen Luftwege beim Rind
inferior: unten liegend
Infestation: parasitäre Infektion
Infiltrat: körpereigene oder Fremdsubstanz, die in ein Körpergewebe eingedrungen ist
Infiltration: krankhaft vermehrtes Eindringen bes. von Tumorzellen ins benachbarte gesunde Gewebe und in Blutgefäße
Infiltrationsanästhesie: Durchtränkung eines Operationsgebietes mit einem örtlichen Betäubungsmittel
Infizierung: Eindringen von Krankheitserregern
Inflammatio: Entzündung
Influenzavirus: Grippevirus; Erreger der echten Grippe bei Mensch und Tier
infraorbital: unterhalb der Augenhöhle
Infrarotstrahlen: elektromagnetische Wellen mit Wärmewirkung
Infusion: Zufuhr größerer Flüssigkeitsmengen, »Eingießung«
Infusorien: tierische Einzeller der Pansenflora
Ingesta: aufgenommene feste und flüssige Nahrung
Ingestion: Nahrungs- bzw. Futteraufnahme
Inguinalhernie: Leistenbruch
Inhalat: Arzneimittel, das in Form von Dampf- oder Gasteilchen eingeatmet wird
Inhalationsnarkose: allgemeine Betäubung durch Einbringen eines gasförmigen Narkosemittels über die Atemluft in den Organismus
Inhibitor: Hemmstoff
Initialdosis: Anfangsmenge einer Arzneimittelgabe
Initialsymptom: zu Beginn einer Krankheit auftretendes Zeichen
Injektion: Einspritzung
Inkarzeration: Einklemmung von Darmabschnitten
Inkompatibilität: Unverträglichkeit, z. B. von Arzneimitteln
Inkoordination: Gleichgewichtsstörung
Inkret: Absonderung von Drüsen innerer Sekretion; Hormone

Inkubationszeit: Ausbrütungszeit; Zeitspanne von der Infektion bis zum Auftreten der ersten Krankheitssymptome
Innervation: Versorgung einer bestimmten Körperregion mit Nerven
Insektizid: Insektenvertilgungsmittel
Insemination: Besamung
Inspektion: Betrachtung der Körperhöhlen und Hohlorgane, s. a. Endoskopie
Inspiration: Einatmung
Instillation: tropfenweises Einbringen einer Flüssigkeit, z. B. in das Euter
instillieren: einträufeln
Insuffizienz: ungenügende Arbeitsleistung; Schwäche
Insulin: Hormon, das für den Einbau des Blutzuckers in die Körperzelle sorgt
Insulinom: gutartiger Tumor der insulinbildenden Zellen des Pankreas
Insult: plötzlich eintretendes Ereignis, Anfall
Interaktionen: Wechselwirkungen
Interferenz: Wechselwirkung, wechselseitige Beeinflussung
Interferon: Proteine aus virusinfizierten Zellen, die die Virusvermehrung in der Zelle hemmen
Interkostalraum: Zwischenrippenraum
intermediär: zeitlich und räumlich dazwischen liegend
Intermediärstoffwechsel: Gesamtheit aller Zwischenstufen (Metaboliten) des Stoffwechsels
intermittierend: zeitweilig auftretend; streckenweise
intern-us, -a, -um: innen liegend
Internist: Facharzt für innere Krankheiten
Interstitium: Zwischenraum zwischen Zellen und Geweben
interzellulär: zwischen den Zellen
intestinal: zum Darm gehörend
Intestinum: Darmkanal
Intoleranz: Unduldsamkeit; Unverträglichkeit
Intoxikation: Vergiftung
intra partum: in und während der Geburt
intra vitam: im Leben oder während des Lebens
intraabdominal: in die/der Bauchhöhle
intraarteriell: in die/der Arterie
intraartikulär (i. a.): in die/der Gelenkhöhle
intradermal: in die/der Haut
intraglutäal: in den/im Gesäß- bzw. Kruppenmuskel
intrakardial: in das/im Herz
intrakutan (i. c.): in die/der Haut
Intrakutantest: Untersuchungsverfahren zum Nachweis von allergischen Stoffen durch Einspritzen von bestimmten Testlösungen in die Haut (Bildung von Hautquaddeln)
intramuskulär (i. m.): in den/im Muskel
intramuskuläre Narkose: Einspritzung eines Narkosemittels in den Muskel und Aufnahme durch das Blut
intraperitoneal (i. p.): in die/der Bauchhöhle
intraperitoneale Narkose: Einspritzung eines Narkosemittels in die Bauchhöhle und dortige Aufnahme durch die Serosa
intrathorakal: in den/im Brustraum
intratracheal: in die/der Luftröhre
intrauterin: in die/der Gebärmutter
intravenös (i. v.): in die/der Vene
intravenöse Narkose: direkte Zufuhr eines Narkosemittels in die Blutbahn
intrazellulär: im Innern einer Zelle, in die/der Zelle

intrinsic: innerlich, innerhalb; s. a. endogen
Intrinsic-Faktor: wichtiger Stoff in der Magenschleimhaut zur Resorption von Vitamin B12
Intubation: Einführung eines Tubus in ein Hohlorgan oder eine Körperhöhle
Intubationsnarkose: Zufuhr eines Narkosemittels durch Inhalation über einen in der Luftröhre liegenden Tubus
Invagination: Darmeinstülpung
Invasion: Eindringen von Krankheitserregern in den Körper
invasiv: eindringend
Inversion: Umkehrung
Involution: Rückbildungsprozess eines Organes, z. B. Thymus nach der Geschlechtsreife, Gebärmutter nach der Geburt
Ionen: elektrisch geladene Teilchen
Ionogramm: Bestimmung mehrerer Elektrolyte im Blutserum oder -plasma
Iontophorese: Einführung von geladenen Teilchen durch die Haut in den Körper mithilfe von Gleichstrom
Iridocyclitis: Entzündung von Regenbogenhaut und Strahlenkörper
Iris: Regenbogenhaut
Iritis: Regenbogenhautentzündung
irreversibel: nicht umkehrbar
Ischämie: Mangeldurchblutung; Blutleere
isoionisch: Lösung mit gleichbleibender Elektrolytkonzentration
Isolierung: Absperrung gegenüber der Umgebung
Isospora: Gattung von Kokzidien, die bei Hund und Katze parasitieren
Isospora felis: Kokzidienart bei der Katze
isotonisch: Lösung mit konstanter molekularer Konzentration, dem Blutplasma entsprechend
Isotop: radioaktiver Zerfallsstoff (s. a. Radionuklid)
Isthmus: Verengung
Ixodes ricinus: Holzblock; weitverbreitete Schildzecke

J

Janet-Spritze: Glasspritze mit großem Fassungsvermögen (50 bis 200 ml) zur Spülung oder Aufsaugung von Körperflüssigkeit
Jejunitis: Entzündung des Leerdarms
Jejunum: Leerdam
Joule (J): Einheit für Arbeit, Wärme und Energie (früher Kalorie)
juvenil: jugendlich

K

(s. a. C und Z)
Kachexie: Auszehrung, Kräfteverfall, Abbau der Fettdepots
Kallusbildung: jugendliches Knochengewebe, das nach Knochenbruch um die Frakturstelle gebildet wird und der Frakturheilung dient
Kalzinose: Gefäß- und Organverkalkungen durch Vitamin-D-Überschuss
Kalzitonin, Calcitonin: Hormon der Nebenschilddrüse; Gegenspieler des Parathormons
Kalziumkarbonat, Calciumcarbonat: kohlensaurer Kalk; physiologischer, beim Pferd oft massenhafter Bestandteil des Pflanzenfresser-Harnes bei alkalischer Reaktion
Kalziumoxalat, Calciumoxalat: oxalsaurer Kalk; Harnkristalle, deren Vorkommen nur in geringen Mengen physiologisch ist
Kanüle: Hohlnadel verschiedener Größen zur Injektion
kanzerogen: krebsauslösend

Kapillare: Haargefäß
Kapillarfüllungszeit: Zeiteinheit, in der Schleimhautkapillaren sich nach einer durch Fingerdruck erzeugten Blutarmut wieder füllen
Kardia, Cardia: Mageneingang
Kardiaka: Herzmittel
kardial: das Herz betreffend
kardiogen: vom Herzen ausgehend
Karnivoren, Carnivora: Fleischfresser
Karpus, Carpus: Vorderfußwurzel
Karies: Zahnfäule
Kastration: Entfernung der Keimdrüsen
Katabolismus: abbauende Stoffwechselvorgänge
Katarrh: Absonderung wässrigen oder schleimigen Sekrets
Katgut: resorbierbares Nahtmaterial aus der Submukosa des Schafdünndarmes
Katheter: röhrenförmiges Instrument zur Einführung in Hohlorgane, z. B. Blasenkatheter
Katheterisieren: Harnentnahme per Katheter
Kathode: negative Elektrode
Kation: elektropositiv geladenes Teilchen, z. B. Na^+
kaudal: schwanzwärts, hinten, hinterer Teil
kausal: ursächlich
kausale Therapie: Behandlung nach der Ursache der Krankheit
Kaustik: Gewebszerstörung
Kehlkopfpfeifen: chronische, unheilbare Atemstörung beim Pferd (Hauptmangel)
Keratin: Hornsubstanz in der Oberhaut, in den Nägeln, Krallen, Klauen, Hörnern, im Huf
Keratitis: Hornhautentzündung
Keratolyse: Ablösung der Hornschicht der Haut
Keratose: Verhornungsstörung
Ketoazidose: Übersäuerung des Blutes mit Ketonkörpern bei schweren Stoffwechselstörungen, z. B. bei Diabetes mellitus oder Azetonämie des Rindes
Ketonkörper: Stoffwechselprodukte, die beim Fettsäureabbau entstehen
Klinik: Krankenhaus; kennzeichnendes Bild und Verlauf einer Krankheit
klinisch apparent: mit Krankheitszeichen auftretend
klinisch-chemische Untersuchungen: photometrische Bestimmungen an Patientenmaterial; Untersuchung von Substraten, Enzymen und Elektrolyten
Klistier, Klysma: Darmeinlauf
Klitoris, Clitoris: Kitzler; weiblicher Schwellkörper
Kloake: gemeinsamer Ausgang von Verdauungskanal, Harn- und Geschlechtsapparat beim Vogel
klonischer Krampf: Ruderkrampf
Koagulabilität: Gerinnbarkeit
Koagulation: chemisch-physikalischer Vorgang bei der Blutgerinnung
Koagulometer: Laborgerät zur Messung von Gerinnungszeiten
Koagulum: Blutgerinnsel
Kocher-Klemme: gerade oder gebogene, langfassende Arterienklemme mit Zähnchen (verschiedene Größen)
Kohäsion: Zusammenhalt durch Anziehungskräfte, z. B. bei elastischen Binden
Kokken: Kugelbakterien
Kokzidie, Coccidie: Sporentierchen; Erreger von blutigen Darmentzündungen bei Rind, Fleischfressern, Vögeln und von Lebererkrankungen beim Kaninchen
Kokzidiose, Coccidiose: durch Kokzidien verursachte Darm-, Leber-

oder Nierenerkrankung bei Haustieren und Vögeln

Kolibakterien: notwendige Darmkeime, aber auch Erreger schwerer Darmentzündungen und Lebensmittelvergifter, s. a. hämolysierende *E. coli*

Kolik: schmerzhafter Krampfzustand im Bauchbereich

Koliruhr: oft septikämisch verlaufende Darmentzündungen bei Kälbern und Ferkeln durch toxinbildende Kolibakterien

Kolitis, Colitis: Entzündung der Schleimhaut des Grimmdarms

Kollaps: Kreislaufzusammenbruch, s. a. Schock

kollateral: seitlich gelegen, benachbart

Kolon, Colon: Grimmdarm

Koloskopie, Coloskopie: Besichtigung des Grimmdarmes (Kolon)

Kolostrum: Biestmilch; erste Milch nach der Geburt mit hohem Gehalt an Schutzstoffen (Immunglobulinen)

Kolpitis: Scheidenentzündung, s. a. Vaginitis

Koma: Stadium tiefer Bewusstlosigkeit

Komedo: Talgpfropf, »Mitesser«

Kompakta, Compacta: Rindenschichten eines Knochen

Kompatibilität: Verträglichkeit

Kompensation: Ausgleich

kompensatorisch: ausgleichend

kompetitiv: auf Wettbewerb beruhend

Komplement: Eiweißkörper im Blutplasma mit großer Bedeutung für die Körperabwehr

komplementär: ergänzend

Kondensation: Verdichtung

Kondensor: Linsensystem an optischen Geräten zur Bündelung von Lichtstrahlen

Kondition: augenblicklicher Zustand der körperlichen Verfassung

kongenital: angeboren

konjugiert: zugeordnet; verbunden

Konjunktivitis: Bindehautentzündung

konkav: hohl, nach innen gewölbt

Konkavlinse: Zerstreuungslinse zur Korrektur der Kurzsichtigkeit

Konkavspiegel: Hohlspiegel zur Sammlung von Lichtstrahlen mit verkleinernder Wirkung

Konkrement: festes Gebilde in Körperhohlräumen; Stein, Grieß

Konstitution: Gesamtverfassung des Körpers

Konsistenz: Festigkeitsgrad eines Stoffes; flüssig bis fest

Konsultation: ärztliche Beratung

Kontagiosität: Ansteckungsmöglichkeit

Kontaktinfektion: Ansteckung nach Berührung oder sontigem direktem Kontakt

Kontamination: Verunreinigung

Kontraindikation: Gegenanzeige

Kontraktilität: Fähigkeit des Muskels zur Kontraktion

Kontraktion: Zusammenziehung

Kontrollbereich: Bereich in der Nähe des Röntgengerätes mit definierter Angabe der absorbierten Strahlendosis

Kontrollserum: genormte Serumprobe zur Durchführung einer Präzisions- und Richtigkeitskontrolle

Konus: Kegel; kegelförmiges Zulaufen von Kanülen und Spritzen

Konvergenz: Zusammengehen

konvex: nach außen gewölbt

Konvexlinse: Sammellinse zur Korrektur der Weitsichtigkeit

Konvulsion, Convulsion: heftiger Krampfzustand

Konzeption: Vereinigung von Ei- und Samenzelle; Befruchtung
Konzeptionsoptimum: Zeitpunkt des Eisprungs
Koordination: geordnetes Zusammenwirken von Organen im Körper
Koppen: Verhaltensstörung beim Pferd mit Luftschlucken (Hauptmangel)
Koprostase: Anschoppung von Kotmassen
Kopulation: Paarungsvorgang, Deckakt
Korium, Corium: Lederhaut
Kornea, Cornea: Hornhaut des Auges
Koronararterien: Herzkranzgefäße
Korotkow-Geräusch: Strömungsgeräusch in der Arterie bei der Blutdruckmessung
Korrekturosteotomie: operative Knochendurchtrennung zur Form- und Funktionsverbesserung an der Gliedmaße
Kortikosteroide, Corticosteroide: Sammelbegriff für alle natürlichen Hormone der Nebennierenrinde
Kortisol, Cortisol: natürliches Nebennierenrindenhormon
Kortison, Cortison: Sammelbezeichnung für alle Nebennierenrindenhormone
Korynebakterien: grampositive Stäbchenbakterien; Erreger der Diphtherie des Menschen, Eitererreger beim Tier
kranial: kopfwärts, vorn, vorderer Teil
Kreatinin: harnpflichtiges Endprodukt des Muskelstoffwechsels
Kreatinkinase (CK): wichtiges Enzym zum Nachweis von Krankheiten der Skelettmuskulatur
Krepitation: knarrendes oder knisterndes Reibegeräusch, z. B. durch Knochenbruchenden
Kretinismus: Schwachsinn und Zwergwuchs bei angeborener Hypothyreose
Krisis: Krise; entscheidende Wende einer Krankheit zur Besserung oder Verschlechterung
Kryochirurgie: operative Gewebszerstörung durch lokale Anwendung hochgradiger Kälte
Kryotherapie: Behandlungsverfahren durch lokalen Wärmeentzug
kryptogen: mit verborgener, nicht nachweisbarer Ursache
Kryptorchide: männliches Tier mit unvollständigem Abstieg der Hoden; ein oder beide Hoden liegen in der Bauchhöhle oder im Leistenkanal
Kürettage: Entfernung von krankhaftem Gewebsmaterial aus einem Hohlorgan
Kürette: Instrument mit breiter, scharfkantiger Metallschlaufe zur Ausschabung und Wundauffrischung
Küvette: kleines trogförmiges Laborgefäß aus Spezialglas zur Aufnahme von Analysenlösungen, die im Photometer gemessen werden
kurativ: auf Heilung ausgerichtet
Kurzwellentherapie: Anwendung hochfrequenter Wechselströme über Elektroden, die an der zu behandelnden Körperregion angelegt werden
Kutis, Cutis: Haut
Kynologie: Lehre vom Hund
Kpyhose: konvexe Krümmung des Rückens

L

Labferment: eiweißfällendes Enzym im Labmagen
labial: die Lippen betreffend
labil: unbeständig, leicht veränderlich

Laboratoriumsdiagnostik: Labormaßnahmen zur Erkennung von Krankheiten
Labyrinth: knöchernes und häutiges Hohlraumsystem im Innenohr
Lachgas: Distickstoffoxid; gasförmiges Narkosemittel zur Inhalation
Lactatio falsa: Scheinträchtigkeit, s.a. Pseudogravidität
Läuse: flügellose Insekten; stationäre Hautparasiten bei Mensch und Tier
Laktat: Salz der Milchsäure; Endprodukt im anaeroben Stoffwechsel
Laktation: Milchabsonderung
Laktationsperiode: Säugezeit
laktogen: über die Muttermilch
Langerhanssche Inseln: Hormonbildungsstätte im Pankreas für Insulin und Glukagon
Laparoskopie: Besichtigung der Bauchhöhle
Larve: nicht geschlechtsreifes Entwicklungsstadium bei Würmern und Gliederfüßern
Laryngitis: Kehlkopfentzündung
Laryngoskopie: Kehlkopfspiegelung
Laryngospasmus: Kehlkopfkrampf
Larynx: Kehlkopf
Laser: Verstärkung von Licht durch eine besondere Anordnung der Strahlenaussendung; extrem stark gebündeltes Licht mit hoher Energie
Laser-Therapie: Anwendung von Laserstrahlen, z.B. zur Zerstörung von bösartigen Tumoren, zur Blutstillung oder zur Steinzertrümmerung
latent: verborgen, ohne klinische Anzeichen verlaufend
lateral: seitwärts, zur Seite hin
Laxantia: Abführmittel
LCM: lymphozytäre Choriomeningitis (siehe dort)
LDH: Laktatdehydrogenase; im Stoffwechsel vieler Organzellen vorkommendes Enzym
Lebendvakzine: Impfstoff aus lebenden, abgeschwächten Viren oder Bakterien
Leberdegeneration: Entartung der Leberzellen durch Giftstoffe, Infektionserreger, Stoffwechselstörungen
lege artis: nach den Regeln der (ärztlichen) Kunst
Leishmania: geißelloser Zellparasit bei Mensch und Tier in den Tropen und Subtropen
Leishmaniose: durch Leishmanien verursachte schwere Haut- und lymphatische Erkrankung bei Mensch und Hund
Leitungsanästhesie: Blockierung eines Nerven durch ein örtliches Betäubungsmittel
Lens: Augenlinse
Leptospira canicola: Erreger der sog. Stuttgarter Hundeseuche
Leptospira icterohaemorrhagiae: Erreger der Weilschen Krankheit, mit blutiger Darmentzündung und Ikterus verlaufend; Zoonose!
Leptospiren: schraubenförmig bewegliche Bakterien; Erreger von schweren Darm- und Lebererkrankungen bei Mensch und Tier
Leptospirose: durch verschiedene Leptospiren bedingte Darm-, Leber- und Nierenentzündung
letal: tödlich
Letaldosis: tödliche Menge
Letalität: Zahl der Todesfälle
Lethargie: Neigung zu andauerndem Schlaf
Leukopenie: Verminderung der Leukozyten im Blut

Leukopoese: Bildung der weißen Blutkörperchen
Leukämie: Blutkrebs; schwerwiegende, fortschreitende Veränderungen des weißen Blutbildes; s. a. Leukose
Leukämie, feline: chronische Viruskrankheit der blutbildenden Organe bei der Katze, häufig mit Anämie und Tumorbildung verlaufend (auch Leukose genannt)
Leukose: häufig verwendeter Ausdruck für Blutkrebs beim Tier
Leukose der Rinder: chronische, ansteckende Viruserkrankung des Blutes beim Rind, die mit Tumorbildung einhergeht; anzeigepflichtige Tierseuche!
Leukozyten: weiße Blutkörperchen
Leukozytose: Vermehrung der Leukozyten im Blut
LH: Luteinisierungs- oder gelbkörperbildendes Hormon; Auslöser des Eisprungs
Libido: Geschlechtstrieb
Lien: Milz, s. a. Splen
Ligamentum: das Band
Ligatur: Abbindung; Unterbindung von Gefäßen oder anderen Hohlorganen
Ligaturschere: geeignete Schere zur Entfernung chirurgischen Nahtmaterials
Lingua: Zunge, s. a. Glossa
Liniment: flüssiges bis halbfestes, äußerliches Arzneimittel
Linksverschiebung: relatives Überwiegen jugendlicher, stabkerniger neutrophiler Granulozyten im Blut bei Infektionen
Linognathus setosus: Hundelaus
lipämisch: milchig getrübtes Serum durch hohen Fettgehalt
Lipase: fettspaltendes Verdauungsenzym
Lipide: Fette
Lipoide: fettähnliche Stoffe
Lipom: Fettgewebsgeschwulst
lipophil: in Fett löslich
Liquidation: Kostenberechnung
Liquor cerebrospinalis: Gehirn- und Rückenmarksflüssigkeit
Listerien: bakterielle Erreger von Gehirnentzündungen bei Mensch und Tier
Listeriose: Gehirnentzündung durch Listerien bei Schafen und Nagern; Zoonose durch Kontakt!
Lithiasis: Steinbildung, Steinkrankheit
Lithium-Heparinat: geeigneter Gerinnungshemmer zur Plasmagewinnung für klinisch-chemische Untersuchungen
livid: schmutzig-verwaschen, fahl
Lobektomie: operative Entfernung eines Organlappens, z. B. Lungenlappen
Lobus: Organlappen
Lobulus: Organläppchen
Lochialsekret: Nachgeburtsabsonderung aus der Gebärmutter
lokal: örtlich begrenzt
Lokalanästhesie: örtliche Betäubung
Lokalinfektion: auf den Eintrittsort begrenzt bleibende Infektion
Lordose: bauchwärts gerichtete Krümmung der Wirbelsäule
LTH: luteotropes (auf Gelbkörper und Milchdrüse wirkendes) Hormon
Luer-Konus: normierter Ansatz für Injektionsspritzen und -kanülen
Luftsack: sackartige Schleimhautauskleidung der Ohrtrompete des Pferdes; luftgefüllte Höhle im Körper des Vogels
Luftsackempyem: Eiteransammlung in der Ohrtrompete des Pferdes
Lumbago: Lendenweh, Kreuzverschlag, Kreuzlähme (beim Pferd)

Lumbalpunktion: diagnostische Punktion zur Liquorgewinnung
Lumen: Lichtung; lichte Weite eines Gefäßes oder Hohlorganes
Lungenemphysem: Lungenblähung
Luxatio, Luxation: Verrenkung
- **femoris:** Verlagerung des Oberschenkelkopfes aus der Beckenpfanne
- **patellae:** Kniegelenksverrenkung

Lymphadenitis: Lymphknotenentzündung
Lymphadenom: Lymphknotenvergrößerung
Lymphangitis: Lymphgefäßentzündung
lymphatisches System: Bildungsort der Lymphozyten
Lymphe: helle, klare Flüssigkeit aus Gewebswasser, die in einem eigenen Gefäßsystem fließt (Lymphsystem)
Lymphknoten: läppchenförmiges Organ, das für Aufnahme und Filterung der Lymphe einer bestimmten Körperregion zuständig ist
Lymphknotenabszess: eitrige Einschmelzung eines Lymphknotens
Lymphknotenbiopsie: meist perkutane Punktion eines Lymphknotens zur Gewebsentnahme
Lymphknotenmetastase: Tochtergeschwulst eines bösartigen Tumors in Lymphknoten
lymphogen: in oder auf dem Lymphweg entstanden
Lymphogranulom: Geschwulst aus lympathischem Gewebe und übermäßiger Bildung von Granulationsgewebe
Lymphom: gutartige und bösartige Lymphknotenschwellung
Lymphopenie: Verminderung der Lymphozyten im Blut
lymphoretikuläres Gewebe: Teil des Bindegewebes; Bildungsort der Lymphozyten (Milz u. Lymphknoten)
Lymphosarkom: bösartige Geschwulst des lymphatischen Gewebes
lymphozytäre Choriomeningitis (LCM): virusbedingte Gehirnhautentzündung bei Hamster und Maus mit Übertragungsgefahr auf den Menschen; Zoonose!
Lymphozyten: weiße Blutzellen, die Antikörper zur Infektabwehr bilden
Lymphozytose: Vermehrung der Lymphozyten im Blut
Lyophilisation: Gefriertrocknung
Lysis, Lyse: Auflösung von Zellen; Abklingen eines Krankheitsgeschehens
Lysosomen: Zellorganellen zum Abbau von Stoffen
Lyssa: Tollwut, s. a. Rabies

M

Macula: Hautfleck; fleckförmiges Gebilde
Made: fußlose, parasitisch lebende Larve bestimmter Fliegen, z. B. Schmeißfliegen
Mäanderlinie: Durchmusterungslinie bei Blut- und Sekretausstrichen
Magnetfeldtherapie: biologische Therapieform, bei der mithilfe von Magneten oder Magnetfeldgeräten magnetische Felder von wechselnder Größe und Intensität erzeugt werden
Makrophagen: mobile große Fresszellen des monozytären Systems
makroskopisch: mit unbewaffentem Auge sichtbar
Makrosmatiker: Tiere mit gut ausgebildetem Geruchssinn; »Nasentiere«, z. B. Hunde

Malabsorption: ungenügende Nährstoffaufnahme im Verdauungstrakt
Malaria: Sumpffieber, Wechselfieber des Menschen; subtropische und tropische Infektionskrankheit durch Malaria-Plasmodien
Malassimilation: fehlende Nährstoffausnutzung im Magen-Darm-Kanal
Maldigestion: ungenügende Verdauung des Darminhalts infolge Verdauungsenzymmangels, z. B. bei Pankreasinsuffizienz
maligne: bösartig
Malignität: Bösartigkeit
Mamma: Milchdrüse; Gesäuge, Euter
Mammakarzinom: bösartige Geschwulst der Milchdrüse; »Brustkrebs«
Mammatumor: Geschwulst der Milchdrüse
Mandibula: Unterkiefer
Mandrin: Fülldraht aus Kunststoff für Braunülen zum Schutz gegen Verstopfung bzw. Führungsinstrument für Harnkatheter und weiche Sonden
Manifestation: Erkennbarwerden einer Krankheit
Manometer: Druckmessgerät
Marieksche Hühnerlähme: seuchenhafte, chronische Nervenkrankheit durch Herpesviren bei Junghühnern
Masern: durch Viren verursachte Infektionskrankheit v. a. im Kindesalter mit typischem Hautausschlag
Masseter: Kaumuskel
Mastitis: Entzündung der Milchdrüse
Mastzelle; Mastozyt: basophile Gewebs- und Blutzelle mit großer Bedeutung bei der Allergie
maternale Antikörper: mütterliche Abwehrstoffe über Plazenta oder Kolostralmilch
Maul- und Klauenseuche (MKS): hochansteckende, fieberhafte Virusinfektionskrankheit bei Rind und Schwein; anzeigepflichtige Tierseuche!
Mauser: Federwechsel
Maxilla: Oberkiefer
May-Grünwald-Lösung: geeignete eosinsaure Methylenblaulösung zur Färbung von Blutzellen
Mazeration: Erweichung von Geweben durch längeren Kontakt in Flüssigkeiten, z. B. Erweichung eines Hautgeschabsels durch Kalilauge oder Paraffinöl
Meatus: Gang
– **acusticus:** Gehörgang
– **nasi:** Nasengang
medial: zur Körpermitte hin
median: in der Mittellinie des Körpers
Mediastinum: Mittelfell in der Brusthöhle
Medikament: Arzneimittel
Medulla: Mark
– **oblongata:** verlängertes Mark
– **spinalis:** Rückenmark
Megakaryozyten: Riesenkernzellen; Stammzellen der Thrombozyten
Meiose: Reifeteilung bei Ei- oder Samenzellen
Melaena: geronnenes Blut im Kot; Teerstuhl
Melanin: braunes Pigment in Haut, Haaren und Regenbogenhaut
Melanotropin: Hormon der Hirnanhangsdrüse, das die Pigmentbildung steuert und Bedeutung für die Lichtempfindung des Auges hat
Meldepflicht: gesetzliche Pflicht zur Meldung von Krankheiten nach dem Infektionsschutzgesetz beim Gesundheitsamt

Meliceris: Halszyste mit braungelbem Speichelinhalt, vor allem beim Schäferhund und Jagdhund vorkommend; »Honiggeschwulst«

Melkerknoten: Hauterkrankung beim Menschen durch Umgang mit pockenkranken Rindern

Membrana, Membran: biologisch aktive Schicht; Häutchen mit großer Bedeutung für Stofftransporte

- **nictitans:** Nickhaut; drittes Augenlid
- **tympani:** Trommelfell

Meningitis: Gehirnhautentzündung

Meningoenzephalitis: Gehirn- und Gehirnhautentzündung

Meniscus articularis: Kniegelenkszwischenscheibe beim Menschen

Meniskus: obere Begrenzungsfläche einer Flüssigkeit im Glas

Mesencephalon: Mittelhirn

Mesenterium: Gekröse in der Bauchhöhle

Mesoderm: mittlere Keimschicht

Metabolisierung: Veränderung von Sustanzen im Stoffwechsel, z. B. zur Entgiftung oder Ausscheidung

Metabolismus: Stoffwechsel

Metabolit: im Stoffwechsel auftretende Substanz

Metakarpus, Metacarpus: Mittelfußknochen der Vordergliedmaße

Metaldehyd-Intoxikation: Vergiftung durch Aufnahme von Schneckenvertilgungsmitteln, die zu schweren Krämpfen führt

Metamorphose: Umwandlung, Umgestaltung

Metaphyse: Wachstumszone beim Knochen

Metastase: Absiedelung; Tochtergeschwulst

Metastrongyliden: Lungenwürmer beim Schwein

Metatarsus: Mittelfußknochen der Hintergliedmaße

Meteorismus: übermäßige Gasansammlung in Magen oder Darm

Methan: brennbares Gas, das bei bakterieller Fäulnis, z. B. im Pansen und Dickdarm, freigesetzt wird

Methämoglobin, Met-Hb: Eisen-III-haltige, oxidierte Form des Hämoglobins

Methylenblau: basischer Farbstoff

Metöstrus: Nachbrunst

Metrorrhagie: Gebärmutterblutung außerhalb der Menstruation

Metzenbaum-Schere: chirurgische Präparierschere, gerade oder gebogen, mit spitzen oder stumpfen Schenkelenden

Michel-Klammern: Wundklammern aus biegsamem Metall mit dornartigen Spitzen zur Vereinigung von Wundrändern der Haut

Migräne: Halbseitenkopfschmerz

migrans: wandernd, Larve mit wechselnder Lokalisation im Körper

Migration: Wanderung, z. B. der Leukozyten oder von Wurmlarven

Mikrobiologie: Lehre von den Kleinstlebewesen (Mikroorganismen)

Mikrofilarie: im Blut lebende Larve von Fadenwürmern

Mikrohämatokrit-Zentrifuge: Laborgerät zum Zentrifugieren von Hämatokritkapillaren

Mikrometerschraube: Feintrieb am Mikroskop

Mikroorganismen: Kleinstlebewesen (Viren, Bakterien, Pilze, Einzeller)

Mikrophagen: mobile kleine Fresszellen des granulozytären Systems

Mikroskop: optisches Gerät zur Betrachtung kleinster Objekte
mikroskopisch: nur bei Betrachtung durch das Mikroskop sichtbar
Mikrosmatiker: Tiere mit relativ gering ausgebildetem Geruchssinn; »Augentiere«, z. B. Katzen
Mikrosporie: Rundflechte; Hautpilzerkrankung durch Mikrosporumarten bei Mensch und Haustier, bes. Katze und Hund; Zoonosen!
Mikrosporum: Hautpilzgattung; Erreger der Rundflechte
Mikrowellen: elektromagnetische Wellen im Dezi-, Zenti- und Millimeterbereich
Mikrowellentherapie: Weiterentwicklung der Kurzwellentherapie zur Steigerung der Wärmeentwicklung in tiefer liegendem Gewebe
Mikrozirkulation: Blutbewegung in den Kapillaren
Miktion: natürliche Harnentleerung aus der Blase
Mikulicz: Bauchfellklemme; seitlich gekrümmte Klemme mit Querriefelung und Zähnchen zum Fassen des Bauchfelles
Milben: mikroskopisch kleine Spinnentiere mit saugenden, stechenden oder beißenden Mundwerkzeugen und Krallenbeinen
miliar: hirsekorngroß
Millimol pro Liter (mmol/l): in der klinischen Chemie gebräuchliche Einheit der Stoffmengenkonzentration
Milzbrand: akute, fieberhafte, blutige Darmentzündung und Milzzersetzung durch Bacillus anthracis; Zoonose! Anzeigepflichtige Tierseuche!
Miosis: Pupillenverengung
Mitochondrien: Zellorganellen; Energielieferanten der Zelle
Mitose: indirekte Zellteilung
Mitralinsuffizienz: Schließunfähigkeit der Mitralklappe
Mitralklappe: Zweizipfelklappe, s. a. Bikuspidalis
Mittelwert: rechnerisches Mittel aus der Summe von Einzelwerten
Modifikation: Veränderung der Erscheinungsform durch äußere Einflüsse
Mol: Molekulargewicht eines Stoffes in Gramm ausgedrückt; Grundeinheit der Stoffmenge
Molaren, Molares: hintere Backenzähne
Mondblindheit: periodische Augenentzündung des Pferdes (Hauptmangel)
Moniezia: Bandwurm beim Wiederkäuer
monochromatisch: einfarbig; Licht mit schmalem Wellenbereich
Monokokken: einzeln auftretende Kugelbakterien
Monosaccharid: Einfachzucker, z. B. Glukose
Monozyten: größte weiße Blutzellen (Makrophagen)
Monozytose: Vermehrung der Monozyten im Blut
morbid: kränklich
Morbidität: Krankheitszustand; prozentualer Anteil der Erkrankten
Morbilli: Masern (siehe dort)
Morbus: Krankheit
- **Addison:** spezifische Krankheit bei Unterfunktion der Nebennierenrinde
- **Basedow:** spezifisches Krankheitsbild mit Kropfbildung bei Schilddrüsenüberfunktion
- **Cushing:** spezifisches Krankheitsbild bei Überfunktion der Nebennierenrinde

moribund: sterbend
Morphium, Morphin: suchterzeugendes Betäubungsmittel

Morphologie: Lehre von Bau und Gestalt der Zellen, Gewebe und Organe
Mortalität: Sterblichkeit; prozentualer Anteil der Todesfälle
Mosquito-Klemme: sehr feine, kurzfassende, quergeriefelte Arterienklemme, mit und ohne Zähnchen
Motilität: das Bewegungsvermögen
Motorik: Bewegungsvorgänge
motorische Nerven: ableitende Bahnen zur Skelettmuskelsteuerung
Mucor: Schimmelpilzgattung
mukös: schleimig
Mukolytika: schleimlösende Mittel
mukopurulent: schleimig-eitrig
Mukosa, Mucosa: Schleimhaut
multiceps: vielköpfig
multipel: vielfach, vielfältig
Mumifikation: trockener Gewebebrand; Austrocknung und Schrumpfung einer abgestorbenen Frucht
Musculus, Musculi: Muskel, Muskeln
- **biceps brachii:** zweiköpfiger Oberarmmuskel
- **quadriceps femoris:** vierköpfiger Oberschenkelmuskel
- **massetericus:** Kaumuskel
- **rectus abdominis:** gerader Bauchmuskel

Muskelatrophie: Muskelschwund
Muscularis: Muskelschicht
Mutation: Veränderung der Identität und Wirkung von Erbfaktoren
Muto-Spritze: Injektionsspritze mit Revolvergriff und veränderlich einstellbarer Dosierung
Muzine: Schleimstoffe im Pferdeharn
Myalgie: Muskelschmerz
Myasthenie: Muskelschwäche
Mycobacterium tuberculosis: Erreger der Tuberkulose bei Mensch und Tier
Mydriasis: Pupillenerweiterung
Myelitis: Rückenmarksentzündung
Myelografie: Röntgenkontrastdarstellung des Wirbelkanals
myeloisches System: Bildungsort der Granulozyten im Knochenmark
Myelozyt: Knochenmarkszelle
Myiasis: Fliegenlarven-(Maden-) Krankheit bei Mensch und Tier
Mykobakterien: Bakteriengattung säurefester Stäbchen
Mykologie: Lehre von den Pilzen und Pilzkrankheiten
Mykoplasmen: Zwischenform zwischen Viren und Bakterien; Erreger von Atemwegsinfektionen bei Rindern, Schweinen und Vögeln
Mykose: Pilzinfektionskrankheit
Mykotoxikose: Erkrankung und Schädigung des Körpers durch die Giftwirkung von Pilzen
myogen: von der Muskulatur ausgehend
Myoglobin: Muskelfarbstoff
Myoglobinämie: Vermehrung von Muskelfarbstoff im Blut, z. B. bei Lumbago
Myoglobinurie: Auftreten von Muskelfarbstoff im Harn, z. B. bei Kreuzverschlag
Myokard, Myocard: Herzmuskel
Myokarditis, Myocarditis: Herzmuskelentzündung
Myoklonie: unwillkürliche Zuckungen von Muskeln oder Muskelgruppen
Myom: Muskelzellgeschwulst
Myopathie: Muskelerkrankung
Myopie: Kurzsichtigkeit
Myosarkom: bösartige Muskelzellgeschwulst
Myositis: Muskelentzündung
Myotomie: operative Muskeldurchtrennung
Myotonie: Muskelspannung

Myxomatose: Kaninchenpest; seuchenhaft verlaufende, ödematöse Pockenviruserkrankung beim Wild- und Hauskaninchen

N

Nähragar: geeigneter Nährboden zur Anzüchtung von Bakterien
Nahtdehiszenz: Auseinanderweichen nahtvereinigter Wundränder; Wundheilungsstörung
Nanometer: Längeneinheit (10–9 m)
Narbe: Endzustand der Wundheilung, durch geschrumpftes Bindegewebe entstanden
Narkose: allgemeine Betäubung
Narkoseprämedikation: Verabreichung von Arzneimitteln vor der eigentlichen Narkose zur Herabsetzung vegetativer Reflexe und Beseitigung unerwünschter Nebenwirkungen von Narkosemitteln
Narkotika: Arzneimittel zur allgemeinen Betäubung
nasal: nasenwärts
Nasschemie: klinisch-chemisches Untersuchungsverfahren auf der Grundlage der Absorptionsphotometrie
Nativblut: unverdünntes Blut ohne Zusatz
Natrium-Fluorid: geeigneter Gerinnungshemmer für Blutzucker- und Laktatbestimmungen
Natriumbikarbonat: säurebindender Puffer
Natriumcitrat: geeigneter Gerinnungshemmer zur Blutkörperchensenkungsreaktion und für Gerinnungsuntersuchungen
Nebenwirkungen: unerwünschte Reaktionen, die bei sachgemäßer Anwendung des Arzneimittels auftreten können
Nekrose: Zell- und Gewebstod
nekrotisch: abgestorben
Nematoden: Rundwürmer
Nematodirus: Dünndarmwurm beim Wiederkäuer
Neoplasma: Neubildung, Geschwulst
Nephrektomie: operative Entfernung der Niere
Nephritis: Nierenentzündung
nephrogen: von der Niere ausgehend
Nephrolithiasis: Nierensteinkrankheit
Nephrose: chronische, degenerative Nierenerkrankung
Nephrotomie: operative Niereneröffnung zur Entfernung von Steinen
Nervus, Nervi: Nerv, Nerven
- **facialis:** Gesichtsnerv
- **ischiadicus:** Ischiasnerv
- **opticus:** Sehnerv
- **peroneus:** Nerv für die Streckmuskeln des Hinterfußes
- **radialis:** Nerv für die Streckmuskeln des Ober- und Unterarmes
- **trigeminus:** Gehirnnerv für Augen-, Nasen- und Mundhöhle und für die Kaumuskulatur
- **vagus:** Gehirnnerv v. a. für Brust- und Baucheingeweide

Neuralgie: Nervenschmerz
Neurektomie: Nervenschnitt beim Pferd zur Beseitigung einer Lahmheit
Neuritis: Nervenentzündung
Neuroepithel: Deckgewebe der Sinnesrezeptoren
Neurofibrillen: feinste Fäserchen der einzelnen Nervenfaser oder Nervenzelle
neurogen: vom Nervensystem oder der Nervenzelle ausgehend
Neurohypophyse: Hinterlappen der Hypophyse (HHL), Hirnteil
Neuroleptanalgesie: kombinierte Verwendung von Neurolepikum und Analgetikum zur tiefen Sedation

Neuroleptika, Neuroplegika: auf das Zentralnervensystem dämpfend wirkende Mittel
Neurom: gutartige Neubildung aus Nervenzellen und -fasern
Neuron: Grundeinheit des Nervensystems, aus Nervenzellkörper und seinen Fortsätzen bestehend
Neurose: Verhaltensstörung infolge seelischer Fehlentwicklung
Neurotransmitter: Überträgerstoffe zwischen Nerven und Muskeln
neurotrop: auf Nerven wirkend
Neurozyten: Nervenzellen
neutrophile Granulozyten: häufigste Form der weißen Blutzellen, deren Granula eine neutrale Färbungsreaktion zeigen
Neutrophilie: Vermehrung der neutrophilen Granulozyten
Newcastle Disease: atypische Geflügelpest; seuchenartige Viruskrankheit v.a. bei Hühnern; anzeigepflichtige Tierseuche!
Nidation: Einnistung der befruchteten Eizelle in die Gebärmutterschleimhaut
Niederfrequenzstrom: Strom mit einer Frequenz bis 100 Hz
Nierenzylinder: Ausgüsse aus Nierenkanälchen, die bei einer Reihe von Nierenkrankheiten auftreten
Nisse: Ei von Läusen und Haarlingen
Nodus lymphaticus: Lymphknoten
Noradrenalin: Hormon des Nebennierenmarks
Normazidität: normaler Säurewert einer Lösung, z. B. des Magensaftes
Normoblast: reife, noch kernhaltige rote Blutzelle
Normochromie: normales Färbeverhalten des Erythrozyten
Normozyt: normal entwickelte rote Blutzelle
Notimpfung: Impfung von noch gesund erscheinenden Tieren in verseuchter Umgebung
Notoedres cati: Grabmilbe bei der Katze
Noxe: Schadensursache, Krankheitsursache
Nukleinsäure: Schlüsselsubstanz und Träger der genetischen Information in der Zelle
Nukleolus: Kernkörperchen
Nukleus: Zellkern
nutritiv: ernährend, z. B. Blutversorgung eines Organes
Nutzstrahlen: Strahlenbündel, das beim Röntgen durch die Einblendung direkt auf den Körper gerichtet ist
Nymphomanie: krankhaft gesteigerter Geschlechtstrieb, z. B. Dauerrosse bei der Stute
Nystagmus: Augenzittern

O

Obduktion: Leicheneröffnung, s. a. Sektion
Objektiv: Linsensystem an optischen Geräten mit unterschiedlicher Vergrößerungsmöglichkeit
obligat pathogen: unbedingt krankmachend
Obliteration: Verschluss eines Hohlorganes, z. B. Blutgefäß
obsolet: veraltet, nicht mehr gebräuchlich
Obstetrik: Geburtshilfe
Obstipation: Verstopfung
Obstruktion: Verschluss eines Hohlorganes
Ödem, Oedem: Flüssigkeitsansammlung im Gewebe und in Körperhöhlen

Ödemkrankheit: schwerwiegende Allgemeinstörung beim Ferkel durch toxinbildende Kolibakterien
Ölimmersion: Objektiv am Lichtmikroskop mit 100facher Vergrößerung, bei dem die vorhandene Luftschicht zwischen Objekt und Objektiv durch Zedernöl überbrückt wird
Ösophagoskopie: Besichtigung der Speiseröhre
Ösophagus: Speiseröhre; Schlund
Östrogene: Follikelhormone; Brunstauslöser
Östrus: Brunst
Okular: Einzellinse mit Lupenvergrößerung, dem Auge zugewandt
Okziput: Hinterhauptsbein
Olecranon: Ellbogen
Oligurie: Absatz verminderter Harnmengen
Omasum: Psalter, Blättermagen
Omentum: Netz in der Bauchhöhle
Omnivoren: Allesfresser
Omphalitis: Nabelentzündung
omphalogen: vom Nabel ausgehend
Onkogenese: Tumorbildung
onkologisch: eine Geschwulst betreffend
onkotischer Druck: der osmotische Druck einer kolloidalen Lösung
Ontogenese: Entwicklung eines Lebewesens
Oozyste: mikroskopisch sichtbares Entwicklungsstadium von Sporentierchen; dringt nach Reifung in die Wirtszelle ein und kann sich dort vermehren
Operation: Eingriff in den lebenden Organismus zu Heilzwecken
Operationsassistenz: Unterstützung des Operateurs beim Eingriff
Opisthotonus: krampfartiges Überstrecken des Halses nach dorsal
Ophthalmika: Mittel zur Augenbehandlung
Opthalmologe: Augenarzt
Ophthalmoskop: Augenspiegel
Ophthalmoskopie: Beobachtung des Augenhintergrundes
oral: den Mund betreffend, über die Mundhöhle
orale Narkose: Eingabe eines Narkosemittels mit der Sonde oder Beimischung zu Futter und Trank
Orbita: knöcherne Augenhöhle
Orchitis: Hodenentzündung
Ordinate: senkrechte Achse im Koordinatensystem
Organismus: das Lebewesen (Kleinlebewesen, Pflanze, Tier, Mensch)
Organmanifestation: Erkennung einer Krankheit durch typischen Befall eines Organes, z. B. bei einer Infektionskrankheit
Ornithologie: Vogelkunde
Ornithose: Vogelkrankheit durch Chlamydien; Zoonose!
Orthopädie: medizinisches Fachgebiet für Form- und Funktionsfehler des Bewegungsapparates
Orthostase: aufrechte Körperhaltung
Os, Ossa: Knochen
- **ilium:** Darmbein
- **ischii:** Sitzbein
- **pubis:** Schambein
- **sacrum:** Kreuzbein

Osmolarität: Maß der osmotisch wirksamen Konzentration einer Lösung
Osmose: einseitige Verteilung oder Durchmischung einer Flüssigkeit durch eine halbdurchlässige (semipermeable) Membran zum Ausgleich der Konzentrationsunterschiede
Osteochondrosis dissecans: degenerative Knochen-Knorpelveränderungen

an Knochenenden und im Gelenkbereich

Osteodystrophie: Fehlernährung des Knochens mit mangelhafter Mineralsalzeinlagerung

Osteomalazie: Knochenerweichung

Osteomyelitis: Abbau von Knochengewebe mit Verlust der Belastbarkeit und Neigung zu Frakturen

Osteosarkom: bösartiger Knochentumor

Osteosynthese: Vereinigung von Knochenteilen durch Verschrauben, Nageln, Plattenanlagerung

Osteotomie: operative Knochendurchtrennung

Ostitis: Knochenentzündung

Ostium: Öffnung, Mündung

Oszillografie: Aufzeichnung von Puls- und Herzschlagänderungen über einen Monitor

Oszillometrie: Messung pulsatorischer Druckschwankungen, z. B. in der Blutdruckmanschette

Othämatom: Bluterguss im Bereich der Ohrmuschel

Otitis: Ohrenentzündung

- **externa:** Entzündung des äußeren Gehörgangs
- **externa ceruminosa:** Gehörgangsentzündung durch vermehrte Bildung von Ohrenschmalz
- **externa parasitaria:** Gehörgangsentzündung durch Ohrmilben
- **interna:** Innenohrentzündung
- **media:** Mittelohrentzündung

Otodectes cynotis: Ohrmilbe bei Hund und Katze

Otologe: Ohrenarzt

Otologika: Mittel zur Ohrenbehandlung

Otomykose: Erkrankung des äußeren Gehörgangs durch Pilze

Otoskop: Gerät zur Betrachtung des Gehörgangs und des Trommelfells

ototoxisch: auf das Gehörorgan giftig wirkend

Ovar: Eierstock

Ovarialzyklus: zeitlich wiederkehrender Ablauf an den Eierstöcken

Ovarialzyste: flüssigkeitsgefüllter Hohlraum im Eierstock

Ovariektomie: operative Entfernung der Eierstöcke

Ovariitis: Eierstocksentzündung

Ovario-Hysterektomie: operative Entfernung von Eierstöcken und Gebärmutter

Ovula: Arzneimittel in Form von kleinen Eiern, die rektal verabreicht werden

Ovulation: Follikelsprung, Eisprung

Oxidation: chemischer Verbrennungsvorgang mit stofflicher Umwandlung und Energiefreisetzung

Oxytocin: Hormon des Hypophysenhinterlappens zur Wehenauslösung und zum Einschießen der Milch

Oxyuren: Pfriemenschwänze beim Pferd; Madenwürmer beim Menschen

P

P-Zacke: erste Stromschwankung am EKG durch Kontraktion der Vorhöfe

Pädiatrie: Kinderheilkunde

Pailletten: Kunststoffröhrchen zur Samenkonservierung

Palatum molle: weicher Gaumen

palliativ: krankheitsmildernd

palmar: die Handfläche oder Beugeseite am Vorderfuß betreffend

Palpatio rectalis: rektale Untersuchung; innere Betastung des Beckens und der beckennahen Bauchorgane vom Enddarm aus

Palpation: Betasten des Körpers

Palpebra: Augenlid
Panaritium: eitrige Entzündung des dritten Zehengliedes (Huf, Klaue, Kralle)
Pandy-Test: einfaches Verfahren zur Bestimmung von Eiweiß im Liquor
Pankreas: Bauchspeicheldrüse
Pankreasinsuffizienz: Verdauungsenzymmangel der Bauchspeicheldrüse
Pankreatitis: Bauchspeicheldrüsenentzündung
Panleukopenie: Katzenseuche; akute, fieberhafte Darmentzündung bei der Katze durch Parvoviren
Panmyelophthise: Knochenmarkschwund
Pannikulitis, Panniculitis: Entzündung des subkutanen Fettgewebes
Panophthalmie: akute eitrige Entzündung des gesamten Augapfels
panoptische Färbung: geeignete Färbung zur Sichtbarmachung und Differenzierung aller Blutzellen, s. a. Pappenheim-Färbung
Papel: Knötchen
Papilla: warzenförmige Erhabenheit an der Haut oder Schleimhaut
Papillom: aus Epithel- und Bindegewebe bestehende Hautwucherung
Pappenheim-Färbung: kombinierte Färbung von Blut- und Zellausstrichen mit May-Grünwald- und Giemsa-Lösung, s. a. panoptische Färbung
Paralyse: vollständige, schlaffe Lähmung
Parameter: Kenngröße in der Medizin und Statistik
Paraproteine: von der normalen Eiweißstruktur abweichende Proteine, die bei schweren Krankheiten im Blutplasma auftreten können
Parästhesie: Missempfindung
Parascaris equorum: Spulwurm der Pferde
Parasit: Schmarotzer, ernährt sich auf Kosten des Wirts
Parasitämie: Anwesenheit und Vermehrung von Parasiten im Blut
Parasitismus: besondere Lebensweise eines Schmarotzers in einem Wirtsorganismus, der in der Regel nicht getötet wird, sondern für längere Zeit als Nahrungsquelle dient
Parasitologie: Lehre von den Parasiten und den durch sie hervorgerufenen Krankheiten
Parasympathikus: regenerierender Teil des vegetativen Nervensystems
Parasympathomimetika: Stoffe, die den Parasympathikus anregen
Parasympatholyse: Hemmung des Parasympathikus
Parasympatholytika: Stoffe, die den Parasympathikus hemmen, z. B. Atropin
Parathormon: Hormon der Nebenschilddrüse, reguliert den Kalzium- und Phosphorstoffwechsel
Parathyreoidea: Nebenschilddrüse; Epithelkörperchen
Paratyphus: bakterielle Darmentzündung bei Mensch und Tier durch verschiedene Salmonellenarten; Zoonose!
paravenös: neben einer Vene, z. B. bei fehlerhafter i. v.-Injektion
paravertrebral: neben der Wirbelsäule
Parenchym: spezifisches Organgewebe, z. B. Leberparenchym
Parenchymgift: Giftstoffe, die Organzellen spezifisch schädigen, z. B. Arsen, Phosphor
parenteral: unter Umgehung des Magen-Darm-Traktes, z. B. durch Injektion

Parese: teilweise, unvollständige Lähmung
parietal: die Wand von Körperhöhlen und Organen betreffend
Parodontium: Zahnhalteapparat
Parodontose: chronischer Schwund des Zahnhalteapparates mit Zahnlockerung und Zahnverlust
Parotis: Ohrspeicheldrüse
Parotitis: Ohrspeicheldrüsenentzündung
paroxysmal: anfallsweise
partiell: teilweise
partielle Thromboplastinzeit (PIT): Gerinnungszeit, die der Bestimmung von Störungen des endogenen Gerinnungssystems dient
Partus: Geburt
Parvoviren: kleine Viren; Erreger der Parvovirose des Hundes und der Katzenseuche
Parvovirose: blutige, virusbedingte Darmentzündung beim Hund mit hohem Flüssigkeitsverlust durch Erbrechen und Durchfall
Pascal (Pa): physikalische Einheit für den Druck
passive Immunisierung: Herbeiführen einer kurzdauernden Immunität durch Zufuhr von Antikörpern aus einem Heilserum
Pasteurellen: kleine Stäbchenbakterien; Erreger von Lungenentzündungen bei Jungtieren
Patella: Kniescheibe
Patenz: der Zeitraum, in dem ein Parasit Eier oder Larven hervorbringt
pathogen: krankmachend
Pathogenese: Krankheitsentstehung
Pathogenität: Erzeugung krankmachender Wirkung eines Erregers im Wirtsorganismus
Pathologie: Lehre von den krankhaften Vorgängen und Zuständen im Körper
pathologisch: krankhaft
Péan: Arterienklemme, lang- und kurzfassend, quergeriefelt, mit Arretierung und ohne Zähnchen
Pectus: Brust
Pedigree: Stammbaum, Ahnentafel
Pellets: heißluftgetrocknetes Pressfutter
Pelvis: Becken
Penetration: Eindringen eines krankhaften Prozesses oder eines Fremdkörpers in Körpergewebe
Penicillin: erstes aus *Penicillium notatum* hergestelltes Antibiotikum; wird heute zumeist synthetisch hergestellt
Penicillium: Pinselschimmel; Gattung von Schimmelpilzen
Penisamputation: operative Teilentfernung des Penis bei Harnabflussstörungen durch Steine oder Tumore
Pepsin: eiweißspaltendes Magenenzym
Peptid: kurzkettiges Eiweiß
per inhalationem: durch Einbringen von Gasen oder Dämpfen
per os: über die Mund- bzw. Maulhöhle
perakut: besonders plötzlich und sehr heftig verlaufend
Perforation: Zerreißung oder Durchbohrung einer Organwand (z. B. Darmwand) oder der Körperoberfläche
perianal: um den After
Perikard, Pericard: Herzbeutel
Perikarditis, Pericarditis: Herzbeutelentzündung
perilobär: in der Umgebung eines Organlappens
Perinealhernie: Dammbruch
Perineum: Damm
perineural: um einen Nerv herum
Periost: Knochenhaut
Periostitis: Knochenhautentzündung

peripher: außenliegend
peripheres Nervensystem: zwischen Körperoberfläche und Zentrum führende Leitungen des Nervensystems
Periphlebitis: Entzündung des benachbarten Bindegewebes einer Vene
Peristaltik: fortlaufende Bewegungswellen im Verdauungskanal
peritoneal: vom Bauchfell ausgehend
Peritoneum: Bauchfell
Peritonitis: Bauchfellentzündung
perivaskulär: in der Umgebung eines Blut- oder Lymphgefäßes
Perkussion: Beklopfen von luft- oder gashaltigen Organen
Perkussionshammer: Untersuchungsinstrument zur Auslösung des Klopfschalls
perkutan: über die Haut
permanent: anhaltend, fortdauernd
Permeabilität: Hindurchtreten eines Stoffes durch eine Membran
pernasal: durch die Nase
Peroneuslähmung: Lähmung des Hinterfußes mit Zehenschleifen durch Ausfall des Nervus peroneus
persistens: persistierend, fortbestehend
Persistenz: Fortbestehen
Pertussis: Keuchhusten; bakterielle Infektionskrankheit v. a. bei Kleinkindern
Perzeption: Empfindung, Wahrnehmung
Pestizide: chemische Schädlingsbekämpfungsmittel
Petechien: punktförmige Blutungen in der Haut oder Schleimhaut
Petrischale: runde, flache Glas- oder Kunststoffschale mit übergreifendem Deckel zur Bakterienanzüchtung auf Nährböden
Pferdeinfluenza: durch das Grippevirus bedingte hochfieberhafte, akute Lungenentzündung beim Pferd
pH-Wert: Wert der Wasserstoffionenkonzentration, der Aufschluss über die Stärke von Säuren oder Basen (Laugen) gibt
Phagozyten: Fresszellen, s. a. Makro- und Mikrophagen
Phagozytose: aktive Aufnahme von Fremdpartikeln durch Fresszellen
Phalangen, Phalanges: Zehenknochen
Pharmakokinetik: Reaktion eines Arzneimittels im Körper mit zeitlichem Ablauf der Aufnahme, Verteilung, Umwandlung und Ausscheidung des Wirkstoffs
Pharmakologie: Lehre von den Arzneimitteln
Pharmakon: Arzneimittel
Pharmazie: Lehre von der Zubereitung der Arzneimittel
Pharyngitis: Rachenentzündung
Pharyngoskopie: innere Besichtigung des Rachenraumes
Pharynx: Rachen
Phasenkontrast: mikroskopisches Verfahren zur kontrastreichen Darstellung der Innenstruktur eines Objekts, z. B. von Zellen im Harnsediment
Pheromone: Drüsensekrete als Erkennungsstoffe unter Tieren gleicher Art
Phlebitis: Venenentzündung
Phlegmone: flächenhaft fortschreitende Eiteransammlung im Gewebe ohne Abkapselung
Phonendoskop: Hörrohr mit Schlauchverbindung
Phonokardiogramm: Schallaufzeichnung von Herztönen und krankhaften Herzgeräuschen

Phosphorsäureester: organische Verbindung, bes. in Pflanzenschutzmitteln, deren Aufnahme zu schweren Vergiftungen mit Störungen des Nervensystems führt

Photometer: Lichtmesser; Laborgerät zur Messung von Lichtintensitäten

Photometrie: Lichtmessung zur mengenmäßigen Bestimmung von Substanzen aus klinisch-chemischen Analysen (Serum, Plasma)

Photophobie: Lichtscheue

Photozelle: lichtempfindlicher Teil am Photometer, der Licht in elektrischen Strom umwandeln kann

Phylogenese: Stammesentwicklung, s. a. Ontogenese

Physiologie: Lehre von den normalen (physiologischen) Lebensvorgängen

Physiotherapie: körperliche Behandlungsmaßnahmen, z. B. Bewegungstherapie, Massagen

Phytotherapie: Heilbehandlung mit pflanzlichen Arzneimitteln

Pia mater: weiche innere Gehirn- und Rückenmarkshaut

Pinozytose: Aufnahme von gelösten Stoffen in das Zellinnere

Piroplasmen: häufige Blutzellparasiten in den Subtropen, die von blutsaugenden Zecken übertragen werden

Placebo: wirkstofffreies Scheinmedikament

plantar: die Fußsohle oder Beugeseite am Hinterfuß betreffend

Plasma, Blutplasma: Blutflüssigkeit

Plasmaexpander: Präparate zur Auffüllung des Kreislaufs, z. B. bei Schock, Blutverlust

Plasmazellen: Antikörper bildende Zellen; entwickeln sich aus B-Lymphozyten

Plasmodium: Sporentierchen, das im Blut des Menschen parasitiert; Erreger der Malaria

Plastik: operativer Eingriff zur Wiederherstellung, z. B. Hautplastik

Platinöse: Platindraht-Impföse zum Überimpfen von Kulturen

Plattenepithel: oberste Zellage von Haut und Teilen der Schleimhaut mit besonders widerstandsfähigen Zellen

Plattenepithelkarzinom: vom Plattenepithel ausgehender bösartiger Tumor

Plazenta: »Mutterkuchen«; Nachgeburt

Plazentation: Verankerung der Eihaut in der Uterusschleimhaut

Plessimeter: rechteckige oder spatelförmig gebogene Klopfunterlage zur Perkussion

Pleura: Brustfell

Pleura costalis: Rippenfell

Pleuraexsudat: entzündlicher Erguss in der Brusthöhle

Pleuritis: Brustfellentzündung

Plexus: Venen-, Lymphgefäß- oder Nervengeflecht

Pneumomediastinum: Ansammlung von Luft im Mittelfell

Pneumonie: Lungenentzündung

Pneumoperitoneum: Luftansammlung in der Bauchhöhle

Pneumothorax: Ansammlung von Luft in der Brusthöhle

Pneumovagina: Lufteinsaugen durch mangelhaften Genitalschluss bei der Stute

Pocken: akute, fieberhafte Pockenvirusinfektion mit tumorartigen Hautveränderungen bei Mensch und Tier

Pododermatitis: Huf- und Klauenlederhautentzündung

- **aseptica diffusa:** Huf- oder Klauenrehe

Podotrochlea: Hufrolle
Podotrochlose: degenerative Veränderung am Strahlbein und an der Hufrolle
Poikilozytose: Abweichungen von der physiologischen Form der Erythrozyten
Polansky-Spekulum: Scheidenspekulum zur Anwendung bei der Stute
Polarimeter: Apparat zur quantitativen Bestimmung einer Körperflüssigkeit unter Ausnutzung ihres optischen Drehvermögens
Polarisation: optische Umformung des natürlichen Lichtes durch geeignete Vorrichtungen (Polarisator), beruhend auf den physikalischen Gesetzen der Brechung, Streuung und Reflexion
Poliomyelitis: Entzündung des grauen Rückenmarks; »Kinderlähmung«
Pollakisurie: oftmaliger Absatz kleiner Harnmengen
Polyarthritis: Entzündungen gleichzeitig an mehreren Gelenken, z. B. bei Fohlenlähme
Polychromasie: Abweichungen von der physiologischen Färbbarkeit der Erythrozyten
polychromatisch: vielfarbig; mehrfach färbbar
Polydipsie: vermehrte Flüssigkeitsaufnahme; Durst
Polyglobulie: Vermehrung der Erythrozyten im peripheren Blut
polymorphkernig: Zellen mit vielgestaltigen Kernen; segmentkernige und stabkernige neutrophile Granulozyten
Polypen: gestielte Schleimhautzubildungen
Polyphagie: krankhaft gesteigerte Nahrungsaufnahme
Polysaccharid: Mehrfachzucker, z. B. Stärke
Polyurie: Absatz großer Harnmengen
Polyzythämie: krankhafte Vermehrung der Erythrozyten im Blut
Pons: Brücke; Teil des Hirnstamms mit lebenswichtigen Zentren
Porta hepatis: Leberpforte
post partum: nach der Geburt
posterior: hinten liegend
postmortal: nach dem Tode
postnatal: nach der Geburt
postoperativ: nach einem operativen Eingriff
postprandial: nach der Nahrungsaufnahme
Potenzialdifferenz: elektrischer Spannungsunterschied
potenzierte Narkose: Verstärkung der Wirkung eines Schmerz- oder Narkosemittels durch Prämedikation eines Neuroleptikums
ppm: Parts per million (Teilchen pro Million)
PQ-Strecke: Überleitungszeit zwischen Vorhöfen und Herzkammern
Prädilektionsstellen: bevorzugte Körperstellen für einen Krankheitsprozess
Prädisposition: begünstigender Zustand für eine Erkrankung
Präferenz: Bevorzugung
Präkanzerose: Zustand eines Gewebes als Vorstadium eines bösartigen Tumors
Prämedikation: Arzneimittelgabe vor einer Narkose oder einem operativen Eingriff zur psychischen Dämpfung und Schmerzlinderung
Prämolaren, Praemolares: vordere Backenzähne
Prämunität: Immunität in Gegenwart lebender Erreger, »Infektionsimmunität«
pränatal: vor der Geburt

präoperativ: vor einem operativen Eingriff

Präpatentperiode: Zeit von der Aufnahme von invasionsreifen Parasiteneiern oder -larven bis zum Eintritt der Geschlechtsreife der Parasiten

Präputialkatarrh: schleimig-eitrige Entzündung der Vorhaut

Präputium: Vorhaut

Prävention: vorbeugende Maßnahmen zur Gesundheitspflege

Präzipitation: Ausfällung; Bildung eines Niederschlags

Präzision: Genauigkeit, mit der Analysenergebnisse wiederholt erreicht werden können

Präzisionskontrolle: Einzelbestimmungen mittels genormter Kontrollproben zur Feststellung der Untersuchungsgenauigkeit

Prednisolon: synthetisch hergestelltes Nebennierenrindenhormon

primär affine Organe: Organe mit besonderer Neigung zur erstmaligen Virusvermehrung (Mandeln, Lymphknoten)

Primäreffekt: Primärherd einer Krankheit

Primärstadium: erste Phase einer Krankheit

Priorität: Vorrecht, Vorrang

Prisma: optischer Körper, der durch Lichtbrechung ein Spektrum erzeugt und die Richtung der Strahlen ändert (Reflexion)

Processus: Fortsatz
- **spinosus:** Dornfortsatz eines Wirbels
- **transversus:** Querfortsatz eines Wirbels

Prodromalstadium: Vorläuferstadium v.a. der Infektionskrankheiten

profundus: lief liegend

Progenie: Vorstehen des Unterkiefers mit Überbiss der unteren Schneidezähne (Nagezähne, z. B. beim Zwergkaninchen)

Progesteron: Gelbkörperhormon; s. a. Gestagene

Proglottiden: Glieder des Bandwurms

Prognose: Vorhersage, Aussicht auf den Krankheitsverlauf

Proktitis: Entzündung der Mastdarmwand

Prolaktion: Hormon der Hirnanhangsdrüse zur Steuerung der Milchproduktion

Prolapsus, Prolaps: Vorfall
- **recti:** Enddarmvorfall
- **uteri:** Gebärmuttervorfall

Proliferation: Vermehrung von Gewebe, bes. von Bindegewebe bei der Wundheilung

Proliferationsphase: Aufbau der Gebärmutterschleimhaut

Promotion: Doktorwürde

Proöstrus: Vorbrunst

Prophylaxe: Vorbeugung, Verhütung von Krankheiten

propriozeptiver Reflex: Eigenreflex, z. B. Muskeldehnungsreflex

Prostaglandine: wichtige, natürlich im Organismus vorkommende Stoffgruppe zur Regulierung vegetativer Funktionen; finden Anwendung als Wehenmittel oder zur Aborteinleitung

Prostata: Vorsteherdrüse

Prostatitis: Entzündung der Vorsteherdrüse

Protein: Eiweiß

Proteinsynthese: Bildung von Eiweiß in der Zelle

Proteinurie: Ausscheidung von Eiweiß im Harn

Proteolyse: Eiweißspaltung

Proteus: gramnegative Stäbchenbakterien; auch im Kühlschrank wachsende Lebensmittelverderber und Erreger von Darmerkrankungen
Prothese: künstliches Ersatzstück für ein fehlendes Körperteil
Prothrombin: Faktor II der Blutgerinnung
Prothrombinzeit (PTZ): Gerinnungszeit, die der Bestimmung von Störungen des exogenen Gerinnungssystems dient (Kalzium-Thromboplastinzeit)
Protoplasma: Grundkörper der Zelle (Zellplasma)
Protozoen: tierische Einzeller
protrahiert: verzögert
proximal: körpernah
Pruritus: Juckreiz
pseudo: falsch, dem Schein nach
Pseudogravidität: Scheinträchtigkeit
Pseudomonas: bewegliche Stäbchenbakterien; Eitererreger und Fleischverderber
Pseudowut: Aujeszkysche Krankheit (siehe dort)
Psittakose: Papageienkrankheit durch Chlamydien; Zoonose! Anzeigepflichtige Tierseuche!
Psoriasis: Schuppenflechte
Psoroptes bovis: Saugmilbe beim Rind
Psychiatrie: Fachgebiet der Humanmedizin, das sich mit psychisch Kranken befasst, »Seelenheilkunde«
psychisch: seelisch
Psychologie: Lehre von den Funktionen des Bewusstseins und des Verhaltens, »Seelenkunde«
Psychopharmaka: Arzneimittel mit spezieller Wirkung auf psychische Vorgänge
Psychose: Geisteskrankheit
psychosomatisch: seelisch-körperlich bedingt
Puerperalfieber: durch Viren und Bakterien verursachte schwere Allgemeinstörung der Nachgeburtsperiode
Puerperium: Nachgeburtsperiode
Pulmo: Lunge
Pulmomat: Beatmungsgerät für kontrollierte Wechseldruckbeatmung
Pulpahöhle: Wurzelhöhle im Zahn
Pulsus, Puls: Druckwelle in den peripheren Arterien, ausgelöst durch die Austreibung des Blutes aus dem Herzen
- **frequens:** beschleunigter Puls
- **rarus:** verlangsamter Puls

Punktat: durch Punktion gewonnenes Gewebe oder entnommene Körperflüssigkeit
Punktion: diagnostisch oder therapeutisch erforderlicher Einstich mit einer Hohlnadel in Gewebe, Hohlorgane oder Körperhöhlen
Punktionskanüle: spezielle Hohlnadel für Punktionen
Pupille: Sehloch
Purpura: spontane, kleinfleckige Kapillarblutungen in der Haut und Schleimhaut
purulent: eitrig
Pustula: Pustel; mit Eiter gefülltes Bläschen
putrid: faulig
Pyelografie: Röntgen-Kontrastdarstellung des Nierenbeckens
Pyelonephritis: Nierenbeckenentzündung
Pylorus: Magenausgang; »Pförtner«
Pyodermie: eitrige Hautentzündung
Pyometra: Gebärmuttervereiterung
pyrogen: fiebererzeugend

Pyruvat: Salz der Brenztraubensäure; wichtige Substanz im Intermediärstoffwechsel

Q

Q-Fieber: Rätselfieber; hochfieberhafte Lungenentzündung bei Mensch und Wiederkäuern durch Rickettsien; Zoonose!

QRS-Komplex: zweite Stromschwankung am EKG, die durch Kontraktion der Kammermuskulatur entsteht

Quaddel: örtlich begrenzte Hautschwellung mit Wassereinlagerung

qualitativ: wertmäßig; den Wert erfassend

Qualitätskontrolle: Feststellung der Zuverlässigkeit klinisch-chemischer Analysen und anderer Laborarbeiten

quantitativ: mengenmäßig; eine Menge oder Zahl erfassend

Quarantäne: Absonderung der an einer Seuche erkrankten oder verdächtigen Tiere

Quickwert: wichtiger Suchtest für Gerinnungsstörungen, s. a. Prothrombinzeit

R

Rachitis: Stoffwechselstörung durch Vitamin-D-Mangel

Radialislähmung: Lähmung der Vordergliedmaße durch Ausfall des Nervus radialis

Radikal: spezifischer Rest oder spezielle Ergänzung einer chemischen Verbindung

Radiologie: Strahlenkunde

Radionuklide: in der Natur vorkommende oder durch Kernreaktion erzeugte radioaktive Spaltprodukte, s. a. Isotope

Radius: Speiche

Räude: durch verschiedene Milbenarten verursachte Hauterkrankung der Tiere

Ranula: mit eingedicktem Speichel gefüllte Zyste am Zungengrund, beim Hund vorkommend; »Froschgeschwulst«

Rauschbrand: schwere Allgemeinerkrankung durch anaerobe Bazillen, vor allem beim Rind; anzeigepflichtige Tierseuche!

Reagenz: Stoff, mit dessen Hilfe eine Probe chemisch bestimmt werden kann

Reagenzglas: dünnwandiges, röhrenförmiges Glasgefäß; Probenglas

Real-Time-Verfahren: Ultraschallaufzeichnung mit sofortigem Bildaufbau

Reanimation: Wiederbelebung

Rechtsverschiebung: relatives Überwiegen der segementkernigen neutrophilen Granulozyten

Reduktion: Zurückführung zur Normalform; chemische Umwandlung eines oxidierten Stoffes unter Sauerstoffentzug oder Wasserstoffaufnahme zum Ausgangsstoff

Reflex: unwillkürliches Ansprechen auf einen Reiz

Reflexbogen: kürzeste Verbindung zwischen Neuronen, deren Erregung zum Ablauf eines Reflexes führt

Reflexion: teilweises Zurückwerfen einer Strahlung beim Auftreffen auf ein Medium, z. B. bei Lichtstrahlen, Schallwellen

Reflexionsphotometer: Laborgerät zur quantitativen Bestimmung von flüssigen Blutbestandteilen unter Verwendung von Teststreifen (Trockenchemie)

Reflux: Rückfluss, s. a. Regurgitation

refraktär: unempfänglich, nicht beeinflussbar

Refraktärperiode: Zeiteinheit, in der Nervenfasern oder Muskelzellen nicht erregbar sind
Refraktion: Brechkraft des Auges, in Dioptrienwerten ausgedrückt
Refraktionsanomalien: krankhafte Veränderungen der Lichtbrechung am Auge
Refraktometer: optisches Instrument zur Bestimmung von Brechzahlen, z. B. zur Harndichte- oder Plasmaeiweißbestimmung
Regeneration: Wiederherstellung; Ersatz von zerstörten Zellen und Geweben
Region: Gegend
regionär: örtlich begrenzt
Regurgitation: Rückströmen des Inhaltes aus einem Hohlorgan, z. B. aus dem Schlund
Rehabilitation: Wiederherstellung und soziale Wiedereingliederung Kranker und Behinderter
Rehe: nicht-infektiöse Huf- und Klauenlederhautentzündung
Reizstromtherapie: Form der Elektrotherapie unter Verwendung von galvanischem Gleichstrom und niederfrequentem Wechselstrom
Rekonvaleszenz: Genesung
rektal: im oder über den Enddarm
Rektopexie: operative Anheftung des Enddarmes am Bauchfell
Rektoskopie: Besichtigung des Enddarmes
Rektum: Mastdarm
Rektumdivertikel: Schleimhautaussackung des Mastdarms
Rektumprolaps: Darmvorfall
Relaxation: Entspannung; Erschlaffung von Muskeln
Releasinghormone: Hormone, die aus dem Zwischenhirn freigesetzt werden
rem: alte, noch gebräuchliche Maßeinheit für die absorbierte Dosis von Röntgenstrahlen, s. a. Sievert
Remedium: Heilmittel, Arznei
– **veterinarium:** Tierarzneimittel
Remission: vorübergehendes Nachlassen chronischer Krankheitszeichen
remittierend: zeitweilig nachlassend
Ren: Niere
renale Hypertonie: Bluthochdruck, durch Störungen der Niere ausgelöst
renale Urämie: Harnvergiftung, die auf einer meist chronischen Nierenkrankheit beruht
Reparation: Ersatz und Erneuerung von Körpergeweben
Reposition: Rückverlagerung eines Organes oder Organteils in seine normale anatomische Lage
Resektion: operative Teilentfernung eines Organes
residual: zurückbleibend
Residualluft: Luftmenge, die in der Lunge nach vollständiger Ausatmung zurückbleibt
Resistenz: körpereigene Widerstandskraft
Resorption: Stoffaufnahme
Respiration: Atmung
restitutio ad integrum: spontane oder operativ erfolgte Heilung mit vollständiger Wiederherstellung
Restitution: Wiederherstellung, s. a. Regeneration, Reparation
restriktiv: einschränkend, mit Vorbehalt
Reststickstoff (Rest-N): ausscheidungspflichtige Endprodukte des Eiweißstoffwechsels
retardiert: verzögert, verspätet
Retentio, Retention: das Zurückhalten
– **secundinarum:** Nachgeburtsverhaltung

Retentionszyste: Hohlraumbildung infolge Verschlusses von Drüsenausführungsgängen, z. B. bei Talg- oder Speicheldrüse

retikulär: netzbildend, netzförmig

retikulo-histiozytäres System (RHS): Funktionseinheit von Zellen mit der Fähigkeit zur Phagozytose und Speicherung von Stoffen

Retikulose: Sammelbegriff für Krankheiten mit Wucherung von Retikulumzellen

Retikulozyt: junges rotes Blutkörperchen

Retikulum: Netzmagen; Haube

Retina: Netzhaut, innere Augenhaut

Retinitis: Entzündung der Netzhaut

retrobulbär: hinter dem Auge

retrograd: rückwärts gerichtet; entgegen der normalen Richtung

Revakzination: Wiederholungsimpfung

reversibel: umkehrbar

Rezept: schriftliche Anweisung an den Apotheker, ein Arzneimittel abzugeben

Rezeptor: Aufnahmestelle für äußere und innere Reize

Rezepturarzneimittel: Arzneien, die auf besondere Anforderung und nach Anweisung des Arztes oder Tierarztes hergestellt werden

rezessiv: zurücktretend; im Erbgang überdeckt

Rezidiv: Rückfall einer Krankheit

rezidivierend: wiederkehrend

Rhesus-Faktor: erbliche Blutgruppeneigenschaft des Menschen

Rheumatismus: Sammelbegriff für bestimmte schmerzhafte Funktionsstörungen des Bewegungsapparates

Rhinitis: Nasenschleimhautentzündung

Rhinopneumonitis: durch das equine Herpesvirus bedingte Entzündung der Atemwege und des Nervensystems beim Pferd

Rhinoskopie: innere Besichtigung der Nasenhöhle

Rhinotracheitis, feline: Katzenschnupfen; sehr ansteckende, fieberhafte Viruskrankheit der oberen Atemwege bei der Katze

Rhythmus: Regelmäßigkeit

Ribosomen: Zellpartikel, an denen die Eiweißbildung erfolgt

Richtigkeitskontrolle: Einzelbestimmungen mittels genormter Kontrollproben zur Feststellung der Übereinstimmung mit den Messwerten einer Analyse

Rickettsien: Zwischenformen zwischen Viren und Bakterien; gefürchtete Krankheitserreger und Zellparasiten bei Mensch und Tier, die meist durch Zecken, Läuse und Flöhe übertragen werden

Rindergrippe: virusbedingte Lungenentzündung, vor allem des Jungrindes

Rinderpest: seuchenartig verlaufende tropische Viruserkrankung beim Rind; anzeigepflichtige Tierseuche!

Rivalta-Probe: einfaches Laborverfahren zur Unterscheidung nichtentzündlicher Ergüsse (Transsudate) und entzündlicher, zellhaltiger Ergüsse (Exsudate)

RNS: Ribonukleinsäure

RNS-Viren: Viren mit einsträngiger RNS als genetischem Material

Robert-Jones-Verband: Verband zur Ruhigstellung von stark traumatisierten Gliedmaßen und Verminderung der Gewebsschwellung

Roborans: Kräftigungsmittel

Rodentizid: auf Nagetiere tödlich wirkendes Bekämpfungsmittel

Röntgen, Wilh. C. R.: deutscher Physiker, 1845–1923, Entdecker der später nach ihm benannten Röntgenstrahlen

Röntgenröhre: spezielle Elektronenröhre mit Glühkathode und Zylinder zur Emission der Elektronenstrahlung, die an der Anode im sog. Brennfleck abgebremst wird

Röntgenstrahlen: kurzwellige, elektromagnetische Strahlen, die in der Röntgenröhre erzeugt werden

Röteln: durch Viren verursachte Infektionskrankheit v. a. im Kindesalter

rostral: nasenwärts

Rote Liste: Verzeichnis von humanmedizinischen Fertigarzneimitteln

Rotlauf: durch den Rotlauferreger verursachte bakterielle Infektionskrankheit beim Schwein

Rotz (Malleus): geschwürig verlaufende bakterielle Haut- und Atemwegsinfektion beim Pferd (Hauptmangel); Laborinfektion beim Menschen; Zoonose!

Rp.: recipe = nimm! Rezeptanweisung für den Apotheker

Rubeola: Röteln (siehe dort)

Rubor: Rötung

rudimentär: zurückgebildet; schwach angelegt

Rückkoppelungseffekt: Wechselbeziehung zwischen Hirnanhangsdrüse und den peripheren Hormondrüsen zum Zwecke der Steuerung und Kontrolle der Hormonsekretion

Ruktus: Aufstoßen, z. B. beim Wiederkäuer

Rumen: Pansen

Rumination: Wiederkäuen

Rundepithelien: runde Zellen mit großem Kern aus tieferen Schichten der ableitenden Harnwege

Ruptur: Weichteilriss, z. B. Darm, Gefäß, Muskel

Ruptur der Ligamenta decussata: Kreuzbänderriss

S

Sabin-Feldman-Test: serologischer Farbtest zum Nachweis der Toxoplasmose (siehe dort)

sagittal: in der Körperlängsachse verlaufend; zur Mittellinie hin gerichtet

Sakrum, Sacrum: das Kreuz

Salmonellen: artenreiche Bakteriengattung mit vielen Krankheitserregern bei Mensch und Tier; Zoonose und Lebensmittelvergifter

Salmonellose: durch verschiedene Salmonellenarten bedingte schwere Darmentzündung bei Mensch und Tier; Zoonose!

Salpingitis: Eileiterentzündung

Salpinx: Eileiter

Sanguis: das Blut

Sarcoptes canis: Grabmilbe beim Hund

Sarcoptesmilbe: Grabmilbe beim Menschen und bei vielen Tierarten

Sarkom: vom Binde-, Stütz- oder Muskelgewebe ausgehender bösartiger Tumor

Schalm-Mastitis-Test: einfaches Verfahren zur Untersuchung der Milch bei Verdacht auf eine Euterentzündung

Schizomyzeten: Spaltpilze

Schizophrenie: Spaltungsirresein; Geisteskrankheit mit Verlust der Persönlichkeit

Schock: hochgradige Kreislaufstörung durch Missverhältnis zwischen Blut- und Gefäßvolumen bedingt

Schrumpfniere: Verkleinerung der Niere infolge Untergang des Nierenparenchyms

Schutzimpfung: Impfung von gesunden Tieren in seuchenfreier Umgebung
Schweinepest: ansteckende, septikämische Viruserkrankung beim Schwein, die häufig mit schweren Blutungen verläuft; anzeigepflichtige Tierseuche!
Skapula, Scapula: Schulterblatt
Skolex, Scolex: Kopf des Bandwurms
Skrotum, Scrotum: Hodensack
SDH: Sorbit-Dehydrogenase; Leberenzym beim Pferd
Seborrhoe: Talgfluss
Sebum: Talg
Sectio caesarea: Schnittentbindung; »Kaiserschnitt«
Sedation: allgemeine Beruhigung
Sedativa: Beruhigungsmittel
Sediment: Niederschlag oder Bodensatz einer Flüssigkeit
Sedimentation: Sichabsetzen von Schwebeteilchen in Flüssigkeiten oder Gasen infolge der Schwerkraft oder durch Zentrifugieren
Sedimentationsverfahren: geeignete Methode zum Nachweis von spezifisch schwereren Leberegeleiern, die sich im Lösungsmittel absetzen; Abschwemmmethode
Sehstäbchen: Sinneszellen für das Dämmerungssehen
Sehpurpur: roter Farbstoff der Netzhautstäbchen
Sehzapfen: Sinneszellen für das Helligkeits- und Farbensehen
Sekret: Absonderung von Drüsenzellen
Sekretion: Stoffabgabe
Sekretionsphase: Auflockerung und vermehrte Durchblutung der Gebärmutterschleimhaut
Sekretolytika: sekretlösende Medikamente
Sektion: Leichenöffnung bei Mensch und Tier zur Feststellung der Todesursache
Sekundärinfektion: nach bestehender Erstinfektion Hinzukommen eines weiteren Erregers, z. B. bakterielle Sekundärinfektion nach viraler Erstinfektion
Sekundärstadium: zweite Phase einer Krankheit
Selektion: Auswahl, Auslese
selektiv: zur Auswahl bestimmt
Semilunarklappen: halbmondförmige Taschenklappen an Aorta und Lungenarterie
Seminom: bösartiger Hodentumor
semipermeabel: halbdurchlässig
semiquantitativ: zur Hälfte die Menge erfassend
Sensibilisierung: Empfindlichmachung des Körpers mit einem Allergen zur Erzeugung einer Allergie
Sensibilität: Empfindlichkeit
sensible Nerven: zuleitende Bahnen zur Reizweiterleitung
Sensorium: Bewusstseins- und Sinneszustand
Sepsis: Blutvergiftung
Septikämie: Einbruch von eitererregenden Bakterien ins Blutgefäßsystem; Blutvergiftung
Septum: Scheidewand
- **cordis:** Herzscheidewand
- **nasi:** Nasenscheidewand

Sequester: abgestorbener Teil eines Organes, z. B. des Knochens
Serologie: Lehre von den Immuneigenschaften des Blutserums und deren Bestimmung
Serom: Sekrethöhle im Wundbereich
seromukös: wässrig-schleimig

Serosa: äußerer Überzug aller in den Körperhöhlen liegenden Organe und Auskleidung der Körperhöhlenwände
Serotonin: Gewebshormon; wichtiger Überträgerstoff im Nervensystem und an der Gefäß- und Darmmuskulatur
serös: wässrig
Serum, Blutserum: Flüssigkeit, die nach der Blutgerinnung entsteht
Sesambeine: rundliche Verknöcherungen an stark belasteten Gelenken, z. B. am Fesselgelenk des Pferdes
Seuche: Häufung und schnelle Ausbreitung von Infektionskrankheiten
Sexualhormone: Wirkstoffe aus Geschlechtsdrüsen
sezernieren: absondern
Shunt: Kurzschluss; direkte Verbindung zwischen arteriellem und venösem Teil des Kreislaufs
SI-Einheiten: neue Maßeinheiten in den Naturwissenschaften und in der Medizin
Sievert: neue Maßeinheit für die absorbierte Dosis von Röntgenstrahlen, s. a. rem
Signalement, Nationale: Kennzeichnung eines Tieres
Simultanimpfung: gleichzeitige Impfung von aktiver Vakzine und passivem Heilserum
sine: ohne
sinis-ter, -tra, -trum: links, der linke …
Sinus: Bucht, Tasche, Krümmung, Höhle
- **frontalis:** Stirnhöhle
- **maxillaris:** Kieferhöhle
- **paranalis:** Analbeutel (siehe dort)
- **paranasalis:** Nasennebenhöhle

Sinushaare: Tasthaare
Sinusitis: Nasennebenhöhlenentzündung
- **frontalis:** Stirnhöhlenentzündung
- **maxillaris:** Kieferhöhlenentzündung

Sinusknoten: Schrittmacher der Reizbildung im Herzen
sistieren: aufhören
Situs: Lage und Stellung von Organen im Körper
Skalpell: chirurgisches Messer
Sklera: Lederhaut des Auges
Sklerodermie: krankhafte Hautverhärtung
Sklerose: krankhafte Verhärtung von Geweben und Organen
Skoliose: seitwärts gerichtete Krümmung der Wirbelsäule
Skorbut: Vitamin-C-Mangelkrankheit
smear: englischer Ausdruck für Abstrich oder Ausstrich
Smegma: talgiges Sekret mit abgeschilferten Epithelien aus dem Präputialsack
Software: Programme, die in einer EDV-Anlage verwendet werden
Solluxlampen: Infrarotwärmestrahler
Solutio: Lösung
somatisch: körperlich
somnolent: benommen, schlafsüchtig
Sonde: stab- und röhrenförmiges Instrument zur Untersuchung von Körperhohlräumen
Sonografie: diagnostische Ultraschallaufzeichnung mit bildgebenden Verfahren
Spasmolytika: krampflösende Mittel
Spasmus: Muskelkrampf
spastisch: verkrampft, krampfartig
spastische Parese: krampfartige Lähmung
Spat: Verknöcherungen im Sprunggelenk des Pferdes
Spektrum: das durch ein Prisma in seine Farben zerlegte sichtbare Licht
Sperma: Samenflüssigkeit, aus Spermien und Sekreten der Geschlechtsdrüsen bestehend

Spermiogenese: Bildung und Reifung der Samenzellen im Hoden
Spermium: Samenzelle
Spezialität: fabrikgefertigtes, abgepacktes Arzneimittel; Fertigarzneimittel
Spezies: Tier- bzw. Pflanzenart
Spezifikation: Aufgliederung der Rechnung
spezifisch: arteigen; typisch
spezifisches Gewicht: arteigenes Gewicht eines Stoffes; Wasser hat das spez. Gewicht von 1000 Pond/Liter; s.a. Dichte
Sphincter ani: Afterschließmuskel
Sphincter vesicae: Harnblasenschließmuskel
Sphinkter, Sphincter: Schließmuskel
Spirochäten: schraubenförmige Bakterien
Splen: Milz
Splenektomie: operative Entfernung der Milz
Splenomegalie: Milzvergrößerung
Spondylose: Verknöcherung an der Wirbelsäule mit Versteifung
Spongiosa: Knochenbälkchen
spontan: von selbst, ohne fremde Hilfe
Spontanfraktur: nicht traumatisch bedingter Knochenbruch infolge einer Knochenkrankheit
Sporen: widerstandsfähige Dauerformen von Bakterien
Sporentierchen: einzellige Parasiten mit Wechsel zwischen geschlechtlicher und ungeschlechtlicher Vermehrung
sporulierte Oozysten: reife, invasionsfähige Oozysten
Spreizspekulum: Instrument zur Untersuchung der Scheide bei Kleintieren und zum Katheterisieren bei der Hündin
Sputum: Auswurf
Squama: Schuppe
ST-Strecke: Rückbildungszeit der Erregung der Kammermuskulatur
stabil: beständig, haltbar
Standardabweichung: Maß für die Streuung von Einzelwerten um den Mittelwert
Staphylococcus aureus: Erreger von eitrigen Hautentzündungen
Staphylokokken: traubenförmig auftretende Kugelbakterien
Staroperation: operative Entfernung der Augenlinse infolge einer Linsentrübung
Stase: Stillstand
stationär: unverändert bleibend
Status: Zustand, Entwicklungsphase
Staupe: ansteckende, fieberhafte, virale Entzündung der Atemwege, des Verdauungskanals und des Gehirns beim Hund
Stenose: Verengung eines Hohlorganes oder Durchgangs, z. B. an den Herzklappen
Sterilisation: Abtötung aller Mikroorganismen; Keimfreimachung; Unfruchtbarmachung (Unterbindung von Eileiter oder Samenleiter)
Sterilität: Unfruchtbarkeit; Keimfreiheit
Sternum: Brustbein
Stethoskop: Hörrohr
STH, somatotropes Hormon: Wachstumshormon aus der Hypophyse
Stimulation: Reizung, Anregung
Stimulus: Reiz
Stollbeule: chronische Schleimbeutelveränderung am Ellbogen beim Pferd
Stomatitis: Mund-(Maul-)schleimhautentzündung
Strabismus: Schielen; Störung der Augenmuskelkoordination

Strahlenexposition: Strahlenbelastung; ein den Strahlen ausgesetzter Organismus
Strangulation: Aufhängung, Aufschnürung innerer Organe
Strangurie: schmerzhafter Harndrang
Streptococcus equi: Druseerreger beim Pferd
Streptokokken: in Kettenform auftretende Kugelbakterien
Stress: Zustand erhöhter Hormonaktivität und Erregung des vegetativen Nervensystems als Folge starker Reize
Streustrahlen: Strahlung, die sich an der Oberfläche und in der Umgebung des bestrahlten Körpers befindet
Stridor: pfeifendes Atemgeräusch durch Einengung der oberen Atemwege
Striktur: Einengung der Lichtung eines Hohlorganes, z. B. am Darm oder durch eine Narbe
Strongyliden: bei Wiederkäuer, Pferd und Schwein häufig vorkommende Wandparasiten des Magen-Darm-Kanals
Strongyloides: Zwergfadenwurm
Strongylus vulgaris: Palisadenwurm, Blutwurm; häufigster Wurmparasit des Pferdes, dessen Larve in Dickdarmarterien wandert und schwere Koliken verursachen kann
Struma: Kropfbildung
Strumektomie: operative Entfernung einer Schilddrüsenvergrößerung
Styptika: stopfende Mittel
subakut: mit schwach ausgeprägten Merkmalen einer akuten Krankheit verlaufend
Subarachnoidalraum: unter der Spinnwebhaut verlaufender Raum; enthält den Liquor
subfebril: geringe Erhöhung der Körpertemperatur über die Normgrenze hinaus
Subileus: Störung der Darmbewegung mit teilweise Passagebehinderung
subkutan, subcutan (s. c.): unter die/der Haut
Subkutis, Subcutis: Unterhaut
sublingual: unter der Zunge
Submukosa: Gewebsschicht unter der Darmschleimhaut
Subokzipitalpunktion: Punktion im Hinterhauptsloch zur Liquorentnahme
subperitoneal: unter dem Bauchfell
subserös: unter der Serosa
Substantia ossea: Zahnzement
Substitution: Ersatz
Substitutionstherapie: Ersatzbehandlung, z. B. Flüssigkeitszufuhr als Volumenersatz bei Schock
Substrate: Grundsubstanzen des Stoffwechsels, z. B. Gesamteiweiß, Glukose, Harnstoff
Sulfonamide: bakterienhemmende Mittel
superficialis: oberflächlich liegend
superior: oben liegend
Suppositorien: Zäpfchen
Suppression: Unterdrückung
Suspension: Aufschwemmung von mikroskopisch kleinen Teilchen in einem Lösungsmittel
Symbiose: Lebensgemeinschaft zum gegenseitigen Nutzen
Sympathikotonus: anhaltender Erregungszustand des Sympathikus
Sympathikus: anregender Teil des vegetativen Nervensystems
Sympatholyse: Hemmung des Sympathikus
Sympatholytika: Stoffe, die den Sympathikus hemmen, z. B. Betablocker

Sympathomimetika: Stoffe, die den Sympathikus anregen, z. B. Kreislaufmittel
Symphyse: Beckenfuge
Symptom: Krankheitszeichen
symptomatische Therapie: Behandlung nach den Krankheitszeichen
Synapse: Umschaltstelle zur Erregungsübertragung vom Nerven auf den Muskel
Syndrom: Krankheitsbild mit stets gleichen Krankheitsanzeichen
Synergisten: Muskeln, die sich in ihrer Wirkung unterstützen
Synkope: anfallsartige Bewusstlosigkeit durch Minderdurchblutung des Gehirns
Synonym: Bezeichnung für Begriffe gleicher Bedeutung
Synovia: Gelenkschmiere
Synthese: Zusammensetzung; künstlicher Aufbau von Stoffen
Systole: Blutaustreibungszeit durch Kontraktion des Herzmuskels
Szintigrafie: Darstellung der Verteilung eines radioaktiven Stoffes, z. B. Technetium in einem Organ oder Körpergewebe

T

T-Lymphozyten: im Thymus gebildete Lymphozyten; Träger der zellvermittelten Immunität
T-Zacke: Stromschwankung am EKG, die durch die Rückbildungserregung entsteht
Tachykardie: Steigerung der physiologischen Herzschlagfolge
Tachypnoe: Atmungsbeschleunigung
Taenia pisiformis: Bandwurm des Hundes
Taenia saginata: Rinderfinnenbandwurm
Taenien: Bandstreifen am Dickdarm
Talus: Sprungbein
Tarsus: Hinterfußwurzel
temporär: vorübergehend, zeitlich begrenzt
Tendinitis: Sehnenentzündung
Tendovaginitis: Sehnenscheidenentzündung
Tenesmus: krampfartiger Drang zur Harn- oder Kotentleerung
Terminologie: Fachsprache
Terminus: Fachausdruck
Testis: Hoden
Testosteron: männliches Keimdrüsenhormon
Testimplet: gebrauchsfertige, farbbeschichtete Objektträger
Tetanie: Streckkrampf der Muskulatur
Tetanus: Wundstarrkrampf (Wundinfektion) durch Tetanusbazillen
Tetanustoxoid: Impfstoff gegen Wundstarrkrampf
Thalamus: Teil des Zwischenhirns
Thallium: Schwermetall, dessen Aufnahme in Giftstoffen zu schweren, akuten und chronischen Vergiftungserscheinungen führt
Therapie: Behandlung der Krankheit
Therapieresistenz: Nichtansprechen einer Krankheit auf eine Behandlung
thermisch: die Wärme oder Temperatur betreffend
Thermokaustik: Gewebszerstörung mittels Elektrowärme
thorakal: brustwärts
Thorakotomie: operative Eröffnung des Brustkorbs
Thorakozentese: Punktion der Brusthöhle
Thorax: Brustkorb

Thrombinzeit (TZ): Gerinnungszeit, die der Bestimmung von Störungen der Fibrinbildung dient
Thrombophlebitis: Venenentzündung mit Blutpfropfbildung
Thrombose: Blutpfropfbildung an den Gefäßwänden
Thrombozyten: Blutplättchen
Thrombozytenaggregation: Zusammenballung der Blutplättchen beim Gerinnungsvorgang
Thrombozytopenie: Verminderung der Blutplättchen
Thrombus: Blutpfropf in den Blutgefäßen
Thymus: wichtiges Organ im vorderen Mittelfell für Wachstum und Infektabwehr; Bries
Thyreoidea: Schilddrüse
Thyroxin: Schilddrüsenhormon
Tibia: Schienbein
Tic: unwillkürliche Zuckungen einiger Muskeln, z. B. bei Gehirnstaupe
Tiergesundheitsgesetz: gesetzliche Grundlage zur Bekämpfung von übertragbaren Krankheiten mit schneller Ausbreitungstendenz beim Tier
Tinktur: flüssiger alkoholischer oder ätherischer Auszug aus pflanzlichen oder tierischen Stoffen, z. B. Jodtinktur
Tokolyse: Wehenhemmung
Tokolytikum: Wehenhemmer
Toleranzstadium: drittes Narkosestadium mit völliger Muskelerschlaffung, geeignet für den chirurgischen Eingriff
Tollwut (Lyssa, Rabies): akut und tödlich verlaufende, virusbedingte Gehirnentzündung bei Mensch und Tier; Zoonose! Anzeigepflichtige Tierseuche!
Tonikum: Mittel zur Besserung von Spannungsmangel und von Schwächezuständen
tonischer Krampf: Streckkrampf
Tonometrie: Messung des Augendrucks
Tonsillektomie: operative Mandelentfernung
Tonsillen: Rachenmandeln
Tonsillitis: Mandelentzündung
Tonus: Spannungszustand im Muskel
Torsio, Torsion: Drehung innerer Organe
- **coli:** Drehung des Grimmdarms
- **uteri:** Gebärmutterdrehung, bes. bei hochträchtigen Kühen oder Stuten vorkommend
- **ventriculi:** Magendrehung

Torticollis: krankhaftes Verdrehen des Halses
Totalkapazität: gesamte Füllmenge der Luft in der Lunge
Totenstarre: eintretende Erstarrung der Muskeln nach dem Tode durch Anhäufung saurer Stoffwechselprodukte
Totvakzine: Impfstoff aus abgetöteten, inaktivierten Viren oder Bakterien
Toxascaris leonina: Spulwurm von Hund und Katze ohne Körperwanderung
Toxikologie: Lehre von den Giften und Vergiftungen
Toxikose: Krankheit durch Giftwirkung
Toxine: Giftstoffe
Toxizität: Giftigkeit eines Stoffes
Toxocara canis: Spulwurm des Hundes mit Körperwanderung
Toxocara cati: Spulwurm der Katze
Toxocariasis: Hundespulwurmbefall; Zoonose, vor allem bei kleinen Kindern durch orale Aufnahme infektiöser Wurmeier!

Toxoplasma gondii: Sporentierchen; Endwirt ist die Katze; Bildung von Gewebezysten bei den Zwischenwirten Maus, Schaf, Schwein und beim Fehlwirt Mensch

Toxoplasmose: durch Toxoplasmen verursachte, weltweit verbreitete Erkrankung von Mensch und Tier; Zoonose!

Trachea: Luftröhre

Trachealsekretaspiration: Ansaugen von Luftröhrenschleim über ein Endoskop

Trachealsekretzytologie: mikroskopische Untersuchung eines gefärbten Sekretausstrichs aus der Luftröhre

Tracheitis: Luftröhrenentzündung

Tracheo-Bronchoskopie: innere Besichtigung von Luftröhre und Aufzweigung der Bronchien

Tracheotomie: Luftröhrenschnitt

Tranquillantia, Tranquilizer: Beruhigungsmittel

Transaminasen, Transferasen: Enzyme, die Aminogruppen übertragen, z. B. GOT (AST) und GPT (ALT)

Transfusion: Übertragung von Blut

transient: vorübergehend

Transmitter: Überträgerstoffe

Transplantation: operative Einpflanzung von lebenden Zellen, Geweben und Organen

Transsudat: zell- und eiweißarme Flüssigkeit von Körperhöhlen

transthorakal: durch die Brustwand

transversal: quer durch den Körper verlaufend

Trauma, -ta: Gewalteinwirkung, Wunde, Verletzung

Trematoden: Saugwürmer

Tremor: Muskelzittern

Trepanation: Anbohrung einer Knochenhöhle, z. B. der Kieferhöhle

Treponemen: schraubenförmig bewegliche Bakterien; Erreger von Geschlechtskrankheiten beim Menschen (Syphilis) und beim Kaninchen

Trichinen: fadenförmige Wurmparasiten beim Schwein, deren Larven sich in der Muskulatur abkapseln

Trichinose: durch Verzehr von trichinösem Fleisch verursachte Allgemeinerkrankung des Menschen; Zoonose!

Trichodectes canis: Hundehaarling

Trichomonaden: Geißeltierchen; Erreger von Darm- und Scheidenentzündungen bei Mensch und Tier

Trichophytie: Glatzflechte; Hautpilzerkrankung durch Trichophytonarten bei Mensch und Haustier; Zoonose!

Trichophyton: Hautpilzgattung; Erreger der Glatzflechte

Trichostrongyliden: Magen-Darm-Würmer bei vielen Tierarten

Trichuris vulpis: Peitschenwurm des Hundes

Trikuspidalis, Tricuspidalis: dreizipflige Herzklappe zwischen rechtem Vorhof und rechter Kammer

Trigeminuslähmung: Kaumuskellähmung und herabhängender Unterkiefer durch Ausfall des Nervus trigeminus

Tripelphosphate: Harnkristalle, die häufig bei Blasenentzündungen des Hundes vorkommen; Sargdeckelkristalle

Trismus: Kiefersperre durch Dauerkrampfzustand der Muskulatur, z. B. bei Tetanus

Trochanter: großer Rollhügel des Oberschenkels

Trockenchemie: klinisch-chemisches Untersuchungsverfahren unter Verwendung von Trockenreagenzträgern (Teststreifen)

Trockenreagenzträger: Teststreifen zur quantitativen und qualitativen Bestimmung von Analysenlösungen, z. B. Blut, Harn

Trockensysteme: Objektive am Lichtmikroskop mit 10-, 25- und 40facher Vergrößerung

Trokar: Instrument zur Punktion der Bauchhöhle beim Hund oder des Pansens beim Rind, das aus einem Dorn und einer Hülse besteht

Trokarieren: Ablassen der Gasfüllung bei Aufblähung von Pansen oder Darm mittels Trokar

Tröpfcheninfektion: Ansteckung durch Einatmung erregerhaltiger Flüssigkeitströpfchen oder Staub

Trypanosomen: Geißeltierchen; Erreger schwerer Blutkrankheiten bei Mensch und Tier in Afrika, Asien und Südamerika; Erreger der Beschälseuche, einer Deckinfektion des Pferdes

Trypsin: Eiweiß spaltendes Verdauungsenzym

Tsetse-Fliege: Überträger tropischer Infektionskrankheiten bei Mensch und Tier

TSH, Thyreoidea-stimulierendes Hormon: regt die Schilddrüse zur Hormonbildung an

Tuba: Röhre, Trompete

- **auditiva:** Ohrtrompete, Eustachische Röhre
- **uterina:** Eileiter

Tuberculum: Knötchen

Tuberkulin-Test: Nachweis einer Tuberkulose durch eine typische, lokale Hautreaktion (Tuberkulinisieren)

Tuberkulose (Tbc): chronisch verlaufende Lungen- und Darmerkrankung bei Mensch und Tier durch Mykobakterien; Zoonose!

Tubul-us, -i: Kanälchen, z. B. Nierenkanälchen

Tubulonephritis: Entzündung der Nierenkanälchen

Tubus: röhrenförmiges Instrument, z. B. Schlauch, Hohlsonde

Türksche Lösung: 3%ige Essigsäurelösung mit Zusatz von Gentianaviolett zur besseren Sichtbarmachung von Leukozyten in der Zählkammer

Tularämie: Nagetierpest durch Pasteurellen; Zoonose bei engem Kontakt mit befallenen, wild lebenden Nagetieren

Tumor: Schwellung; Geschwulst, Neubildung

Tunica: Hüllschicht

- **adventitia:** äußere dünne Bindegewebsschicht in der Wand von Blutgefäßen
- **serosa:** seröse Hüllschicht in Brust- und Bauchhöhle

Turgor: Spannungszustand eines Gewebes

Tylom: Hornschwiele

Tympanektomie: Entfernung des Trommelfells

Tympanie: Aufblähung im Magen oder Darm

tympanisch: hohl klingend

Typhlitis: Entzündung der Blinddarmschleimhaut

Typhus: bakterielle Infektionskrankheit durch *Salmonella typhi* beim Menschen

U

ubiquitär: überall vorkommend

Ulcus corneae: Hornhautgeschwür

Ulcus duodeni: Zwölffingerdarmgeschwür

Ulkus, Ulcus: Geschwür, entzündlicher Zerfall von Gewebe

Ulna: Elle

Ultraschall: Schallwellen mit sehr hoher Frequenz (Megabereich) und sehr kleiner Wellenlänge

Ultraschallvernebler: elektrisch betriebene Apparate, bei denen Inhalte durch Ultraschallwellen zerstäubt werden

ulzerös: geschwürig

Umbilicalhernie: Nabelbruch

unipolare Ableitung: Stromableitung von einem Pol ausgehend

Unit pro Liter (U/l): gebräuchliche Einheit zur Angabe der Enzymaktivität

Urämie: Selbstvergiftung des Körpers mit harnpflichtigen Stoffen

Urate: Salze der Harnsäure

Ureter: Harnleiter

Ureteritis: Harnleiterentzündung

Urethra: Harnröhre

Urethritis: Harnröhrenentzündung

Urethroskopie: innere Besichtigung der Harnröhre

Urethrotomie: operative Eröffnung der Harnröhre

Urinsediment: Bodensatz des Harnes, der durch Zentrifugieren in spitz zulaufenden Gefäßen gewonnen wird

Urobilinogen: Abbauprodukt des Bilirubins, das im Dickdarm bakteriell entsteht

Urogenitalapparat: Harn- und Geschlechtsorgane

Urografie: Röntgen-Kontrastdarstellung der Harnorgane

Urolithiasis: Harnsteinkrankheit

Urologika: Mittel zur Behandlung von Harnwegserkrankungen

Urometer: Harnspindel zur Messung des spezifischen Gewichtes

Urtika, Urtica: Quaddel; flache, begrenzte Hautschwellung

Urtikaria: Nesselsucht; allgemeine Quaddelbildung

uteriner Zyklus: zeitlich wiederkehrende Veränderungen an der Gebärmutterschleimhaut

Uterus: Gebärmutter

Uterusprolaps: Gebärmuttervorfall

Uveitis: Entzündung von Regenbogenhaut, Strahlenkörper und Aderhaut

V

Vagina: Scheide

Vaginitis: Scheidenentzündung

Vaginoskop: Instrument zur Besichtigung der Scheide, v. a. bei der Hündin

Vagotonus: anhaltender Erregungszustand des Parasympathikus

Vagus: Kurzform für Nervus vagus, s. a. Paraympathikus

Vakuole: Hohlraum im Zellplasma

Vakzination: Impfung

Vakzine: Impfstoff

Valgusstellung: X-Krümmung und Abknickung der Gliedmaße

Varianz: Streuungsmaß einer statistischen Verteilung

Variationskoeffizient: Quotient aus Standardabweichung und Mittelwert in Prozent; relatives Maß für die Streuung von statistischen Verteilungen

Varisationsosteotomie: operative Herbeiführung einer Varusstellung des Oberschenkels durch keilförmige Durchtrennung im großen Rollhügel des Femur bei Coxarthrose (siehe dort)

Varix, Varizen: Krampfadern; erweiterte, geschlängelte Venen

Varroatose: verlustreiche Bienenseuche, durch die Varroamilbe verursacht; anzeigepflichtige Tierseuche!

Varusstellung: O-Krümmung und Abknickung der Gliedmaße
Vas deferens: Samenleiter
vaskulär: die Blutgefäße betreffend
Vasodilatator: Gefäßerweiterer
vasogen: von Gefäßen ausgehend
Vasokonstriktor: Gefäßverenger
Vasopressin: Hormon des Hypophysenhinterlappens mit Einfluss auf Wasserhaushalt des Körpers und Blutdruck
vegetatives Nervensystem: selbstständig arbeitendes Nervensystem zur Regelung wichtiger Lebensfunktionen
Vektor: Übermittler; Zwischenträger bei Übertragung von Krankheitserregern
Velum palatinum: Gaumensegel
Vena, Vene: Blutader
- **cava:** Hohlvene
- **cephalica antebrachii:** Injektionsvene am Unterarm bei Hund und Katze
- **jugularis:** Drosselader am Hals
- **portae:** Pfortader
- **saphena:** Injektionsvene am Hinterfuß bei Hund und Katze

Venenklappen: ringförmige Vorsprünge der Innenschicht von Venen
Venole: kleinstes venöses Blutgefäß
Venter: Bauch
Ventilation: Belüftung der Lunge
ventral: bauchwärts, unten, unterer Teil
Ventrikel: Herzkammer
Ventrikelmyokard: Muskelschicht der Herzkammern
Vermes: Würmer
verminös: von Würmern herrührend
Verruca: Warze, s. a. Papillom
Vertebrae: Wirbel
vertikal: senkrecht
Vesica: mit Flüssigkeit gefüllt Blase
- **urinaria:** Harnblase

Vesicula: Bläschen
vesikulär: in Bläschenform
Vestibularapparat: Gleichgewichtsorgan im Innenohr
vestibuläres Syndrom: Krankheitsbild bei Schädigung des Innenohrs
Vestibulum vaginae: Scheidenvorhof
Veterinärmedizin: Tierheilkunde
Vibrio: bewegliche Stäbchenbakterien; Verwerfenserreger bei Rind und Schaf, Choleraerreger des Menschen
Virämie: Anwesenheit und Vermehrung von Viren im Blut
Virologie: Lehre von den Viren und Viruskrankheiten
Virostatika: Arzneimittel, die die Virusvermehrung hemmen
Virulenz: Infektionskraft und Vermehrungsfähigkeit von Erregern; »Giftigkeit«
Virus: kleinster Krankheitserreger; »Gift«
Virusabort: durch ein equines Herpesvirus verursachtes Verfohlen bei der tragenden Stute
Virusdiarrhoe (Mucosal Disease): akute, tiefgreifende, virale Entzündung der Schleimhäute des Verdauungskanals beim Rind
viruzid: virusabtötend, virusinaktivierend
Viscera: Eingeweide
Viskosität: Zähigkeit, Fließfähigkeit
viszeral, visceral: die Eingeweide betreffend
Vitamine: lebensnotwendige stickstoffhaltige Nahrungsbestandteile
Volumen: Rauminhalt
Volumensubstitution: Ausgleich eines Flüssigkeitsmangels
Volvulus: Achsendrehung des Dünndarmes um das Gekröse
Vomitus: Erbrechen

vulnerabel: verwundbar, verletzlich
Vulneratio: Verwundung, Wunde
Vulnus: Wunde
Vulva: Scham

W

Watt (W): Einheit für Leistung und Stromenergie
Weidetetanie: Streckkrampf der Rinder infolge Magnesiummangels nach Weidegang und bei Stallhaltung
Westergren-Methode: Verfahren zur Messung der Blutkörperchensenkungsgeschwindigkeit (BSR)
Woodsche Lampe: UV-Lampe mit Nickeloxidglas zum Nachweis einer charakteristischen Fluoreszenz bei Befall mit *Microsporum canis*
Wundrevision: gründliche Inspektion einer Wunde mit Wundversorgung
Wundtoilette: gründliche Wundherrichtung als definitive Wundversorgung einer nicht primär zu verschließenden Wunde
Wurzelresektion: Radikaloperation mit Entfernung der Zahnwurzelspitze

X

X-ray: englische Bezeichnung für Röntgen (-strahlen)
Xerodermie: Austrocknung der Haut mit Faltenbildung
Xerophthalmie: Trockenheit des äußeren Auges
Xiphoid: knorpeliger, kaudaler Schwertfortsatz des Brustbeins

Z

(s.a. C und K)
Zäkum, Caecum: Blinddarm
Zahnstein: harte Ablagerung an den Zähnen durch Kalziumsalze des Speichels und Futterreste
Zecken: blutsaugende Spinnentiere; wichtige Überträger von Infektionskrankheiten bei Mensch und Tier
Zellmembran: Zellhäutchen
zelluläre Immunität: Reaktion von T-Lymphozyten körperfremdes Antigen zu erkennen und u. a. für dessen Zerstörung zu sorgen
Zentralnervensystem (ZNS): Gehirn und Rückenmark
Zentrifuge: Trennschleuder zur Bildung eines Bodensatzes bei flüssigen Substanzen
Zerumen, Cerumen: Ohrenschmalz
Zervixkatheter: Instrument zur Spülbehandlung der Gebärmutter bei Pferd und Rind
Zestoden: Bandwürmer
Zerklage, Cerclage: operatives Anlegen eines Ringes oder einer Drahtumschlingung zur Vereinigung von Knochenfragmenten, z. B. bei Kieferbrüchen
zervikal, cervicalis: halswärts
zirkadianer Rhythmus: 24-Stunden-Rhythmus
Zirrhose: Verhärtung eines Organes durch Umbau des Parenchyms in Bindegewebe, z. B. Leberzirrhose
Zöliozentese, Cöliozentese: Punktion der Bauchhöhle
Zoonose: vom Tier auf den Menschen übertragbare Krankheit
Zwingerhusten: chronisch verlaufende Adenoviruserkrankung der Atemwege bei Hunden aus Massenhaltungen
Zwischenwirt: Wirtstier, in dem ein notwendiges Entwicklungsstadium eines Parasiten im Wirtswechsel abläuft

Zyanose: bläuliche Verfärbung der Schleimhäute durch Sauerstoffmangel
Zygote: befruchtete Eizelle
Zyklus: wiederkehrender Zeitablauf
Zyste: Hohlraum im Gewebe mit dünn- oder dickflüssigem Inhalt
Zystinkristalle: Ausfällungen der Aminosäure Zystin im Harn bei Stoffwechselstörungen mancher Hunderassen
Zystitis, Cystitis: Harnblasenentzündung
Zystografie: Röntgen-Kontrastdarstellung der Harnblase
Zystoskopie, Cystoskopie: Harnblasenspiegelung
Zystotomie, Cystotomie: operative Eröffnung der Harnblase, z. B. zur Steinentfernung
Zytodiagnostik: mikroskopische Untersuchung von Zellen im gefärbten Sekretausstrich oder in Punktionsmaterial von Körpergeweben
Zytologie: Lehre von Bau und Funktion der Zelle
Zytolyse: Zellauflösung
Zytoplasma: Zellkörper mit Nährflüssigkeit und Organellen
Zytostatika: das Zellwachstum hemmende Mittel
zytotoxisch: zellvergiftend